高等职业教育新形态一体化教材

U0621776

化学分析操作技术

主编　李彦岗　马惠莉　吴晶

Chemical
Analysis

500

400

300

200

100

中国教育出版传媒集团
高等教育出版社·北京

HUAXUE FENXI CAOZUO JICHU

内容提要

本书是高等职业教育化工技术类专业新形态一体化教材。

本书的编写以加强基础训练和注重能力培养为主线，按照岗位能力递进的基本要求，将全书分为五个部分，即基础／通识知识、岗位基础能力、岗位专项能力、岗位综合能力和实验实训。具体内容包括：化验室组织与管理，定量分析中的误差、数据记录与测量结果的表达，玻璃仪器的洗涤与干燥，溶液酸度的测量与控制，溶液温差的测量与控制，物质的取用与计量，溶液的制备，样品的采集与制备，物质的分离与提纯，常量组分的定量分析，以及化学分析常见的实验实训等。

全书内容编排新颖，具有较强的理论性和实用性。本书配有教学动画、微视频及微课资源（部分微课资源链接自智慧职教平台河南工程学院高琳教授主持建设的"化学基础"在线开放课程），可通过扫描书中二维码观看。教师如需获取本书授课用 PPT、电子教案、习题答案等配套资源，请登录"高等教育出版社产品信息检索系统"（http://xuanshu.hep.com.cn/）免费下载。

本书可作为高等职业教育专科、本科，应用型本科分析检验技术专业及化工类其他相关专业的教学用书，也可供从事化工产品生产检验的技术人员参考。

图书在版编目（CIP）数据

化学分析操作技术 / 李彦岗，马惠莉，吴晶主编．

北京：高等教育出版社，2025.1． --ISBN 978-7-04-063506-5

Ⅰ. O652

中国国家版本馆 CIP 数据核字第 2024BX0679 号

策划编辑	苗叶凡	责任编辑	苗叶凡	封面设计	姜 磊	版式设计	明 艳
责任校对	马鑫蕊	责任印制	赵 佳				

出版发行	高等教育出版社		网　址	http://www.hep.edu.cn
社　址	北京市西城区德外大街 4 号			http://www.hep.com.cn
邮政编码	100120		网上订购	http://www.hepmall.com.cn
印　刷	大厂回族自治县益利印刷有限公司			http://www.hepmall.com
开　本	787mm×1092mm　1/16			http://www.hepmall.cn
印　张	18.25			
字　数	380千字		版　次	2025 年 1 月第 1 版
购书热线	010-58581118		印　次	2025 年 1 月第 1 次印刷
咨询电话	400-810-0598		定　价	49.90元

前　言

我国高等职业教育改革不断深化,其教学的理念与技术也在与时俱进地快速发展着。党的二十大报告中明确提出了要培养造就更多大国工匠和高技能人才的要求。化学分析操作技术已经成为生物化工类、能源材料类、环境资源类、食品轻化类等专业学生必须具备的岗位能力。因此,落实党的二十大精神,使学生养成严谨的态度与科学的行为规范,具备实事求是、精益求精的工匠精神,已然成为本书所秉持的编写理念。

按照《国家职业教育改革实施方案》中关于课程建设的总体目标,作为高等职业教育新形态一体化教材,本书在内容编排上对标分析检验岗位的任职要求,以工作过程和职业能力为导向,将化学分析操作技术的相关理论知识与岗位技能知识有机融合,使课程内容与职业标准对接,教学与生产过程对接,同时也与技能大赛的操作技术规范对接,以突出强化学生的综合职业能力。

本书的编写以加强基础训练和注重能力培养为主线,按照能力递进的基本要求,将全书内容分为五个能力模块:即基础/通识知识、岗位基础能力、岗位专项能力、岗位综合能力和实验实训。全书在内容编排上,遵循由易到难、由简入繁、简繁有度的认识规律,注重"实际、实践、实用"的原则,既考虑了理论教学可操作性,同时注重真实工作情景的再现。

全书在每章的首页均设置了"知识结构框图",同时明确了知识目标、能力目标和素养目标,以便学生对该章知识的学习和理解,在思路的形成上更加清晰与便捷。正文中设有"小贴士""想一想""练一练""知识拓展"等栏目,每章后面的习题总体上均按照填空题、选择题、判断题、简答题、计算题和案例分析等六种类型设计。通过多样化的习题练习,进一步强化学生分析问题与解决问题的能力,使学生在"学"与"用"、"知识"与"能力"之间形成良性跨越,进而夯实基础、全面提高综合素质和职业能力。

本书由山西职业技术学院李彦岗和马惠莉、宁夏建设职业技术学院吴晶担任主编,马惠莉负责本书的组织工作。参加本书编写的有马惠莉(学习导论、第一、二、十章),李彦岗(第三章、实验实训),湖南石油化工职业技术学院彭欢(第四章),山西职业技术学院黄晓轶(第五、六章),内蒙古化工职业技术学院莫国莉(第七、八章),宁夏建设职业技术学院李雯(第九章),吴晶(第十一章),山西省建材质量检验测试中心冀春林为本书提供了部分实践案例,山西职业技术学院陈晓静参与了本书部分数字化资源的建设。全书由马惠莉负责整理并统稿。

本书所引图表、数据及相关论述的原著均列于参考文献中。在此,编者向原作者致以诚挚的敬意和谢意。本书的出版得到了高等教育出版社及同行的倾力支持与帮助,编者在此表示真诚感谢。

由于编者水平有限,书中难免存有不足和纰漏之处,敬请广大师生批评指正。

编　者

2024 年 9 月

目　录

第一部分　基础 / 通识知识

第二部分　岗位基础能力

第三部分　岗位专项能力

第四部分 岗位综合能力

第五部分 实 验 实 训

学习导论

　　分析化学是一门实践性很强的学科,而化学分析则是构成分析化学知识与能力体系的重要组成部分。学习并掌握规范的化学分析操作技术,不仅有助于培养学生严谨、认真、实事求是的工作态度,积累解决相关化学问题的能力,更重要的是能够帮助学生加强对分析化学基础理论的理解,同时使他们的各项智力因素得到发展。因此,加强化学分析操作技术的系统学习和训练,对学生进一步学好分析化学的理论知识起着不可替代的作用。

知识目标

□ 理解学习本课程的必要性。
□ 认识本课程的任务与目标。

能力目标

□ 能借助文献、网络等资源获知化学分析操作技术对分析检测工作的贡献。
□ 能初步构建本课程的学习方法。

素养目标

□ 有严谨的科学态度和行为规范,具备分析问题和解决问题的能力。

0.1 任务与目标

　　化学分析操作技术的学习与训练及化验室基础/通识知识的学习是本课程重要的学习内容。安全、防火、防毒、自救、三废（废液、废气、废物）处理等的教育更是本课程的学习重点，必须重视！

　　培养数和量的概念，对学生早期树立严谨的科学态度极其重要。重视测试数据记录的规范性和测试结果的精确性，并养成良好的工作作风/实验习惯，对学生今后的职业发展有着至关重要的影响。

　　通过对本课程相关知识与技能的系统、认真学习，学生的综合职业能力应达到以下目标。

　　（1）能严格遵守实验室各项规章制度，树立保护环境、消灭污染的意识，学会实验室中的三废处理、安全防火、安全自救等技能。

　　（2）学习化学分析操作技术知识，养成良好的工作作风/实验习惯。

　　（3）学习基本的化学分析实验技术，通过亲自动手进而掌握规范的基本操作方法和技能。其中包括：器皿的认领、洗涤与干燥；化学试剂的分类、存取和使用注意事项；物质的加热、称量及量取；溶液与分析试样的制备；滴定分析技术；称量分析技术等。

　　（4）学会使用小型仪器设备。包括：加热器、天平、温度计、pH计等。

　　（5）能正确地记录实验数据；归纳、综合，以及正确处理和表达实验数据和实验结果；初步掌握实验误差的表示方法；提高测定实验数据的精确度。

　　（6）学会细致的观察和记录实验现象；会用专业术语表达实验结果；会总结分析实验结果；结合所学的知识，讨论实验中发现的新问题；能够在实践中主动获取新知识。

　　（7）认真参加每一个实验中设定的思考题和实验习题的讨论。通过实验，培养独立思考的能力。

　　（8）通过实践，培养科学严谨的探索精神和团结、协作的精神，从而提高独立进行综合实验的能力。

0.2 学习方法

　　本课程一般安排在一年级中进行。新入学的学生在入学前的学习阶段主要以课堂授课的学习形式为主，因此通过系统的实验实训学习与强化，进而达到主动获取知识的习惯和能力是非常必要的。要达到上述目的，不仅要有积极、端正的学习态度，更要有科学、正确的学习方法。

化学分析实验的学习过程大致可分为下列三个步骤：实验前的预习；实验室中的实验过程；实验后实验报告的书写。

一、实验前的预习

实验前的预习是实验课必不可少的环节。也就是说，预习是做好实验的前提和保证。

实验课的教学内容不是靠教师讲授给学生的，而是在教师的指导和引导下，由学生自己读书、自己动手做实验而主动获得的。每个实验的引言（要点、原理）都是这个实验必须掌握的最基本知识。因此，认真研读并读懂每个实验的引言（要点、原理）部分，是做好实验的前提。

预习时，要对实验中涉及的基本操作技能技巧、安全与防护和实验室规则这些容易被忽视的内容给予足够的重视。要合理地安排实验顺序，有准备地、充分地利用实验课堂上有限的时间，有目的地开展实验。

预习内容包括以下部分。

（1）阅读实验教材、教科书和其他教学资源及参考资料中的有关内容。

（2）明确本实验的目的与要求，掌握实验原理，了解实验的内容、步骤、操作过程和实验时应注意的安全知识、操作技能和实验现象。尤其需要注意的是要仔细预习有关的实验操作步骤和注意事项。

（3）在预习的基础上回答预习思考题。在固定的笔记本上写好预习笔记，包括：实验题目、实验目的、实验操作要点、安全注意事项、实验基本原理、有关计算、实验内容、预习思考题等。

二、实验过程

学生在教师的指导下独立进行实验是实验课的主要学习环节，更是发挥学生主体作用的重要体现。每位同学都应按照要求独立完成各实验环节，学习并掌握实验技术和实验方法。实验操作时，要根据教材中所规定的内容和方法、步骤和试剂用量进行操作。

在实验室里，充足的试剂、完好的实验设备，以及教师耐心的指导，为培养学生的实践能力和创新意识提供了充分的条件。更重要的是，实验中蕴涵了无限的知识，等待着有心的同学去汲取。学生要从学习实验室规则开始规范自己的行为，即从认领仪器开始其第一堂实验课。认真观察实验，客观描述现象，如实记录数据，探求事物真谛。

实验进程中应该做到下列几点。

（1）认真操作，细心观察实验现象，并及时、如实地做好详细记录。

（2）如果发现实验现象和理论不符合，应首先尊重实验事实，并认真分析和检查其原因，也可以做对照试验、空白试验来核对，必要时应多次重复验证，从中得到有益的科学结论和科学思维的方法。

（3）实验过程中应勤于思考,秉持理性、客观的分析,力争自己解决问题。但遇到疑难问题而自己难以解决时,应提请指导教师指点讨论。

（4）全部实验内容完成要接受指导教师的检查,测定实验的实验数据要经过指导教师审查、签字。

（5）在实验过程中要保持安静,严格遵守实验室工作规则,保持实验室清洁。实验结束后要及时清理实验台,洗净、整理玻璃仪器。

三、实验报告的书写

实验结束后的总结与提高是以实验报告的形式完成的。

实验后完成实验报告是对所学知识进行归纳和提高的过程,也是培养科学思维的重要步骤,应认真对待。

通常,一个规范、完整的实验报告主要包括以下几方面内容。

1. 实验目的

指出此项实验应该掌握的原理、方法、实验知识与技能。

2. 实验原理

简明扼要地阐述实验的基本原理和列出主要的化学反应方程式、计算公式。

3. 实验设备与试剂

简述完成本项实验所用的仪器设备、试剂名称与规格。

4. 实验内容与步骤

实验内容是实验过程的简述,应以简明的方式表达,也可利用流程图、表格、框图等形式。

5. 数据记录与处理

数据记录要真实完整。原始记录要尊重实验事实,不允许编造和抄袭。规范进行原始数据的处理和误差的分析。

6. 实验结果与问题讨论

按照要求正确表达实验结果并对实验结果进行简明分析。同时围绕此项实验的核心问题展开讨论。

撰写实验报告一定要字迹端正,严格按照格式书写。若实验现象、解释、结论、数据、计算等不符合要求,或实验报告写得潦草、草率,应重做实验或重写报告。严格禁止篡改实验现象或实验数据。

讨论是一种很好的学习方法,它可明理、探索、求真,因而在实验实训中常用。学生对实验过程中发现的异常现象或结果处理时出现的异常结论都应在实验报告中以书面的形式展开讨论。实验报告中进行讨论,不但反映了学生积极、主动的学习态度,而且表现出学生具有一定的分析问题的能力。

0.3 良好的工作作风／实验习惯

良好的工作作风和实验习惯,不仅是做好实验的保证,而且也反映了分析工作者的思想修养和品德、科学态度及职业素养。因此,一定要养成良好的工作作风和实验习惯。

(1)培养实践第一、勤于思考、善于总结、踊跃讨论、团结协作的科学思维方法和作风。

(2)养成保持整洁的实验环境,操作规范的实验习惯。养成认真、严谨、紧张、有序地进行工作的作风。

(3)养成节约试剂,节约水、电,节约使用一切实验用品和实验仪器,爱护公共仪器设备的良好习惯。称取试样后,应及时盖好原瓶盖。

 小贴士

放在指定位置的化学试剂不得擅自拿走!

(4)使用仪器和实验室设备要养成阅读使用说明书和注意事项的习惯。

(5)学会并养成合理安排实验台面的习惯。一般的原则如下。

① 实验前应将所需的用品置于实验台上,各种仪器在实验台上应有一定的位置。暂时不用的用品应尽量放在实验柜中,以保证足够的实验空间。

② 经常使用的用品放在右边,所有仪器尽可能放在实验台的里侧。为了方便,摆放用品一般将高的用品放在远离身体的方向。留出一块空间进行实验操作和实验记录。

③ 药匙、玻璃滴管、玻璃棒等小件用品不要随意放在实验台面上,每次使用后应立即洗净,放入净物杯内备用,其他大件用品用毕要及时归位。

④ 每组准备一个废物杯,实验中的废纸屑、废滤纸、固体废物及废液应放入废物杯中,不得随意抛在实验台面、地面或自来水槽内,待实验进行一段时间后倒入废物桶或废液桶内,切勿倒入水槽,以防锈蚀下水管道。碱性废液可倒入水槽必须用水冲洗。

实验进行一段时间后要及时擦拭、整理,保持实验台面的干燥、洁净。

⑤ 实验柜里原有仪器洁净程度和位置如何,实验前后要一致,或保持更好。物归原位(位:位置、洁净程度、仪器状态)。

以下为常见实验报告的格式和书写示例。

化学分析基础操作实验报告示例

实验名称: NaOH 标准滴定溶液的制备

班级:_____ 姓名:_____ 同组人:_____

实验日期:_____ 指导教师:_____

一、实验目的

 1. 理解并掌握标准滴定溶液的制备原理及方法。

 2. 掌握判断滴定终点的方法。

 3. 熟练掌握滴定分析各项技术。

二、实验原理(略)

 (用简洁的文字、化学反应方程式、图示、图表说明本实验的基本原理)

三、仪器与试剂(略)

四、实验内容与步骤(略)

五、数据记录和结果处理

NaOH 标准滴定溶液的标定

测定次数	1	2	3
$c(H_2C_2O_4)/(mol \cdot L^{-1})$		0.050 47	
$V(H_2C_2O_4)/mL$	25.00	25.00	25.00
NaOH 溶液体积终读数 /mL NaOH 溶液体积初读数 /mL $V(NaOH)/mL$	26.36 0.00 26.36	26.33 0.00 26.33	26.34 0.00 26.34
$c(NaOH)/(mol \cdot L^{-1})$	0.095 73	0.095 84	0.095 80
$c(NaOH)$平均值($\bar{c}$)		0.095 79	
个别测定值的绝对偏差(d_i)	−0.000 06	+0.000 05	+0.000 01
平均偏差($\bar{d}$)		0.000 04	
相对平均偏差($\bar{d}_r$)		0.04%	

六、问题与讨论(略)

化验室组织与管理

 定量分析中的误差、数据记录与测量结果的表达

第 1 章
化验室组织与管理

化验室是企业质量管理与控制的专职机构,它全权负责产品生产过程中的质量控制和对出厂产品的质量监督。化验室的工作,对企业的整个生产活动,诸如产量、质量、成本、利润等均有密切且直接的关系。化验室的管理水平及科学组织程度,直接影响化验室的工作效率和技术水平。因此,分析工作者应对化验室管理方面的知识与技术有系统的了解和掌握。

 **知识目标**

☐ 了解化验室组织与管理的一般知识。

☐ 学习并理解化验室的常规安全制度

☐ 熟悉化验室中各项安全管理的基本内容与要求。

能力目标

☐ 能自觉遵守化验室各项规章制度。

☐ 能正确运用化验室安全与急救知识和技术处理常规安全问题。

☐ 能正确选择化学试剂及实验用水。

素养目标

☐ 具备强烈的安全意识,严格遵守实验室规章制度。

知识结构框图

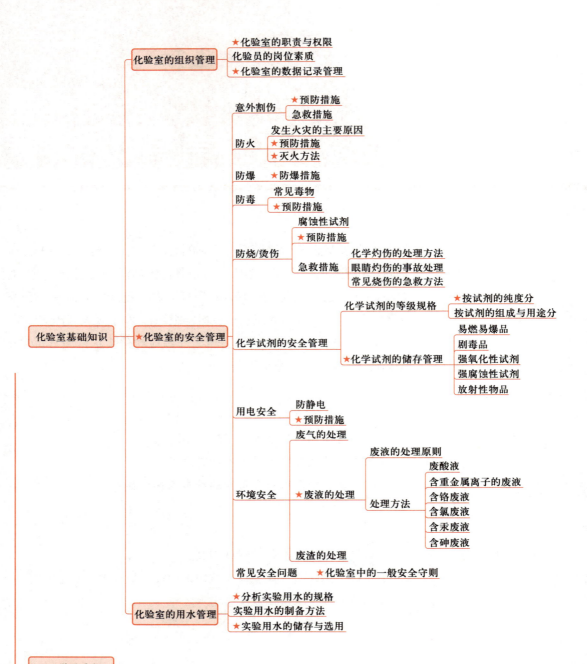

化验室基础知识

化验室的组织管理
- ★化验室的职责与权限
- 化验员的岗位素质
- ★化验室的数据记录管理

★化验室的安全管理
- 意外割伤
  - ★预防措施
  - 急救措施
- 防火
  - 发生火灾的主要原因
  - ★预防措施
  - ★灭火方法
- 防爆
  - ★防爆措施
- 防毒
  - 常见毒物
  - ★预防措施
- 防烧/烫伤
  - 腐蚀性试剂
    - ★预防措施
    - 急救措施
      - 化学灼伤的处理方法
      - 眼睛灼伤的事故处理
      - 常见烧伤的急救方法
- 化学试剂的安全管理
  - 化学试剂的等级规格
    - ★按试剂的纯度分
    - 按试剂的组成与用途分
  - ★化学试剂的储存管理
    - 易燃易爆品
    - 剧毒品
    - 强氧化性试剂
    - 强腐蚀性试剂
    - 放射性物品
- 用电安全
  - 防静电
  - ★预防措施
- 环境安全
  - 废气的处理
  - ★废液的处理
    - 废液的处理原则
    - 处理方法
      - 废酸液
      - 含重金属离子的废液
      - 含铬废液
      - 含氯废液
      - 含汞废液
      - 含砷废液
  - 废渣的处理
- 常见安全问题
  - ★化验室中的一般安全守则

化验室的用水管理
- ★分析实验用水的规格
- 实验用水的制备方法
- ★实验用水的储存与选用

★：学习重点

1.1　化验室的组织管理

一、化验室的职责

在企业中,化验室的职责主要体现在以下几个方面。

1. 质量检验

质量检验即按照有关标准和规定,对原材料、半成品、产品进行检测和试验。

2. 质量控制

质量控制即按照产品质量要求,制定原材料、半成品和产品的企业内控质量标准,强化过程控制,运用统计技术等科学方法掌握质量波动规律,不断提高预见性和预防能力,采取措施使生产全过程处于受控状态。

3. 产品质量确认与验证

产品质量确认与验证即严格按照有关标准规定对出厂产品进行确认,按供需双方合同的规定进行交货验货,杜绝不合格产品和废品出厂。

4. 质量统计

质量统计即用正确、科学的数理统计方法,及时进行质量统计并做好分析总结和改进工作。

5. 试验研究

试验研究即根据产品开发和提高产品质量等需要,积极开展科研和改进工作。

二、化验室的主要任务

化验室的主要任务包括以下方面。

（1）根据国家产品标准和质量管理规程,起草本企业的质量管理制度及实施细则;制订质量计划和质量控制网、合理的配料方案,确定合理的检验控制项目。

（2）负责原材料、半成品和产品的检验、监督管理。

（3）负责进厂原材料、半成品、产（成）品堆场（仓库）的管理,做好质量调度。

（4）负责生产岗位质量记录和检验数据的收集统计、分析研究并及时上报,以及质量档案的管理工作。

（5）及时了解国内外分析检测技术的动态,积极采用先进的检测技术和方法,不断提高分析检验工作的科学性、准确性和及时性。

（6）围绕提高质量、增强品种性能,积极开展科学研究及开发、试验新产品的工作。

（7）负责产品质量方面的技术服务,处理质量纠纷问题。

（8）负责企业的创优、创名牌及生产许可证、质量认证的申报和管理工作。

三、化验室的权限

化验室的权限包括以下方面。

（1）监督检查生产过程的受控状态，有权制止各种违章行为，采取纠正措施。

（2）参与制订质量方针、质量目标、质量责任制及考核办法，行使质量否决权。

（3）有权越级汇报企业质量情况，提出并坚持正确的管理措施。

（4）有产品出厂决定权。

四、对化验员素质的要求

在化验室的各项管理制度中，在满足设计规范合理的实验室、必需的分析仪器及设备、齐全合格的化学试剂等硬件设施要求基础上，化验员良好的技术业务素质的养成及科学管理，对于保证分析测试质量尤为重要。

作为分析检验人员，最重要的是具有高度负责的职业素养及良好的职业操守。

1. 化验员应具有的工作能力

（1）能安装、检验和使用简单的常用仪器。

① 认真阅读、正确理解仪器使用说明书；

② 掌握简单仪器的使用方法、结构、工作原理等；

③ 能对简单仪器的性能进行检验。

（2）能检查和排除常见故障。

① 用万用表或测电笔检查一般电路故障；

② 排除常见仪器/设备的一般故障。

（3）能对实验数据进行准确处理。

① 按仪器精度及实验方法记录实验数据；

② 按照有效数字规则进行计算；

③ 用列表或绘图等方法正确表达实验结果。

（4）会选择适宜的测定方法。充分了解各种仪器使用的范围，根据测定项目选择相应的测定方法。

（5）会选择适宜的试验条件进行待测物质的测定。

（6）能按测定结果，写出符合实际情况并且结果可靠的实验报告。

2. 化验员应具有的良好工作习惯

（1）保持化验室的整洁和注意安全

① 化验室应保持整洁，经常打扫卫生，做到门窗、玻璃、地板干净。

② 仪器、试剂存放有序，便于使用。

③ 化验室内应保持安静，不得高声说话和随意走动。

④ 实验进行中所用的仪器、试剂要放置合理、有序；实验台面要清洁、整齐。

每完成一个阶段的分析任务要及时整理；全部工作结束后，一切仪器、试剂、工具等都要放回原处。

动画
保持化验室的整洁和注意安全

⑤ 工作时要穿实验工作服。实验工作服不得在非工作场所穿用,以免有害物质扩散。工作前后要及时洗手,以免因手脏而玷污仪器、试剂和试样,以致引入误差;或将有害物质带出化验室,甚至入口、入眼,导致伤害和中毒。

> **🔔 小贴士**
>
> 在安排紊乱的化验室中工作最容易发生实验用品浪费和安全事故。同时也影响实验结果的可靠性。

（2）正确使用和爱护仪器

① 严格按照仪器操作规程认真操作仪器,不了解仪器的使用方法时,不得乱试,不得擅自拆卸仪器。

动画

正确使用和
爱护仪器

应当养成首先了解仪器的性能、特点及使用要求,然后严格遵守操作规程进行实验的习惯。

② 经常保持仪器的清洁和干燥,定期用小型除尘器除尘,定期更换干燥剂。实验完毕,应盖上仪器防尘罩。

③ 使用仪器前应检查各开关是否处于安全的位置,特别注意灵敏度旋钮是否放在灵敏度最低挡。实验完毕,各仪器应复原。

④ 养成耐心、细致、文明、有条不紊使用仪器的习惯,克服急躁、图快、鲁莽、忙乱的操作行为。如有仪器损坏,必须及时登记、补领并且按照规定赔偿。

（3）充分利用实验时间

① 工作前要有计划,做好充分准备,使整个分析测试过程能有条不紊、紧张有序地进行。

② 实验前必须充分预习。了解本实验的目的与要求。掌握实验所依据的基本理论,明确需要测定、记录的数据。了解所用仪器的基本构造和操作规程。做到心中有数。

动画

充分利用
实验时间

③ 测试操作过程中要培养精细观察实验现象,准确、及时、如实记录实验数据的科学工作作风。数据要记录在专用的记录本上。记录要严格按照相关要求及时、真实、齐全、整洁、规范。如有错误,要划掉重写,不得涂改。

④ 结束实验前,应核对数据,并对最后结果进行估算,如果必要,应补测数据。

⑤ 熟悉实验室的规章制度,并自觉遵照执行。

五、化验室的数据记录管理

1. 对原始数据的记录要求

原始记录是检测结果的如实记载。不允许随意更改和删减,一般不允许外单位查阅。

（1）要用正式记录本（或记录单）真实记录检测过程中的现象、条件、数据等,要求完整、准确、整齐清洁。

微课

化验室的数
据记录管理

> **🔔 小贴士**
>
> 不得书写在白纸上、不得用铅笔或圆珠笔书写,不准涂改!

动画

意外割伤的
预防措施

（2）分析检测原始记录必须由分析者本人填写，在岗其他分析人员复核（两检制），分析者应对原始记录的真实性和检验结果的准确性负责，复核人员应对计算公式及计算结果的准确性负责。

（3）要采用法定计量单位，数据应按照测量仪器的有效精度位数进行记录。

（4）原始记录单（表）要统一格式，以符合计量认证的要求。检测人员及负责人要在原始记录单上签署自己的姓名和日期。

2. 对原始数据更改的规定

更改记错的原始数据的方法是：在原始数据上划一条横线表示消去，将正确数据填在上方，并加盖更改人印章。

1.2 化验室的安全管理

化验员在分析测试工作中，要接触各种化学试剂、试样，以及分析检测过程中由于各种化学反应所产生的气体、热气、烟雾等，这些物质中有些对人体有毒害作用，有些还具有易燃、易爆性质，同时各种仪器、电器、机械设备在使用中也可能存在危险性。因此，分析检测人员必须学习化验室安全技术，并掌握一定的防护急救技能，在分析测试工作中做好安全保护工作。

一、意外割伤

1. 预防措施

在化验室中为了防止被锐器或碎玻璃割伤，应注意以下几点。

（1）对玻璃仪器应轻拿轻放、安置妥当。

（2）不得使用有裂纹或已破损的仪器。

（3）在弯折、切割玻璃管（棒）、塞子钻孔及安装洗瓶等玻璃仪器时，要遵守使用玻璃和打孔器的安全工作规程，用布包手或戴手套。

（4）细口瓶、试剂瓶、容量瓶不得在电炉或酒精灯上加热，不能盛装过热溶液。

（5）加热烧杯和烧瓶时，应垫石棉网，以免烧杯和烧瓶受热不均匀发生炸裂。

（6）装配或拆卸仪器时，要防备玻璃管和其他部分的损坏，以免受到严重伤害。

（7）被割伤时应立即包扎并送医院。

2. 急救措施

（1）对于一般割伤，应保持伤口干净，不能用手抚摸，也不能用水洗涤。若是玻璃创伤，应先将碎玻璃从伤口处挑出。轻伤可涂紫药水（或红汞、碘酒），必要时撒些消炎粉或敷些消炎膏，用绷带包扎。伤口较小时，也可用创可贴敷盖伤口。

（2）若严重割伤，可在伤口上部 10 cm 处用纱布扎紧，减慢流血速度，并立即送医。

（3）若眼睛里崩进碎玻璃或其他固体异物时，应闭上眼睛不要转动，立即到医院就医。绝不要用手揉眼睛，以免引起严重的擦伤。

动画

意外割伤的
急救措施

二、消防安全

化验室中不仅经常使用易燃、易爆等危险化学品,而且还要进行加热、灼烧、蒸馏等可能引起着火燃烧的操作。因此,掌握化验室基本的消防安全知识与技能十分重要。

1. 化验室发生火灾的主要原因

化验室中发生火灾主要由以下几种因素导致。

（1）易燃、易爆危险化学品的贮存、使用或处理不当。

（2）加热、蒸馏、制气等分析装置安装不正确、不稳妥、不严密,从而产生蒸气泄漏或由于操作不规范产生迸溅现象,遇到加热的火源极易发生燃烧与爆炸。

（3）对化验室火源管理不严,违反操作规程。

（4）强氧化剂与有机物或还原剂接触混合。

（5）电器设备使用不当。

（6）易燃性气体或液体的蒸气在空气中达到爆炸极限范围,与明火接触时,易发生燃烧和爆炸。

 小贴士

　　a. 实验室内严禁存放大于 20 L 的瓶装易燃液体!

　　b. 绝不可在明火附近倾倒、转移易燃试剂!

　　c. 加热易燃溶剂,必须用水浴或封闭式电炉,严禁用灯焰或电炉直接加热!

动画
防火措施

2. 防火措施

（1）在倾倒或使用易燃液体进行萃取或蒸馏时,室内不得有明火。同时要打开门窗,使空气流通,以保证易燃气体及时逸出室外。

（2）电器设备应装有地线和保险开关。使用烘箱和高温炉时,不得超过允许温度,无人时应立即关闭电源。

（3）室内应备有水源和适用于各种情况的灭火材料,包括消火沙、石棉布、水桶等各类灭火器材。对易燃易爆物应设专人保管,并有严格的使用与保管的相关制度。

（4）酒精灯及低温加热器应放在分析操作台面上,下面应垫石棉板或防火砖。烘箱和高温炉应安放在石桌面或水泥台面上。

 练一练

将下列物质混合,特别容易引起火灾的用细线连接起来。

活性炭　　　　　　　　　　浓硝酸

可燃性物质（如木材、织物等）　　硝酸铵

液氧　　　　　　　　　　　有机氯化物

铝　　　　　　　　　　　　有机物

3. 常用的灭火方法

燃烧必须具备三个条件：可燃物、助燃物和火源。这三者必须同时具备，缺一不可，因此，灭火就是消除这些条件。

（1）灭火时，应先关闭门窗，防止火势增大，并将室内易燃、干燥物搬离火源，以免引起更大火灾。

（2）易溶于水的物质着火时，可用水浇灭；不溶于水的油类及有机溶剂，如汽油、苯及过氧化物、碳化钙等可燃物燃烧时，绝不要用水去灭火，否则会加剧燃烧，只能用沙土、干冰和灭火器等进行灭火。

（3）选用合适的灭火装置。

表 1.1 列出了常用的灭火器类型及其使用范围。

表 1.1　常用的灭火器类型及其使用范围

类型	成分	使用范围
酸碱式	H_2SO_4，$NaHCO_3$	非油类及电器着火的一般火灾
泡沫式	$Al_2(SO_4)_3$，$NaHCO_3$	油类着火
二氧化碳	液体 CO_2	电器着火
四氯化碳	液体 CCl_4	电器着火
干粉	粉末主要成分是 Na_2CO_3 等盐，加入适量硬脂酸铝、云母粉、滑石粉、石英粉等	油类、可燃气体、电器设备、文献资料和遇水燃烧等物品的初起火灾
1211	CF_2ClBr	油类、有机溶剂、高压电器设备、精密仪器等着火
沙箱、沙袋	清洁干净的沙子	各种火灾

三、防爆安全

氧化、燃烧、爆炸，本质上都是氧化反应，只是反应速率不同而已。爆炸往往比着火会造成更大的危害，且多数情况下只能预防。因此，凡涉及爆炸性试剂的操作、贮存、运输，都要十分小心，必须严格按照有关规程运作。

在使用危险物质工作时，为了消除爆炸的可能性或防止发生人身事故，应遵守下列原则。

（1）使用预防爆炸或减少其危害后果的仪器和设备。

（2）要清楚地知道所用的每一种物质的物理和化学性质，反应混合物的成分，使用物质的纯度，仪器结构（包括器皿的材料），进行工作的条件（温度、压力）等。

（3）将气体充于预先加热的仪器内部时，不要用可燃性气体排空气，或相反地用空气排出可燃性气体，应该使用氮或二氧化碳来排出空气或可燃性气体，否则就有发生爆炸的危险。

（4）在能够保证实验结果可靠性和精密度的前提下，对于危险物质都必须取用最小量来完成相应测试工作，并且绝对不能使用明火加热。

动画

防爆措施

（5）在使用爆炸性物质进行测试分析工作时，必须使用软木塞或橡胶塞，并应保持其充分清洁，不可使用带磨口塞的玻璃瓶，因为关闭或开启玻璃塞的摩擦都可能成为爆炸的原因。

干燥爆炸性物质时，绝对禁止关闭烘箱门，最好在惰性气体气氛下进行，保证干燥时加热的均匀性与消除局部自燃的可能性。

（6）完成气相反应时，要了解改变气相反应速率的普遍影响因素（光、压力、表面活性剂、器皿材料及杂质等）。

要及时销毁爆炸性物质的残渣：卤氮化合物可以用氟使之成为碱性而销毁；叠氮化合物及雷酸银可由酸化来销毁；偶氮化合物可与水共同煮沸；乙炔化物可以用硫化铵分解；过氧化物则可用还原方法销毁。

（7）决不允许将水倒入浓硫酸中！

 小贴士

a. 进行隔绝空气加热时，应加热均匀，以防温度骤降导致爆炸。

b. 使用强碱熔样时，应防止坩埚沾水而爆炸。

c. 点燃氢气时，应检查氢气的纯度。

四、防毒

1. 化验室中常见的有毒物质（简称"毒物"）

凡是可使人体受害引起中毒的外来物质都可称为"毒物"。毒物是相对的，毒物只有在一定条件下和一定量时才能发挥毒效而引起中毒。

毒物的类型划分方式通常有两种，一种是根据毒物的毒性大小来划分；另一种是根据毒物的状态来划分。

毒物的毒性主要取决于其化学结构，按照毒性大小，毒物一般分为低毒物、中度毒物和剧毒物。按照毒物的存在状态不同，毒物又可分为有毒气体、有毒液体和有毒固体三种。如表1.2所示。

表 1.2　常 见 毒 物

类型	名称
有毒气体	一氧化碳、氯气、硫化氢、氮的氧化物、二氧化硫、三氧化硫等
有毒液体	汞、溴、硫酸、硝酸、盐酸、高氯酸、氢氟酸、有机酚类、苯及其衍生物、氯仿、四氯化碳、乙醚、甲醇等
有毒固体	汞盐、砷化物、氰化物等

2. 防毒措施

（1）要严格遵守个人卫生和个人防护规程。

动画

防毒措施

使用有毒气体时,应在通风橱中进行,操作人员应穿戴防护工作服,并使用其他防护用品。如无通风设备,可在空气流通的地方或室外操作,工作人员应戴口罩。

（2）有煤气的化验室,应注意检查管道、开关等。不得漏气,以免煤气中一氧化碳散入空气中引起中毒。

（3）剧毒试剂的取用和使用应严格遵守操作规则,并有专人负责收发与保管,密封保存,建立严格的保管制度。

（4）使用后的含毒物的废液,不得倒入下水道内,应集中收集后予以无毒化处理,将盛过毒物废液的容器清洗干净后,立即洗手。

（5）当水银仪器破损后,洒出的水银应立即消除干净,然后在残迹处撒上硫黄粉使之完全消除。

（6）用嗅觉检查试剂时,只能用手扇送少量气体,轻轻嗅闻。

（7）不得使用化验室的器皿作饮食工具,绝对禁止在使用毒物或有可能被毒物污染的化验室存放食物、饮食或吸烟。离开化验室后立即洗手。

练一练

将下列毒物与对应的类型用细线连接起来。

a. 氢氟酸　　　　　　　　A. 有毒气体

b. 苛性钠（钾）

c. 硫化氢　　　　　　　　B. 有毒液体

d. 砷化物

e. 汞　　　　　　　　　　C. 有毒固体

f. 二氧化硫

五、防烧/烫伤

动画

防烧伤或烫伤

1. 腐蚀性试剂

腐蚀性试剂是指对人体的皮肤、黏膜、眼睛、呼吸器官等有腐蚀性的物质。一般为液体或固体。按照性质和形态的不同,腐蚀性试剂的分类如表1.3所示。

表1.3　常见腐蚀性试剂的类型

类型	常见腐蚀性试剂
酸	硫酸、盐酸、硝酸、磷酸、氢氰酸、甲酸、乙酸、草酸等
碱	氢氧化钠、氢氧化钾、氢氧化钙、氨等
盐	碳酸钾、碳酸钠、硫化钠、无水氯化铝、氰化物、磷化物、铬化物、重金属盐等
单质	钾、钠、溴、磷等
有机物	苯及其同系物、苯酚、卤代烃、卤代酸（如一氯乙酸）、乙酸酐、无水肼、水合肼等

2. 预防措施

在化验室中，皮肤的烧伤或烫伤，往往是由于接触有腐蚀性或刺激性的试剂、火焰、高温物体、电弧等引起的。各种烧伤的主要危险性是使身体损失大量水分，烧伤后多数由于身体组织损伤、细菌感染而发生严重的并发症。

为防止烧伤或烫伤的发生，应注意以下几点。

（1）取用硫酸、硝酸、浓盐酸、氢氧化钠、氢氧化钾、氯水、氨水或液体溴时，应戴上橡胶手套，防止药品沾在手上。

氢氟酸引起烧伤更危险，使用氢氟酸时要特别小心，操作结束后要立即洗手。

（2）腐蚀性物品不能在烘箱内烘烤。用移液管吸取有腐蚀性、刺激性液体时，必须用洗耳球小心操作。

（3）稀释浓硫酸时，必须在烧杯等耐热容器中进行。且必须在玻璃棒不断搅拌下，将浓硫酸仔细缓慢地加入水中，绝不能将水倒入浓硫酸中。

在溶解氢氧化钠、氢氧化钾等发热物时，也必须在耐热容器中进行。若需将浓酸或浓碱中和，则必须先行稀释。

（4）在压碎或研磨苛性碱和其他危险物质时，要注意防范小碎块或其他危险物质碎片溅散，以免严重烧伤眼睛、面孔或身体其他部位。

（5）打开氨水、盐酸、硝酸等试剂瓶口时，应先盖上湿布，用冷水冷却后，再打开瓶塞，以防溅出，在夏天更应注意。

（6）使用酒精灯和喷灯时，酒精不应装得太满。先将洒在外面的酒精擦干净，然后再点燃，以防将手烧伤。

（7）使用加热设备，如电炉、烘箱、沙浴、水浴等时，应严格遵守安全操作规程，以防烫伤。

（8）取下正在沸腾的水或溶液时，须先用烧杯夹子摇动后才能取下使用，以防使用时溶液突然沸腾溅出伤人。

3. 常见的急救措施

化验室中一旦发生烧伤事故，要立即进行救治，并根据伤势轻重分别进行处理。

常见的烧伤急救方法见表 1.4。

表 1.4 常见的烧伤急救方法

烧伤程度	急救方法
一度烧伤	立即用冷水浸烧伤处，减轻疼痛，再用 1∶1 000 新洁尔灭水溶液消毒，保持创面不受感染
二度烧伤	先用清水或生理盐水，再用 1∶1 000 新洁尔灭水溶液消毒，不要将水疱挑破以免感染，也可以用浸过碳酸氢钠溶液（$0.29 \sim 0.36 \ \mathrm{mol \cdot L^{-1}}$）的纱布覆盖在烧伤处，再用绷带轻轻包扎，如果皮肤表面完好，可用冰或冷水镇静
三度烧伤	在送医院前主要防止感染和休克，可用消毒纱布轻轻扎好，给伤者保暖和供氧气，若伤者清醒，令其口服盐水和烧伤饮料，防止失水休克。应注意防寒、防暑、防颤

4. 化学灼伤的急救方法

化学灼伤是由化学试剂对人体引起的损伤,急救应根据灼伤的原因不同分别进行处理。化验室化学灼伤的一般急救方法见表 1.5。

表 1.5 化学灼伤的一般急救方法

引起灼伤的化学试剂	急救方法
酸类: 硫酸、盐酸、硝酸、磷酸、甲酸、乙酸、草酸	先用大量水冲洗,再用饱和碳酸氢钠溶液(或稀氨水、肥皂水)洗,最后用清水冲洗。 若酸溅入眼中,应立即用大量清水冲洗,及时送医诊治
碱类: 氢氧化钠、氢氧化钾、浓氨水、氧化钙、碳酸钠、碳酸钾	立即用大量水冲洗,然后用 2% 醋酸或饱和硼酸清洗,最后用清水清洗。 若碱溅入眼中,应先用大量水冲洗,再用饱和硼酸溶液清洗。 氧化钙灼伤时,可用任一种植物油洗涤伤处
碱金属、氢氰酸、氰化物	立即用大量水冲洗,再用高锰酸钾溶液洗,之后用硫化铵溶液漂洗
氢氟酸	立即用大量流水进行长时间彻底冲洗,或将伤处浸入 3% 氨水或 10% 硫酸铵溶液中,再用 2:1 甘油及氧化镁悬乳剂涂抹,或用冰冷的饱和硫酸镁溶液洗
溴	先用水冲洗,再用 1 体积氨水 +1 体积松节油 +10 体积 95% 乙醇混合液处理。 也可用酒精擦至无溴存在为止,再涂上甘油或烫伤油膏
磷	不可将创伤面暴露于空气或用油质类涂抹,应先用 1% 硫酸铜溶液洗净残余的磷,再用 0.1% 高锰酸钾溶液湿敷,继而用浸有硫酸铜溶液的绷带包扎
苯酚	先用大量水冲洗,然后用 4 体积乙醇(70%)与 1 体积氯化铁溶液(27%)的混合液洗
氯化锌、硝酸银	先用水冲洗,再用 $50\ \mathrm{g \cdot L^{-1}}$ 碳酸氢钠溶液漂洗,涂油膏及硫黄

5. 发生眼睛灼伤事故的处理方法

眼睛受到任何伤害时,都必须立即送医诊治。但在医生救护前,对于眼睛化学灼伤的急救应该是分秒必争的。

(1)若眼睛被溶于水的化学药品灼伤,应立即去最近的地方冲洗眼睛或淋浴,用流水缓慢冲洗眼睛 15 min 以上,淋洗时轻轻用手指撑开上下眼帘,并将眼球向各方转动,再速请眼科医生诊治。

(2)若是碱灼伤,先用大量水清洗,再用硼酸(4%)或柠檬酸(2%)溶液冲洗,冲洗后反复滴氯霉素等微酸性眼药水。

(3)若是酸灼伤,先用大量水清洗,再用 2% 碳酸氢钠溶液冲洗,冲洗后可反复滴磺胺乙酰钠等微碱性眼药水。

六、用电安全

动画

防触电

化验室用电安全的关键是要严格遵守用电规则。

1. 防触电

触电事故主要是指电击。通过人体的电流越大,对人体的伤害越严重。电流的大小取决于电压和人体电阻。因此,在化验室中,使用各种电器及仪器设备时,要注意安全用电,以免发生触电和用电事故。必须注意以下几点。

（1）使用新电器及仪器前,首先弄懂它的使用方法和注意事项,不要盲目接电源。

（2）使用搁置时间较长的电器及仪器前,应预先仔细检查,发现有损害的地方,应及时修理,不要勉强使用。

（3）化验室内不得有裸露的电线,刀闸开关应完全合上或断开,以防接触不良打出火花引起易燃物爆炸。拔插头时,要用手捏住插头拔,不得只拉电线。

（4）各种电器设备及电线应始终保持干燥,不得浸湿,以防短路引起火灾或烧坏电器设备。

（5）更换保险丝时,要按负荷量选用合格保险丝,不得任意加粗保险丝,更不可用铜丝代替。

2. 防静电

动画

防静电

静电是指在一定的物体表面上存在的电荷,当其电压达到 3~4 kV 时,若人体触及就会有触电感觉。

静电能造成大型仪器高性能元件的损害,危及仪器的安全,也会因放电时瞬间产生的冲击性电流对人体造成伤害。虽不致因电流危及生命,但严重时能使人摔倒,电子器件放电火花引起易燃气体燃烧或爆炸。因此,必须要加以防护。

防静电的措施主要有以下几种。

（1）防静电区内不要使用塑料、橡胶地板、地毯等绝缘性能好的地面材料,可以铺设导电性地板。

（2）在易燃易爆场所,应穿着导电纤维及材料制成的防静电工作服、手套、防静电鞋（$R<150$ kΩ）等。不要穿化纤类织物、胶鞋及绝缘底鞋。

（3）高压带电体应有屏蔽措施,以防人体感应产生静电。

（4）进入易产生静电的化验室之前,应先徒手触摸一下金属接地棒,以消除人体从室外带来的静电。坐着工作的场所,可在手腕上戴接地腕带。

（5）凡不停旋转的电器设备,如真空泵、压缩机等,其外壳必须良好接地。

七、化验室中的"三废"处理及环境保护

化验室中经常会产生某些有毒的气体、液体或固体,尤其是某些剧毒物质,倘若直接排出就可能会污染周围环境,进而影响人们的身体健康。因此,化验室中的废气、废液和废渣（简称"三废"）都应经过处理后才能排弃。

1. 废气的处理

化验室中的废气主要来自于反应器、溶剂罐、烟(气)筒等处,经化学反应、溶剂的蒸发等产生。

少量有毒气体的实验必须在通风橱中进行。通过排风设备(通风柜、排气扇、吸气罩、导气管等)直接将废气排到室外,使废气在外面大量空气中稀释,依靠环境自身容量解决。

对于产生毒气量大的实验则必须备有吸收和处理装置,如 NO_2、SO_2、氯气、H_2S、HF 等可用导管通入碱液中,使其大部分被吸收后再排出。

汞的操作室必须有良好的全室通风装置,其通风口通常在墙体的下部。其他废气在排放前可参考工业废气的处理办法,采用吸附、吸收、氧化、分解等方法进行。

2. 废液的处理

(1)废液的处理原则

① 对高浓度的废酸、废碱液要中和至中性后排放。

② 对含少量被测物和其他试剂的高浓度有机溶剂应回收再利用。

③ 用于回收的高浓度废液应集中储存,以便回收。

④ 低浓度的废液经处理后排放,应根据废液性质确定储存容器和储存条件,不同废液一般不容许混合,应避光、远离热源储存,以免发生不良化学反应。

⑤ 废液储存容器必须贴上标签,写明种类、储存时间等。

(2)废液的处理方法

① 废酸液。可先用耐酸塑料网纱或玻璃纤维过滤,滤液加碱中和,调 pH 至 6~8 后可排出。

② 含重金属离子的废液。最经济、最有效的方法是:加碱或加硫化钠把重金属离子变成难溶的氢氧化物或硫化物沉积下来,然后过滤分离。少量残渣可分类存放,统一处理。

③ 含铬废液。可用 $KMnO_4$ 氧化法使其再生,重复使用。方法如下:将含铬废液在 110~130 ℃下加热搅拌浓缩,除去水分后,冷却至室温,缓慢加入 $KMnO_4$ 粉末,边加边搅拌至溶液呈深褐色或微紫色(勿过量),再加热至有 SO_3 产生,停止加热,稍冷,用玻璃砂芯漏斗过滤,除去沉淀,滤液冷却后析出红色 CrO_3 沉淀,再加入适量浓 H_2SO_4 使其溶解后即可使用。

少量的废铬酸洗液可加入废碱液或石灰使其生成氢氧化铬(Ⅲ)沉淀,集中分类存放,统一处理。

④ 含氰废液。氰化物是剧毒物! 含氰废液必须认真处理。少量含氰废液可加 NaOH 调至 pH>10,再加适量 $KMnO_4$ 将 CN^- 氧化分解。针对较大量的含氰废液可先用碱调至 pH>10,再加入 NaClO,使 CN^- 氧化成氰酸盐,并进一步分解为 CO_2 和 N_2。

⑤ 含汞废液。应先调至 pH 为 8~10,然后加入适量 Na_2S,使其生成 HgS 沉淀,并加入适量 $FeSO_4$,使之与过量的 Na_2S 作用生成 FeS 沉淀,从而吸附 HgS 共沉淀下来。静置后过滤离心,清液含汞量降至 $0.02 \text{ mg} \cdot \text{L}^{-1}$ 以下可排放。

少量残渣可埋于地下,大量残渣可用焙烧法回收汞,但要注意必须在通风橱中进行。

⑥ 含砷废液。可利用硫化砷的难溶性,在含砷废液中通入 H_2S 或加入 Na_2S 除去含砷化合物。也可在含砷废液中加入铁盐,并加入石灰乳使溶液呈碱性,新生成的 $Fe(OH)_3$ 与难溶性的亚砷酸钙或砷酸钙发生共沉淀和吸附作用,从而除去砷。

3. 废渣的处理

工业生产中产生的固体废物,化验后残存的固体物质,均为"废渣"。

(1)无毒性的可溶性废物应用水冲洗,排入下水道。

(2)不溶性固体或毒物则要集中统一处理。

(3)严禁将有毒有害固体试剂、残渣与生活垃圾混倒,必须经解毒后处理。

对大量废渣,要按照国家规定,定期交给专门处理废弃化学物品的专业公司处理。

八、化学试剂的安全管理

化学试剂的种类很多,规格不一,用途各异。作为分析工作者,对化学试剂的种类、规格、常用试剂的基本性质等应有基本了解,做到合理选购、正确使用、科学管理。

1. 化学试剂等级规格的划分

(1)按照试剂的纯度划分 我国生产的化学试剂(通用试剂)的登记标准,按照化学试剂中杂质含量的多少,基本可分为四级,级别的代表符号、规格标志及使用范围如表 1.6 所示。

表 1.6 化学试剂的分类(Ⅰ)

级别	名称	英文名称	符号	标签颜色	使用范围
一级品	保证试剂(优级纯)	guarantee reagent	GR	绿色	纯度很高,用于精密分析和科研
二级品	分析试剂(分析纯)	analytical reagent	AR	红色	纯度高,用于一般分析及科研
三级品	化学纯	chemical pure	CP	蓝色	纯度较差,用于一般化学实验
四级品	实验试剂	laboratory reagent	LR	黄色	纯度较低,用于实验辅助试剂或一般化学制备
	生化试剂	biochemical reagent	BR	棕色或玫红色	用于生物化学实验

优级纯、分析纯、化学纯试剂又统称为"通用化学试剂"。根据实验的不同要求选用不同级别的试剂。在分析实验中,要使用分析纯以上级别的试剂。

在查阅国外文献资料或使用进口试剂时,其化学试剂的纯度等级、标志等,与我国的规格、标志不一定相同,要注意区别。

(2)按照试剂的组成与用途划分 按照化学试剂的组成及用途分类的划分情况见表 1.7。

表 1.7　化学试剂的分类（Ⅱ）

类别	用途及分类	实例	备注
1. 无机分析试剂	用于化学分析的一般无机化学试剂	金属单质、氧化物、酸、碱、盐	纯度一般大于99%
2. 有机分析试剂	用于化学分析的一般有机化学试剂	烃、醛、醇、醚、酸、酯及其衍生物	纯度较高、杂质较少
3. 特效试剂	在无机分析中用于测定、分离后富集元素时一些专用的有机试剂	沉淀剂、萃取剂、显色剂、螯合剂、指示剂等	
4. 基准试剂	标定标准溶液浓度。又分为：容量工作基准试剂；pH工作基准试剂；热值测定用基准试剂	基准试剂即化学试剂中的标准物质。一级15种；二级7种	一级纯度：99.98%~100.02%　二级纯度：99.95%~100.05%
5. 标准物质	用作化学分析或仪器分析的对比标准或用于仪器校准。也分为：一级标准物质；二级标准物质	可以是纯净的或混合的气体、液体或固体	我国生产的一级标准物质有683种；二级标准物质有432种
6. 仪器分析试剂	原子吸收光谱标准品、色谱试剂（包括固定液、固定相填料）标准品、电子显微镜用试剂、核磁共振用试剂、极谱用试剂、光谱纯试剂、分光纯试剂、闪烁试剂		
7. 指示剂	用于容量分析滴定终点的指示、检验气体或溶液中某些物质；分为酸碱指示剂、氧化还原指示剂、吸附指示剂、金属指示剂		
8. 生化试剂	用于生命科学研究。分为生化试剂、生物染色剂、生物缓冲物质、分离工具试剂等	生物碱、氨基酸、核苷酸、抗生素、维生素、酶、培养基等	也包括临床诊断和医学研究用试剂
9. 高纯试剂	纯度在99.99%以上，杂质控制在$\mu g \cdot g^{-1}$级或更低		
10. 液晶	在一定温度范围内具有流动性和表面张力的，并具有各向异性的有机化合物		

小贴士

国际纯粹与应用化学联合会（IUPAC）将作为标准物质的化学试剂按纯度分为 5 级。

A 级 相对原子质量标准物质；

B 级 和 A 级最为接近的标准物质；

C 级 $w=(100\pm0.02)\%$ 的标准试剂；

D 级 $w=(100\pm0.05)\%$ 的标准试剂；

E 级 以 C 级或 D 级为标准进行对比测定所得的纯度相当于它们的试剂，但实际纯度低于 C 级、D 级的试剂。

按照上述等级划分，表 1.7 中"4."的一级、二级基准试剂，仅相当于 C 级和 D 级的纯度。

2. 常用化学试剂的储存管理要求

（1）常用化学试剂的储存一般按照无机物、有机物、指示剂等分类后，整齐排列在有玻璃门的台橱内，所有试剂瓶上的标签要保持完好，过期失效的试剂要及时妥善处理，无标签试剂不准使用。

（2）有些化学试剂要低温存放，如过氧化氢、液氨（存放温度要求在 10 ℃以下）等，以免变质或发生其他事故。

（3）对装在滴瓶中成套的试剂可制作成阶梯试剂架或专用瓶，以便于取用。

（4）对于一些小包装的贵重药品、稀有贵重金属等的储存，要与其他试剂分开由专人保管。

动画 常用化学试剂的储存管理要求

3. 化学危险品的储存管理要求

（1）易燃易爆品 对于易燃、易爆试剂应分开储存。存放处要阴凉、通风，储存温度不能高于 30 ℃，最好用防爆料架（由砖和水泥制成）存放，并且要和其他可燃物和易发生火花的器物隔离放置。

（2）剧毒品 剧毒品（如 KCN、As_2O_3 等）的储存要由专人负责。存放处要求阴凉、干燥，与酸类隔离放置，并应专柜加锁，且应建立发放使用记录。

动画 常用危险化学品标志

（3）强氧化性试剂 强氧化性试剂的存放处要阴凉、通风，要与酸类、木屑、炭粉、糖类等易燃、可燃物或易被氧化的物质隔离。

（4）强腐蚀性试剂 强腐蚀性试剂的存放要阴凉、通风，并与其他药品隔离放置，应选用抗腐蚀性的材料（如耐酸陶瓷）制成的架子放置此类药品，料架不宜过高，以保证存取安全。

（5）放射性物品 放射性物品由内容器（磨口玻璃瓶）和对内容器起保护作用的外容器包装。存放处要远离易燃、易爆等危险品，存放要具备防护设备、操作器、操作服（如铅围裙）等条件，以保证人身安全。

动画 化学危险品的储存管理要求

> **练一练**
>
> 将下列化学危险品与其对应的类型用细线连接起来。
>
> a. 易燃类　　　　　　　　氰化钾
>
> b. 剧毒类　　　　　　　　氢氟酸
>
> c. 强氧化剂　　　　　　　石油醚
>
> d. 爆炸类　　　　　　　　硝酸钍
>
> e. 强腐蚀性类　　　　　　高锰酸钾
>
> f. 放射性类　　　　　　　硝化纤维

动画

一般安全守则

九、化验室中的常规安全问题

对于分析测试人员来说,除了要了解、掌握相关的仪器设备、化学试剂、用电等的安全知识外,在日常分析工作中更要对一些常规的安全问题加以重视,并自觉遵守。

一般安全守则如下。

（1）化验室要经常保持整洁。仪器、试剂、工具存放有序。混乱、无序往往是引发安全事故的诱因。

（2）严格按照技术规程和有关分析程序进行分析操作。相关的分析工作应能紧张有序地进行。

（3）当进行有潜在危险的工作时,如危险物料的采集、易燃 / 易爆物品的处理等,必须要有第二者在场陪伴,陪伴者应位于能够看清操作者工作情况的地方,并应时刻关注操作的全过程。

（4）打开久置未用的浓硝酸、浓盐酸、浓氨水的瓶塞时,应着防护用品,瓶口不应对着人,宜在通风橱内进行。热天打开易挥发试剂的瓶口时,应先用冷水冷却。瓶塞如久置难以打开,尤其是磨口塞,不可强力猛烈撞击。

（5）稀释浓硫酸时,稀释用容器（如烧杯、锥形瓶等,绝不可直接用细口瓶!）,应置于塑料盆内,将浓硫酸缓慢分批加入水中,并不时搅拌,待冷至室温时再转入细口贮液瓶中。

（6）蒸馏或加热易燃液体时,绝不可使用明火,一般也不要蒸干。操作过程中不要离开人,以防温度过高或冷却时临时中断引发安全事故。

（7）所有试剂必须贴有相应标签,不允许在瓶内盛装与标签内容不符的试剂。

（8）不可在冰箱内（防爆冰箱除外）存放含有易挥发、易燃试剂的物品。

（9）工作时应穿工作服。进行危险性操作时要加着防护用具,实验用工作服不宜穿出室外。

（10）化验室内禁止吸烟、进食。实验结束后要认真洗手,离开化验室时要认真检查,并关闭门窗。停水、断电、熄灯、锁门。

1.3 化验室的用水管理

化验室的
用水管理

在化验室中,常用的水主要有两种:自来水和分析实验用水。

自来水是将天然水经过初步净化处理所得,其中含有多种杂质。因此,自来水只能用于仪器的初步洗涤,作为冷却或加热浴用水。

 小贴士

采用电热恒温箱时,最好不要采用自来水。

在分析测试中,根据不同的分析要求,对水质的要求也不同。因此,需要进一步将自来水纯化,制备成能满足分析检测所需的纯净水。也就是"分析实验用水"(亦称"蒸馏水")。在一般的分析工作中采用一次蒸馏水或去离子水即可。而在超纯分析或精密仪器分析测试中,需采用水质更高的二次蒸馏水、亚沸蒸馏水、无二氧化碳蒸馏水、无氨蒸馏水等。

一、分析实验用水的规格

分析过程中,应使用蒸馏水或同等纯度的水。分析实验用水应符合表 1.8 所列规格。

表 1.8 分析实验用水规格与要求

指标名称		一级	二级	三级
pH 范围(25 ℃)		—	—	5.0~7.5
电导率(25 ℃)/(mS·m^{-1})	≤	0.01	0.10	0.50
可氧化物质质量浓度(以氧计)/(mg·L^{-1})	≤	—	0.08	0.50
蒸发残渣质量浓度[(105±2)℃]/(mg·L^{-1})	≤	—	1.0	2.0
吸光度(254 nm,1 cm 光程)	≤	0.001	0.01	—
可溶性硅质量浓度(以 SiO$_2$ 计)/(mg·L^{-1})	≤	0.01	0.02	—

需要指出:

(1)由于在一级水、二级水的纯度下,难以测定其真实的 pH,因此,对一级水、二级水的 pH 范围不做规定。

(2)一级水、二级水的电导率需用新制备的水"在线"测定。

(3)由于在一级水的纯度下,难以测定可氧化物质和蒸发残渣,因此,对其限量不做规定。可用其他条件和制备方法来保证一级水的质量。

二、分析实验用水的制备方法

化验室制备纯水一般采用蒸馏法、离子交换法和电渗析法。

1. 蒸馏法

蒸馏法制备水所用设备成本低、操作简单,但能耗高、产率低,且只能除掉水中非挥发性杂质。

2. 离子交换法

离子交换法所得水为"去离子水",去离子效果好,但不能除掉水中非离子型杂质,且常含有微量的有机物。

去离子水的纯度一般比蒸馏水高,这种纯水也是各工业部门化验室广泛采用的。一般化验室都有自制"去离子水"的小型设备。

 小贴士

> 直接由自来水经离子交换法制备纯水,纯水中的可溶性硅含量较高,测定试样中的二氧化硅时,应进行空白试验。

3. 电渗析法

电渗析法是在直流电场作用下,利用阴、阳离子交换膜对原水中存在的阴、阳离子选择性渗透的性质而除去离子型杂质。与离子交换法相似,电渗析法也不能除掉非离子型杂质,只是电渗析器的使用周期比离子交换柱长,再生处理比离子交换柱简单。

（1）三级水　三级水一般采用蒸馏法或离子交换法、电渗析法或反电渗析法等方法制备。所用原水为饮用水或适当纯度的水。三级水用于一般化学分析实验,是化验室最常用的水。

（2）二级水　二级水用多次蒸馏或离子交换法,用三级水作原水制备。二级水用于无机痕量分析等实验。

（3）一级水　一级水可由二级水用石英蒸馏设备蒸馏或经离子交换混合床处理后,再经 0.2 μm 微孔滤膜过滤制得。一级水用于有严格要求的分析试验,包括对颗粒有严格要求的实验。

以上各级分析实验用水均应贮存于密闭的专用聚乙烯容器中存放。三级水也可使用密闭的专用玻璃容器。新容器在使用前需用 $w(HCl)=25\%$ 的盐酸浸泡 2~3 d,再用待盛水反复冲洗,并注满待盛水浸泡 6 h 以上。

各级用水在贮存期间可能被玷污。玷污的主要来源是容器可溶成分的溶解、空气中 CO_2 及其他污染物。因此,一级水不可贮存,应随用随制。二级水、三级水可适量制备,分别贮存于预先用同级水冲洗过的相应容器中。

三、纯水的合理选用

分析实验中所用纯水来之不易,也难以存放,要根据不同的情况选用适当级别的纯水。在保证实验要求的前提下,注意节约用水。

在定量化学分析实验中,主要使用三级水,有时需将三级水加热煮沸后使用,特殊情况下也使用二级水。仪器分析实验主要使用二级水,有的实验还需使用一级水。

 小贴士

本书中各实验用水除另有注明外,定量化学分析实验均采用一次蒸馏水,即三级水。

习题

一、填空题

1. 化验室的权限有＿＿＿＿＿＿、＿＿＿＿＿＿、＿＿＿＿＿＿和＿＿＿＿＿＿。

2. 化学危险品按其特性可分为＿＿＿＿＿、＿＿＿＿＿、＿＿＿＿＿、＿＿＿＿＿和放射性试剂等。

3. 化验室中制备实验用纯水的方法有＿＿＿＿＿法、＿＿＿＿＿法和电渗析法。

4. 化验室除备有灭火器外,还应备有＿＿＿＿＿、＿＿＿＿＿、＿＿＿＿＿等各类灭火器材。

5. 毒物指＿＿＿＿＿＿＿＿＿＿＿＿＿＿＿＿。根据其存在的状态不同,毒物分为＿＿＿＿＿、＿＿＿＿＿、＿＿＿＿＿三大类。

6. 打开氨水、盐酸、硝酸、乙醚等药瓶封口时,应先＿＿＿＿＿,用＿＿＿＿＿冷却后,再打开瓶塞,以防溅出引发灼伤事故。

7. 使用有毒气体或能产生有毒气体的操作,都应在＿＿＿＿＿中进行,操作人员应＿＿＿＿＿。

8. 化学灼伤是由＿＿＿＿＿对人体引起的损伤,急救应根据＿＿＿＿＿进行处理。

第1章习题答案

二、选择题

1. 下列符号代表优级纯试剂的是＿＿＿＿＿,代表化学纯试剂的是＿＿＿＿＿,代表分析纯试剂的是＿＿＿＿＿。

A. GR   B. AS   C. CR

D. CP   E. AR

2. 应该放在远离有机物及还原性物质的地方,使用时不能戴橡胶手套的是＿＿＿＿＿＿。

A. 浓硫酸   B. 浓盐酸   C. 浓硝酸   D. 浓高氯酸

3. 一般分析实验和科学研究中适用＿＿＿＿＿＿。

A. 优级纯试剂   B. 分析纯试剂   C. 化学纯试剂   D. 实验试剂

4. 电器设备发生火灾宜用＿＿＿＿＿＿灭火。

A. 水   B. 泡沫灭火器   C. 干粉灭火器   D. 湿抹布

5. 能用水扑灭的火灾种类是＿＿＿＿＿＿。

A. 可燃性液体燃烧,如石油、食油   B. 可燃性金属引起的火灾,如钾、钠、钙、镁等

C. 木材、纸张、棉花燃烧   D. 可燃性气体燃烧,如煤气、石油液化气

6. 贮存易燃易爆、强氧化性物质时,最高温度不能高于＿＿＿＿＿＿。

A. 20 ℃   B. 10 ℃   C. 30 ℃   D. 0 ℃

7. 下列有关储存危险品方法不正确的是＿＿＿＿＿＿。

A. 危险品储存室应干燥、朝北、通风良好　　　B. 门窗应坚固，门应朝外开

C. 门窗应坚固，门应朝内开　　　　　　　　　D. 储存室应设在四周不靠建筑物的地方

8. 国家标准规定的化验室用水分为 _____ 级。

A. 4　　　　　　　　B. 3　　　　　　　　C. 2　　　　　　　　D. 5

9. 化验室三级水用于一般化学分析实验，可以用于储存三级水的容器有 _____。

A. 带盖子的塑料水桶　　　　　　　　　　　B. 密闭的专用聚乙烯容器

C. 有机玻璃水箱　　　　　　　　　　　　　D. 密闭的瓷容器

三、判断题

1. 电器着火可用水和泡沫灭火器扑救。（　　）

2. 如果少量有机溶剂着火，只要不向四周蔓延，可任其燃烧完。（　　）

3. 凡遇有人触电，必须用最快的方法使触电者脱离电源。（　　）

4. 稀释浓硫酸时，为避免化学灼伤应将水慢慢倒入浓硫酸中，同时不断搅拌。（　　）

5. 化验室的安全包括：防火、防爆、防中毒、防腐蚀、防烫伤，保证压力容器和气瓶的安全、电器的安全，以及防止环境污染等。（　　）

6. 在化验室里，倾注和使用易燃、易爆物时，附近不得有明火。（　　）

7. 化验室内可以用干净的器皿处理食物。（　　）

8. 在使用氢氟酸时，为预防烧伤可套上纱布手套或线手套。（　　）

9. 二次蒸馏水是指将蒸馏水重新蒸馏后得到的水。（　　）

10. 化验室所用水为三级水，用于一般化学分析试验，可以用蒸馏、离子交换等方法制取。（　　）

四、简答题

1. 当浓硫酸或者浓碱洒在衣服或者皮肤上时，应该采取什么急救措施？

2. 当实验完毕离开化验室时，还有哪些事情要做？

3. 实验中，不小心打碎玻璃仪器，应该怎么办？

4. 什么是危险性化学试剂？化验室的危险品指的是什么？

5. 化验室的废酸、废碱溶液是如何回收和处理的？

6. 化验室为什么一般不用水或含有水的物质灭火？

五、案例分析

某学生主动要帮老师给试剂瓶里补充浓度为 1∶3 的硫酸，结果把附近的浓硫酸加进去了，导致大量放热，后来又把试剂瓶内的液体快速倒入水槽中。

针对上述操作过程，请指出其中的错误之处，并加以纠正。

第 2 章
定量分析中的误差、数据记录与测量结果的表达

定量分析的任务是测定物质中某种组分的含量,其核心是准确的量的概念！无论采用何种分析方法测定物质组分含量,都离不开测量某些物理量。如测量质量、体积等。在测量实践中,不仅要经过许多操作步骤,使用多种测量仪器,还要受到操作者本身各种因素的影响。这就要求分析技术人员在进行各项测量工作中,既要掌握相关测定方法又要对测量结果进行评价。所以,如何正确处理分析实验数据,充分利用数据信息,以便得到最接近于真值的最佳结果,是每一名分析技术人员都必须要具备的基础知识。

 **知识目标**

- ☐ 理解定量分析中误差的意义。
- ☐ 理解并掌握有效数字在定量分析中的意义及运算规则。
- ☐ 学习可疑值的常用判断方法。
- ☐ 学习分析结果的一般表示方法。

 **能力目标**

- ☐ 能对于实验中产生的误差做出正确的判断。
- ☐ 能正确判断有效数字的位数并进行相关计算。
- ☐ 能正确取舍可疑值。

 **素养目标**

- ☐ 有严谨的科学态度和行为规范。
- ☐ 有较强的责任感、使命感及团队协作精神。

知识结构框图

定量分析中的误差、数据记录与测量结果的表达

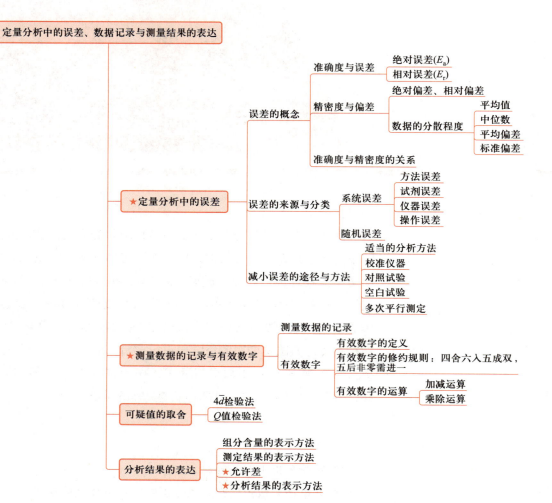

★ 定量分析中的误差
- 误差的概念
  - 准确度与误差
    - 绝对误差(E_a)
    - 相对误差(E_r)
  - 精密度与偏差
    - 绝对偏差、相对偏差
    - 数据的分散程度
      - 平均值
      - 中位数
      - 平均偏差
      - 标准偏差
  - 准确度与精密度的关系
- 误差的来源与分类
  - 系统误差
    - 方法误差
    - 试剂误差
    - 仪器误差
    - 操作误差
  - 随机误差
- 减小误差的途径与方法
  - 适当的分析方法
  - 校准仪器
  - 对照试验
  - 空白试验
  - 多次平行测定

★ 测量数据的记录与有效数字
- 测量数据的记录
- 有效数字
  - 有效数字的定义
  - 有效数字的修约规则：四舍六入五成双，五后非零需进一
  - 有效数字的运算
    - 加减运算
    - 乘除运算

可疑值的取舍
- $4\bar{d}$检验法
- Q值检验法

分析结果的表达
- 组分含量的表示方法
- 测定结果的表示方法
- ★ 允许差
- ★ 分析结果的表示方法

★：学习重点

2.1　定量分析中的误差

在定量分析中,经常需要量取或测量物质的各种物理量或参数。常见的测量方法可以归纳为直接测量法和间接测量法两类。使用各种量器量取物质和使用某种仪器直接测定出物理量的结果都称为直接测量。直接测量是最基本的测量操作,例如用量筒量取某液体的体积、用温度计测定反应的温度等。某些物理量需要进行一系列直接测量后,再根据化学反应原理、计算公式或图表经过计算后才能得到结果,如标准滴定溶液的浓度、定量分析结果等,都属于间接测量。

因此测量结果和真值之间或多或少有一些差距,这些差距就是"误差"。例如,同一个人,在同样的条件下,取同一试样进行多次重复测试,其测量结果也常常不会完全一致。这说明测量误差是普遍存在的。也就是说,有测量就必然有误差!

一、误差的概念

1. 准确度与误差

（1）准确度　准确度是指测量值与真值相符合的程度,它说明测量结果的可靠性。

准确度的高低通常用误差的大小来表示。误差的绝对值越小,结果的准确度就越高;反之,准确度就越低。

（2）误差　所谓误差,就是指单次测量值（x_i）与真值（μ）之差。误差的大小,可用绝对误差（E_a）和相对误差（E_r）表示。

$$E_a = x_i - \mu \tag{2.1}$$

$$E_r = \frac{E_a}{\mu} \times 100\% = \frac{x_i - \mu}{\mu} \times 100\% \tag{2.2}$$

建立误差概念的意义在于:当已知误差时,测量值扣除误差即为真值,这样就可以对真值进行估算了。

> **例 2.1**　已知分析天平的称量误差（绝对误差）为 ±0.000 1 g,那么对于称量得到的质量为 0.216 3 g 的试样,其真实质量为多少?
>
> **解:**
> $$\mu = x_i - E_a = 0.216\ 3\ \text{g} \pm 0.000\ 1\ \text{g}$$
> 即试样质量的真值应该为 0.216 2~0.216 4 g。
>
> **例 2.2**　分析天平称量两物体的质量各为 1.638 0 g 和 0.163 7 g,假定两者的真实质量分别为 1.638 1 g 和 0.163 8 g,求对两物体称量的相对误差。
>
> **解:** 对两物体称量的绝对误差分别为
> $$E_{a1} = 1.638\ 0\ \text{g} - 1.638\ 1\ \text{g} = -0.000\ 1\ \text{g}$$
> $$E_{a2} = 0.163\ 7\ \text{g} - 0.163\ 8\ \text{g} = -0.000\ 1\ \text{g}$$
> 则对两物体称量的相对误差分别为

微课
准确度与
精密度

微课
误差的来源

$$E_{r1} = \frac{-0.000\,1}{1.638\,1} \times 100\% = -0.006\%$$

$$E_{r2} = \frac{-0.000\,1}{0.163\,8} \times 100\% = -0.06\%$$

由此可见,绝对误差相等时,相对误差并不一定相同,例 2.2 中第一个称量结果的相对误差为第二个称量结果相对误差的十分之一。也就是说,同样的绝对误差,当被测量的量较大时,相对误差就比较小,测量的准确度就比较高。因此,评定测量结果的准确程度常用相对误差来表示。

绝对误差和相对误差都有正值和负值。正值表示分析结果偏高,负值表示分析结果偏低。

知识拓展

真值(true value):指的是在观测的瞬时条件下,质量特性的确切数值。严格地说,任何物质的真实含量都是不知道的。但人们采用各种可靠的分析方法,经过不同实验室,不同人员反复分析,用数理统计的方法,确定各成分相对准确的含量,此值称为标准值,一般用以代表该组分的真实含量。

练一练

某标准试样中某组分的 w=13.0%,三次分析结果分别为 12.6%,13.0% 和 12.8%。则该分析结果的绝对误差为_____,相对误差为_____。

2. 精密度与偏差

(1)精密度 精密度是指在相同条件下,多次测量结果相互吻合的程度。换句话说,精密度是指在确定条件下,测量值在中心值(即平均值)附近的分散程度。它表示了结果的再现性。

(2)偏差 精密度的大小常用"偏差"表示。偏差越小,表示测量结果的精密度越高。即每一测量值之间比较接近,精密度高。在实际分析工作中,一般是以精密度来衡量分析结果的。

偏差分为绝对偏差(d_i)和相对偏差(d_r)。其表示方法为

$$d_i = x_i - \bar{x} \qquad (2.3)$$

$$d_r = \frac{|x_i - \bar{x}|}{\bar{x}} \times 100\% \qquad (2.4)$$

式中:x_i——表示个别测量值;

$\bar{x}$——表示几次测量值的算术平均值;

d_i——表示个别测量值的绝对偏差。

3. 原始数据的分散程度

原始数据是采集到的未经整理的观测值。原始数据的离散即离中趋势可用以下几

种方法表示。

（1）平均值　为了获得可靠的分析结果，一般总是在相同条件下对同一试样进行平行测量，然后取平均值。平均值是对数据组具有代表性的表达值。

设一组平行测量值为 $x_1, x_2, \cdots, x_n$。若用平均值表示，则

$$\bar{x}=\frac{x_1+x_2+\cdots+x_n}{n}=\sum_i \frac{x_i}{n} \tag{2.5}$$

通常，平均值是一组平行测量值中出现可能性最大的值，因而是最可信赖和最有代表性的值，它代表了这组数据的平均水平和集中趋势，故人们常用平均值来表示分析结果。

（2）中位数　一组平行测量的中心值亦可用中位数表示。

将一组平行测量的数据按大小顺序排列，在最小值与最大值之间的中间位置上的数据称为"中位数"。当测量数据总数为奇数时，居中者为中位数；若测量数据总数为偶数时，则中间数据对的算术平均值即为中位数。

例如以下 9 个数据：

10.10，10.20，10.40，10.46，10.50，10.54，10.60，10.80，10.90

中位数 10.50 与平均值一致。

若在以上数据组中再增加一个数据 12.80，即

10.10，10.20，10.40，10.46，10.50，10.54，10.60，10.80，10.90，12.80

则中位数为

$$\frac{10.50+10.54}{2}=10.52$$

而平均值为 10.73。

平均值 10.73 比数据组中相互靠近的三个数据 10.46，10.50 和 10.54 都大得多。可见用中位数 10.52 表示中心值更实际。这是因为在这个数据组中，12.80 是"异常值"。

在包含一个异常值的数据组中，使用中位数更有利，异常值对平均值和标准偏差影响很大，但不影响中位数。对于小的数据组用中位数比用平均值更好。

（3）平均偏差与相对平均偏差　平均偏差即为绝对偏差的平均值，用 $\bar{d}$ 表示，其计算方法为

$$\bar{d}=\frac{|d_1|+|d_2|+\cdots+|d_n|}{n} \tag{2.6}$$

相对平均偏差：

$$\bar{d}_r=\frac{\bar{d}}{x}\times 100\% \tag{2.7}$$

可以看出，平行测量数据相互越接近，平均偏差或相对平均偏差就越小，说明分析的精密度越高；反之，平行测量数据越分散，平均偏差或相对平均偏差就越大，说明分析的精密度就越低。

（4）标准偏差和相对标准偏差　由于在一系列测量值中，偏差小的总是占多数，这

样按总测量次数来计算平均偏差时会使所得的结果偏小,大偏差值将得不到充分的反映。因此在数理统计中,一般不采用平均偏差而广泛采用标准偏差(简称标准差)来衡量数据的精密度。

标准偏差是表征数据变化性最有效的量。

标准偏差(s),又称均方根偏差:

$$s=\sqrt{\frac{\sum\limits_{i=1}^{n}d_i^2}{n-1}}=\sqrt{\frac{\sum\limits_{i=1}^{n}(x_i-\overline{x})^2}{n-1}} \tag{2.8}$$

相对标准偏差(RSD),亦称变异系数(CV):

$$CV=\frac{s}{\overline{x}}\times100\% \tag{2.9}$$

由式(2.8)和式(2.9)可知,由于在计算标准偏差时是把单次测量值的偏差 d_i 先平方再加和起来的,因而 s 和 CV 能更灵敏地反映出数据的分散程度。

(5)极差(R) 极差又称全距,是指在一组测量数据中,最大值(x_{max})和最小值(x_{min})之间的差:

$$R=x_{max}-x_{min} \tag{2.10}$$

R 值越大,表明平行测量值越分散。但由于极差没有充分利用所有平行测量数据,其对测量精密度的判断精确程度较差。

例2.3 比较同一试样的两组平行测量值的精密度。

第一组:10.3, 9.8, 9.6, 10.2, 10.1, 10.4, 10.0, 9.7, 10.2, 9.7

第二组:10.0, 10.1, 9.5, 10.2, 9.9, 9.8, 10.5, 9.7, 10.4, 9.9

解:

第一组测量值的处理	第二组测量值的处理
$\overline{x}=10.0$	$\overline{x}=10.0$
$\overline{d}=0.24$	$\overline{d}=0.24$
$\overline{d_r}=2.4\%$	$\overline{d_r}=2.4\%$
$s=0.28$	$s=0.31$
$CV=2.8\%$	$CV=3.1\%$

若仅从平均偏差和相对平均偏差来看,两组数据的精密度似乎没有差别,但如果比较标准偏差或变异系数,即可看出 $s_1<s_2$ 且 $(CV)_1<(CV)_2$,即第一组数据的精密度要比第二组更好些。可见,标准偏差比平均偏差能更灵敏地反映测量数据的精密度。

由上述分析可见,误差是以真值为标准,偏差是以多次测量结果的平均值为标准。误差与偏差,准确度与精密度的含义不同,必须加以区别。但由于在一般情况下,真值是不知道的(测量的目的就是为了测得真值)。因此,处理实际问题时常常在尽量减少系统误差的前提下,把多次平行测量结果的平均值当作真值,把偏差作为误差。

4. 准确度与精密度的关系

动画

准确度与精密度的关系

准确度和精密度是确定一种分析方法质量的最重要的标准。通常首先是计算精密度,因为只有已知随机误差的大小,才能确定系统误差(影响准确度)。

对一组平行测量结果的评价,要同时考察其准确度和精密度。

图 2.1 所示为甲、乙、丙、丁四人分析同一试样中镁含量所得结果(假设其真值为27.40%)。

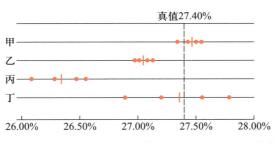

图 2.1　四人分析结果比较(•单次测量值;┃平均值)

图 2.1 中结果表明,甲的结果准确度和精密度都好,结果可靠。乙的结果精密度好,但准确度低;丙的准确度和精密度都低;丁的精密度很差,虽然其平均值接近真值,但纯属偶然,这是因为大的正负误差相互抵消的结果,因而丁的分析结果也是不可靠的。

由此可见,精密度高表示测定条件稳定,但仅仅是保证准确度高的必要条件;精密度低,说明测量结果不可靠,再考虑准确度就没有意义了。因此精密度是保证准确度的必要条件。在确认消除了系统误差的情况下,精密度的高低直接反映测定结果准确度的好坏。

 小贴士

高精密度是获得高准确度的前提或必要条件。准确度高一定要求精密度高,但是精密度高却不一定准确度高。因此,如果一组测量数据的精密度很差,自然失去了衡量准确度的前提。

综上所述,误差和偏差(准确度和精密度)是两个不同的概念。当有真值或标准值比较时,它们从两个侧面反映了分析结果的可靠性。对于含量未知的试样,仅以测量的精密度难以正确评价测量结果,因此常常同时测量一两个组成接近的标准试样检查标准试样测量值的精密度,并对照真值以确定其准确度,从而对试样的分析结果的可靠性做出评价。

二、误差的来源与减免

在定量分析中,根据误差产生的原因及其性质的不同,一般将误差分为两类:系统误差(或称可测误差)与随机误差(又称不可测误差或偶然误差)。

1. 系统误差

系统误差指的是在重复性条件下,对同一被测量目标进行无限多次测量所得结果的平均值与被测量目标的真值之差。系统误差导致测量结果准确度的降低。

（1）系统误差的性质

① 重复性:同一条件下,重复测量中重复地出现。

② 单向性:测量结果系统偏高或偏低。

③ 可测性:误差大小基本不变,对测量结果的影响比较恒定。

可见,系统误差是由某些固定原因造成的,它总是以相同的大小和正负号重复出现,其大小可以测量出来,通过校正的方法就能将其消除。

（2）系统误差的产生原因

① 方法误差。指由于测量方法的不完善所造成的误差。例如,反应不完全;干扰成分的影响;重量分析中沉淀的溶解损失、共沉淀和后沉淀现象;灼烧沉淀时部分称量形式具有吸湿性;滴定分析中指示剂选择不当、化学计量点与滴定终点不相符合等都属于方法上的误差。

② 试剂误差。指由于试剂不纯或蒸馏水、去离子水不合格,含有微量被测组分或对测量有干扰的杂质等所造成的误差。例如,测量石英砂中的铁含量时,使用的盐酸中含有铁杂质,就会给测量结果带来误差。

③ 仪器误差。指由于测量仪器本身不够精密或有缺陷所造成的误差。例如,容量器皿刻度不准又未经校正;砝码质量未校正或被腐蚀,电子仪器"噪声"过大等。

④ 操作误差。操作误差又称"主观误差",是由于操作人员主观或习惯上的原因所造成的误差。例如,称取试样时未注意防止试样吸湿;洗涤沉淀时洗涤过多或不充分;观察颜色偏深或偏浅;读取刻度值时,有时偏高或偏低;第二次读数总想与第一次读数重复等。这些主观误差,其数值可能因人而异,但对一个操作者来说基本是恒定的。

上述各因素中,方法误差有时不被人们察觉,带来的影响也比较大。因此,在选择方法时应特别注意。

2. 随机误差

随机误差又称"偶然误差",它是由一些无法控制和预见的因素的随机变动而引起的误差。如测量时环境温度、湿度、大气压的微小波动,仪器性能的微小变化,操作人员对各份试样处理时的微小差异等。这类误差值时大时小,时正时负,难以找到具体的原因,更无法测量它的值。但从多次测量结果的误差来看,仍然符合一定的规律。增加测量次数可以减小随机误差。

随机误差要用数理统计的方法来处理。当测量次数无限多时,则得到随机误差的正态分布曲线,如图 2.2 所示。

图 2.2 中,μ 为无限多次测定的平均值,在校正了系统误差的情况下,即为真值。图的纵坐标 y 代

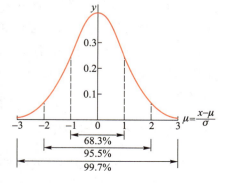

图 2.2　标准正态分布曲线

表误差发生的概率,横坐标以标准偏差 σ 为单位。由图 2.2 可知,分析结果落在 $\mu \pm \sigma$ 的概率为 68.3%;落在 $\mu \pm 2\sigma$ 的概率为 95.5%;落在 $\mu \pm 3\sigma$ 的概率为 99.7%。误差超过 $\pm 3\sigma$ 的分析结果出现的概率为 0.3%。因此,通过多次测定,取平均值的方法可以减少随机误差对测量结果的影响。

由正态分布曲线可以概括出随机误差分布的规律与特点。

（1）对称性　大小相近的正误差和负误差出现的概率相等,误差分布曲线是对称的。

（2）单峰性　小误差出现的概率大,大误差出现的概率小,很大误差出现的概率非常小。误差分布曲线只有一个峰值。

（3）有界性　误差有明显的集中趋势,即实际测量结果总是被限制在一定范围内波动。

系统误差与随机误差的概念不同,在分析实践中除了极明显的情况外,常常难以判断和区别。

小贴士

也有人把由于疏忽大意造成的误差划为第三类,称为过失误差,也叫粗差,其实是一种错误。它是由于操作者的责任心不强,粗心大意、违反操作规程等原因所致,比如,加错试剂、试液溅失或被污染、读错刻度、仪器失灵、记录错误等。这种由于过失造成的错误是应该也完全可以避免的。因此不在本章关于误差的讨论范围内。

在测量过程中,一旦发现有上述过失的发生,应停止正在进行的测量,重新开始实验。

3. 提高分析结果准确度的途径

准确度在定量分析测定中十分重要,因此在实际分析工作中应设法提高分析结果的准确度,尽可能减少和消除误差。可采取以下措施。

（1）选择适当的分析方法　试样中被测组分的含量情况各不相同,而各种分析方法又具有不同特点,因此必须根据被测组分相对含量的多少来选择合适的分析方法,以保证测量的准确度。一般说来,化学分析法准确度高,灵敏度低,适用于常量组分分析;仪器分析法灵敏度高,准确度低,适用于微量组分分析。示例如下。

微课
误差的减免

① 对含铁量为 20.00% 的标准试样进行铁含量分析（常量组分分析）。采用化学分析法测量相对误差为 $\pm 0.1\%$,测得的铁含量范围为 19.98%~20.02%;而采用仪器分析法测量,其相对误差约为 $\pm 2\%$,测得的铁含量范围为 19.6%~20.4%,准确度不满意。

② 对含铁量为 0.020 0% 的标准试样进行铁含量分析（微量组分分析）。采用化学分析法灵敏度低,无法检测。而采用仪器分析法测量相对误差约为 $\pm 2\%$,测得的铁含量范围为 0.019 6%~0.020 4%,准确度可以满足要求。

（2）减小测量误差　任何测量仪器的测量精确度（简称精度）都是有限度的。因此在高精度测量中由此引起的误差是不可避免的。由测量精度的限制而引起的误差又称为测量的不确定性,属于随机误差,是不可避免的。

任何分析结果总含有不确定度,它是系统不确定度和随机不确定度的综合结果。

例如,滴定管读数误差,滴定管的最小刻度为 0.1 mL,要求测量精确到 0.01 mL,最后一位数字只能估计。最后一位的读数误差在正负一个单位之内,即不确定性为 ±0.01 mL。在滴定过程中要获取一个体积值 V(mL),需要两次读数相减。按最不利的情况考虑,两次滴定管的读数误差相叠加,则所获取的体积值读数误差为 ±0.02 mL。这个最大可能绝对误差的大小是固定的,是由滴定管本身的精密度决定的,无法避免。可以设法控制体积本身的大小而使由它引起的相对误差在所要求的 ±0.1% 之内。

由于
$$E_r = \frac{E_a}{V}$$

当相对误差 E_r = ±0.1%,绝对误差 E_a = ±0.02 mL 时,

$$V = \frac{E_a}{E_r} = \frac{\pm 0.02\ mL}{\pm 0.1\%} = 20\ mL$$

可见,只要控制滴定时所消耗滴定剂的总体积不小于 20 mL,就可以保证由滴定管读数的不确定性所造成的相对误差在 ±0.1% 之内。

同理,对于测量精密度为万分之一分析天平的称量误差,其测量不确定性为 ±0.1 mg。在称量过程中要获取一个质量值 m(mg)需要两次称量值相减,按最不利的情况考虑,两次天平的称量误差相叠加,则所获取的质量值称量误差为 ±0.2 mg。这个绝对误差的大小也是固定的,是由分析天平自身的精密度决定的。

$$m = \frac{E_a}{E_r} = \frac{\pm 0.2\ mg}{\pm 0.1\%} = 0.2\ g$$

因此,为了保证天平称量不确定性造成的相对误差在 ±0.1% 之内,必须控制所称试样的质量不小于 0.2 g。

(3)消除或校正系统误差

① 对照试验。对照试验是检验分析方法和分析过程有无系统误差的有效方法。比如在建立了一种新的分析方法后,这种新方法是否可靠,有无系统误差?这就要做对照试验。

对照试验一般有两种做法:一种是用新的分析方法对标准试样进行测定,将测量结果与标准值相对照;另一种是用国家规定的标准或公认成熟可靠的方法与新方法分析同一试样,然后将两个测量结果加以对照。若对照试样表明存在方法误差,则应查清原因并加以校正。

进行对照试验时,应尽量选择与试样组成相近的标准试样进行对照分析。有时也可采用不同分析人员、不同实验室用同一方法对同一试样进行对照试验。

对组成不清楚的试样,对照试验难以检查出系统误差的存在,可采用"加入回收试验法",该法是向试样中加入已知量的待测组分,对常量组分回收率一般为 99% 以上,对微量组分的回收率一般为 90%~110%。

标准试样中被测组分的标准值与测量值之间的比值称为"校正系数"K,可用于作为试样测量结果的校正值,因此,被测组分的测量值 = 试样的测量值 ×K。

② 空白试验。由试剂、水、实验器皿和环境带入的杂质所引起的系统误差可通过空

白试验消除或减少。也就是说,空白试验用于检验和消除试剂误差。空白试验是在不加试样的情况下,按照试样溶液的分析步骤和条件进行分析的实验。其所得结果称为"空白值"。从试样的分析结果扣除空白值,即可得到比较准确的分析结果。

例如测量试样中的 Cl^- 含量时就经常要做空白试验,也就是在实验中用蒸馏水代替试样,而其余条件均与正常测量相同。此时若仍能测得 Cl^- 含量,则表明蒸馏水或其他试剂中可能也含有 Cl^-,于是应将此空白值从试样的测量结果中扣除,以消除试剂误差的影响。

空白值较大时,应找出原因,加以消除,如对试剂、水、器皿做进一步提纯、处理或更换等。微量分析时,空白试验是必不可少的。

能否善于利用空白试验、对照试验,是反映一名分析检测人员分析问题和解决问题能力的标志之一。

③ 校准测量仪器和测量方法。校准仪器是为了消除仪器误差。在对准确度要求较高的测量进行前,先对所使用的诸如分析天平的砝码质量,移液管、容量瓶和滴定管等计量仪器的体积等进行校正,在测量中采用校正值(C)。

例 2.4　称取无水 Na_2CO_3 1.324 9 g,溶解后稀释至 250 mL 容量瓶中,称量后天平零点变至 -0.3 mg 处,已知容量瓶的校正值为 -0.10 mL,试计算质量和体积的相对误差。

解:(a)称量的绝对误差 $E_a = -0.3$ mg,质量的真值为

$$\mu = x_i - E_a = 1.324\ 9\ \text{g} + 0.000\ 3\ \text{g} = 1.325\ 2\ \text{g}$$

质量的相对误差为

$$E_r = \frac{E_a}{\mu} \times 100\% = \frac{-0.000\ 3\ \text{g}}{1.325\ 2\ \text{g}} \times 100\% = -0.02\%$$

(b)体积的校正值 $C = -0.10$ mL,则体积的绝对误差为

$$E_a = -C = 0.10\ \text{mL}$$

真实体积为

$$\mu = x_i - E_a = 250.00\ \text{mL} - 0.10\ \text{mL} = 249.90\ \text{mL}$$

体积的相对误差为

$$E_r = \frac{E_a}{\mu} \times 100\% = \frac{0.10\ \text{mL}}{249.90\ \text{mL}} \times 100\% = 0.04\%$$

 知识拓展

在要求较高的分析测量中常对测量值进行校正,将测量值加上一个校正值(C),即为真值。

$$x + C = \mu \quad 则 \quad C = \mu - x = -E_a$$

因此,校正值与误差的绝对值相等,而符号相反。

分析方法的不够完善也会造成系统误差,因此应尽可能找出原因改进分析方法或进行必要的补救、校正。比如,重量分析法测量 SiO_2 时,滤液中的微量硅可用分光光度法测

量后加进重量分析法的结果中,由此校正因沉淀不完全所造成的负误差。

（4）增加平行测量次数,减小随机误差　尽管随机误差可正、可负,可大、可小,但它完全遵循统计规律,因此可以采用概率统计的方法表示。按照概率统计的规律,如果测量次数足够多,取各种测量结果的平均值时,正、负误差可以相互抵消。在消除了系统误差的前提下,该平均值就是真值。因此,增加平行测量次数可以减小随机误差,从而提高测量的准确度。

 小贴士

过分增加平行测量次数,收益并不很大,相反却需消耗更多的时间和试剂。因此,一般分析实验平行测量 3~4 次已经足够。

综上所述,选择合适的分析方法;尽量减少测量误差;消除或校正系统误差;适当增加平行测量次数,取平均值表示测量结果（减少随机误差）;杜绝过失,就可以有效提高分析结果的准确度。

想一想

实验中误差是否可以完全消除?

2.2　测量数据的记录与有效数字

一、测量数据的记录

定量分析中的测量数据,既包含了量的大小、误差,又反映出仪器的测量精度,因而是具有物理意义的数值,与纯数学上的数值有很大区别。例如在数学上,并不关心 2.75 和 2.750 0 的区别,但在定量分析中,决不能将 2.75 g 和 2.750 0 g 等同。这不仅反映出测量误差不同,而且说明所用测量仪器的测量精密度差别是很大的。

对于台秤和天平等衡器,仪器的精密度用仪器的灵敏度和示值变动性表示。对于量筒、滴定管、移液管等量器,仪器的精密度用量取液体的平均偏差或相对偏差表示。

表 2.1 所示为常用仪器的精密度及数据表示形式的示例。

在读取测量数据时,正确记录至最小的分度值,若标线在两条最小分度值之间,按四舍五入修约。在读取体积数据时,一般应在最小刻度后再估读一位。例如,常用的滴定管最小刻度是 0.1 mL,读取数据为 21.34 mL,其前三位是准确读取的,第四位为存疑数据,第四位有人可能估计为"5",也有人估计为"3",前面的准确数字连同最后一位存疑数字统称为"有效数字"。因此,在记录称量数字时,任何超过或低于仪器精密度的有效数字的数字都是不恰当的。如果在台秤上称得某物质的质量为 7.8 g,不可记为 7.800 g,在分析天平上称得的某物质的质量恰为 7.800 0 g,也不可记为 7.8 g,因为前者夸大了仪器的精密度,而后者则缩小了仪器的精密度。

表 2.1　常用仪器的精密度及数据表示形式

仪器名称	仪器精密度 /g	记录数据示例	有效数字位数 / 位
托盘天平	0.1	（15.6 ± 0.1）g	3
分析天平（万分之一）	0.000 1	（7.812 5 ± 0.000 1）g	5
	平均偏差 /mL		
10 mL 量筒	0.1	（10.0 ± 0.1）mL	3
100 mL 量筒	1	（100 ± 1）mL	3
	相对平均偏差 /%		
25 mL 移液管	0.2	（25.00 ± 0.05）mL	4
50 mL 滴定管	0.2	（50.00 ± 0.10）mL	4
100 mL 容量瓶	0.2	（100.0 ± 0.2）mL	4

　　表示误差时,无论是绝对误差还是相对误差,只取一位有效数字。记录数据时,有效数字的最后一位与误差的最后一位在位置上相对齐。例如,2.67 ± 0.01 是正确的,而 2.672 ± 0.01 和 2.7 ± 0.01 都是错误的。

想一想

测试数据的记录是否越精确越好?

微课
测量数据的记录与有效数字

二、有效数字

　　在定量分析中,分析结果所表达的不仅仅是试样中待测组分的含量,还反映测量的准确程度。因此,在实验数据的记录和结果的计算中,保留几位数字不是任意的,要根据测量仪器、分析方法的准确度来决定。这就涉及有效数字的概念。

　　有效数字是在测量与运算中得到的、具有实际意义的数值。也就是说,在构成一个数值的所有数字中,除了最末一位允许是可疑的、不确定的外,其余所有的数字都必须是准确可靠的。其组成为所有确定数字 + 一位估计数。

　　有效数字的最后一位可疑数字,通常理解为它可能有 ±1 个单位的绝对误差,反映了随机误差。

1. 有效数字位数的确定

　　有效数字的位数简称为"有效位数",是指包括全部准确数字和一位可疑数字在内的所有数字的位数。记录数据和计算结果时必须根据测定方法和使用仪器的精密度来决定有效数字的位数。

有效数字的位数示例见表 2.2。

表 2.2　有效数字示例

有效数字	0.005 6	0.050 6	0.506 0	56	56.0	56.00
有效数字的位数	2	3	4	2	3	4

为了正确判断和记录测量数值的有效数字,必须明确以下要点。

（1）非零数。所有非零数都是有效数字。

（2）"0"的多重作用。

① 位于数字间的"0"均为有效数字。

② 位于数字前的"0"不是有效数字,因为它仅起到定位作用。

③ 位于数字后的"0"需视具体情况判断:小数点后的"0"为有效数字,整数后的"0"则根据要求而定。

④ 数字首位若大于等于 8,可多算一位有效数字。

⑤ 对于 pH,pK,pM,lg$K$ 等对数值,其有效数字位数由小数点后的位数决定。

⑥ 对于常数,如分数、倍数、相对分子质量等,通常认为其值是准确值,准确值的有效数字是无限的,因此需要几位就算几位。例如:

0.264 0	10.56%	4 位有效数字
542	2.30×10^{-6}	3 位有效数字
0.005 0	2.2×10^{5}	2 位有效数字
pH 2.00	lgK_{CaY}=10.69	2 位有效数字

有效数字小数点后位数的多少反映了测量绝对误差的大小。而有效数字位数的多少反映了测量相对误差的大小。也就是说,具有相同有效数字位数的测量值,其相对误差的大小处于同一水平上（即同一误差范围）。

 练一练

消除该数值中不必要的非有效数字,请正确表示下列数值:

0.000 345 9 kg 为＿＿＿＿＿＿ g;0.025 00 L 为＿＿＿＿＿ L 或＿＿＿＿＿ mL。

2. 有效数字的修约

测量数据的计算结果要按照有效数字的计算规则保留适当位数的数字,因此必须舍弃多余的数字,这一过程称为"数字的修约"。

有效数字位数的修约通常采用"四舍六入五成双,五后非零需进一"的规则。

在拟舍弃的数字中,第一个数字 ≤ 4 时舍弃,第一个数字 ≥ 6 时进 1。例如,欲将 15.343 2 修约为三位有效数字,则从第 4 位开始的"432"就是拟舍弃的数字,拟舍弃的数字中第一个数字为"4",因此修约为 15.3。又例如,15.<u>3</u>63 2 → 15.4。

① 拟舍弃的数字为 5，且 5 后无数字时，拟保留的末位数字若为奇数，则舍 5 后进 1；若为偶数（包括 0），则舍 5 后不进位；例如，15.3̲5 → 15.4；15.4̲5 → 15.4。

② 若 5 后有数字，则拟保留的末位数字无论奇、偶数均进位。

例如，15.3̲510 → 15.4；15.4̲510 → 15.5。

📦 练一练

将以下数字修约为四位有效数字：

14.244 2 → _____；26.486 3 → _____；15.015 0 → _____；

15.015 1 → _____；15.025 1 → _____

🔔 小贴士

需要指出的是，修约数字时要一次修约到所需的位数，不能连续多次地修约，如 2.315 7 修约到两位，应为 2.3，如连续修约则为 2.345 7 → 2.346 → 2.35 → 2.4，这就不对了。

3. 有效数字的运算

在记录实验数据和有关的化学计算中，要特别注意有效数字的运用，否则会使计算结果不准确。

（1）加 / 减法的运算　几个数相加或相减时，其和或差的小数点后位数应与参加运算的数字中小数点后位数最少的那个数字相同。即运算结果有效数字的位数取决于这些数字中绝对误差最大者。例如

$$28.3+0.17+6.39= ?$$

其中，28.3 的绝对误差为 ±0.1，是最大者（按最后一位数为可疑数字），故按小数后保留两位报结果为

$$28.\underline{3}+0.1\underline{7}+6.3\underline{9} = 34.\underline{86}$$

结果应修约为 34.9。

在计算时，为简便起见，可以在进行加减前就将各数据简化，再进行计算。如上述三个数据之和可以简化为

$$28.3+0.2+6.4=34.9$$

（2）乘 / 除法运算　几个数相乘或相除时，其积或商的有效数字位数应与参与运算的数字中有效数字位数最少的那个数字相同。即运算结果有效数字的位数取决于这些数字中相对误差最大者。例如：

$$0.012\ 1 \times 25.64 \times 1.057\ 82= ?$$

式中，0.012 1 的相对误差最大，其有效数字的位数最少，只有 3 位。故应以它为标准将其他各数修约为三位有效数字，所得计算结果的有效数字也应保留 3 位。

$$0.012\ 1 \times 25.64 \times 1.057\ 82 = 0.328$$

微课

有效数字的
修约与运算

> ### 📖 想一想
>
> 由计算器算得 4.178×0.003 7/60.4 的结果为 0.000 255 937,按有效数字运算规则,应如何正确表达该结果?

> ### 📦 练一练
>
> 按照有效数字的运算规则进行下列计算:
>
> 1. 11.324+4.093+0.046 7;
>
> 2. $\dfrac{0.200\ 0 \times (32.56-1.34) \times 321.12}{3.000 \times 1\ 000}$;
>
> 3. pH=0.05,则 $c(H^+)$ = ?

微课

可疑值的取舍

2.3 定量分析中的数据表达与处理

一、可疑值的取舍

在一组平行测定的数据中,有时个别数据与其他数据相比差距较大,这样的数据就称为极端值,也叫可疑值或离群值。数据中出现个别值离群太远时,首先要仔细检查测定过程是否有操作错误,是否有过失误差存在,不能随意舍弃可疑值以提高精密度,而是需要进行数理统计处理。即判断可疑值是否仍在偶然误差范围内。

可疑值取舍的统计方法很多,也各有特点,但基本思路是一致的,就是它们都是建立在随机误差服从一定的分布规律基础上。常用的统计检验方法有 $4\bar{d}$ 检验法、Q 值检验法(Q-test)和格鲁布斯法。

本书主要介绍 $4\bar{d}$ 检验法和 Q 值检验法。

1. $4\bar{d}$ 检验法

$4\bar{d}$ 检验法的方法步骤如下。

(1)先求出除可疑值以外其余数据的平均值 $\bar{x}$ 和平均偏差 $\bar{d}$。

(2)后将可疑值与平均值 $\bar{x}$ 之差的绝对值与 $4\bar{d}$ 比较。

(3)若差的绝对值大于或等于 $4\bar{d}$,则将可疑值舍弃,否则保留。

该检验法比较简单,但判断有时不够准确。

> **例 2.5** 某标准溶液的 4 次标定值分别为:0.101 4 mol·L⁻¹,0.101 2 mol·L⁻¹,0.102 5 mol·L⁻¹ 和 0.101 6 mol·L⁻¹,问其中 0.102 5 mol·L⁻¹ 是否应舍弃?
>
> **解**:除掉 0.102 5 外的其余三个数据的 $\bar{x}$=0.101 4,$\bar{d}$=0.000 13,$4\bar{d}$= 0.000 52,则
>
> $$|0.101\ 4-0.102\ 5| = 0.001\ 1 > 4\bar{d}$$
>
> 故可疑值 0.102 5 应该舍弃。

2. Q 值检验法

如果测定次数在 10 次以内,采用 Q 值检验法比较简便。

方法步骤如下。

（1）将测定值由小到大排列：x_1，x_2，x_3，$\cdots$，x_n。

（2）如果其中 x_1 或 x_n 为可疑值,那么可分别算出统计量 Q 值。

当 x_n 可疑时,用

$$Q_{\text{计算}}=\frac{x_n-x_{n-1}}{x_n-x_1} \tag{2.11}$$

当 x_1 可疑时,用

$$Q_{\text{计算}}=\frac{x_2-x_1}{x_n-x_1} \tag{2.12}$$

式（2.11）和式（2.12）中 x_n-x_1 称为极差。$Q_{\text{计算}}$ 值越大,说明 x_1 或 x_n 离群越远,远至一定程度时则应将其舍去,故 $Q_{\text{计算}}$ 值又称为"舍弃商"。

根据测定次数 n 和所要求的置信度 P,查 Q 值表（见表 2.3）,可得相应 n 和置信度 P 下的 $Q_{\text{表}}$,若 $Q_{\text{计算}}>Q_{\text{表}}$,则应将可疑值舍弃,否则应保留。

表 2.3　Q 值 表

测定次数 n	3	4	5	6	7	8	9	10
$Q_{0.90}$	0.94	0.76	0.64	0.56	0.51	0.47	0.44	0.41
$Q_{0.95}$	0.97	0.83	0.71	0.62	0.57	0.53	0.49	0.47

例 2.6　同例 2.5,用 Q 值检验法判断 0.102 5 是否应舍弃（置信度 0.90）。

解：
$$Q_{\text{计算}}=\frac{0.102\,5-0.101\,6}{0.102\,5-0.101\,2}=0.69$$

查表,$n=4$ 时,$Q_{0.90}=0.76$,因 $0.69<0.76$（$Q_{\text{计算}}<Q_{0.90}$）,故 0.102 5 不应舍弃,而应保留。

同一个例子,Q 值检验法与 $4\bar{d}$ 检验法的结论不同,这表明了不同判断方法的相对性。

Q 值检验法由于不必计算 $\bar{x}$ 和 s,故使用起来比较方便。Q 值检验法在统计上有可能保留离群较远的值。置信度常选 90%,若选 95%,则会使判断误差更大。

当测定数据较少,测定的精密度也不高,因 $Q_{\text{计算}}$ 值与 $Q_{P,n}$ 值相接近而对可疑值的取舍难以判断时,最好补测 1~2 次再进行检验,这样才能更有把握。

 练一练

石灰石中铁含量四次测定结果为：1.61%，1.53%，1.54%，1.83%。试用 Q 值检验法和 $4\bar{d}$ 检验法检验应舍弃的可疑数据（置信度为 90%）。

二、定量分析结果的表示

综上所述,若对测定结果没有相应的误差估计,则该实验结果是毫无价值的。为了进行对比,在符合国家有关规定的前提下,要考虑送样部门的要求,对分析结果进行科学表达。首先要确定待测组分的化学形式,然后再按照确定的形式将测定结果进行换算和表达。

1. 待测组分含量的表示方法

（1）以实际存在型体表示　例如,在电解食盐水的分析中常以待测组分在试样中所存在的型体表示。即用 Na^+、Mg^{2+}、SO_4^{2-}、Cl^- 等形式表示各种待测离子的含量。

（2）以元素形式表示　例如,对金属或合金及有机物或生物的元素组成分析,常以元素形式如 Fe、Al、Cu、C、S、P 等。

（3）以氧化物形式表示　例如,矿石或土壤都是些复杂的硅酸盐,由于其具体化学组成难以分辨,故在分析中常以各种氧化物如 K_2O、Na_2O、CaO、SO_3、SiO_2 等表示。

（4）以化合物形式表示　例如,对化工产品的规格分析,以及对一些简单无机盐或有机物的分析,分析结果多以其化合物形式表示,如 KNO_3、$NaNO_3$、KCl、乙醇、尿素等。

2. 测定结果的表示方法

（1）固体试样　常以质量分数表示。质量分数 w_B 为

$$w_B = \frac{m_B}{m_s}$$

例如,$w(NaCl) = 15.05\%$。

（2）液体试样　除用质量分数表示外,还可用浓度表示。如物质的量浓度 $c_B = \frac{n_B}{V}$。

（3）气体试样　气体试样中的常量或微量组分含量,多以体积分数表示。

此外,对各种形式试样中所测定的微量或痕量组分的含量,常以各种浓度形式表示。即可采用 $\mu g \cdot g^{-1}$（或 10^{-6}）,$ng \cdot g^{-1}$（10^{-9}）和 $pg \cdot g^{-1}$（或 10^{-12}）表示。

3. 分析结果的允许差

为了保证工农业产品的质量或分析方法的准确度,国家对重要工农业产品的质量鉴定或分析方法都制定了相应的"国家标准"（GB）,并在国家标准中规定了分析结果的"允许差"范围。

允许差又称"公差",是指某一分析方法所允许的评选测定值间的绝对偏差。或者说,允许差是指按此方法进行多次测定所得的一系列数据中最大值与最小值的允许界限,即"极差"。它是检测部门控制分析精度的依据。

允许差（公差）是根据特定的分析方法统计出来的,它仅反映某一指定方法的精确度,而不适用于另一方法。

若两个分析结果之差的绝对值不超过相应的允许差,则认为室内的分析精度达到了要求,可取两个分析结果的平均值报出;否则,即为"超差",认为其中至少有一个分析结果不准确。遇到这种情况,该项分析应该重做。

例如,用氯化铵重量法测定水泥熟料中的二氧化硅含量。国家标准规定 SiO_2 允许差范围为 0.15%,若实际测得数值为 23.56% 和 23.34%,其差值为 0.22%,则必须重新测定。若再测得数据为 23.48%,与 23.56% 的差值为 0.08%,小于允许差,则测得数据有效,可以取其平均值 23.52% 作为测定结果。

分析结果的允许差范围,一般是根据生产需要和实际的具体情况来确定的。在相关的国家标准中均有具体规定。

表 2.4 所示为石灰石中各常量组分的分析结果允许差范围。

表 2.4　石灰石中各常量组分分析结果的允许差范围

测定项目	允许差范围 (A)	允许差范围 (B)
	同一化验室	不同化验室
烧失量	0.25	0.40
SiO_2	0.20	0.25
Fe_2O_3	0.15	0.20
Al_2O_3	0.20	0.25
CaO	0.25	0.40
MgO（<2%）	0.15	0.25
MgO（≥2%）	0.20	0.30

4. 分析结果的表示方法

定量分析的目的是力图得到待测组分的真实含量。为了正确表示分析结果,不仅要表明其数据的大小,还应该反映出测定的准确度、精密度及为此进行的测定次数。因此,如通过一组测定数据（随机样本）来反映该样本所代表的总体时,需要报告出样本的 n,$\bar{x}$,s,无需将数据一一列出。

分析测定结果常用的表达方式为 $\bar{x} \pm s$,但同时要给出 n。此外,还应正确表示分析结果的有效数字,其位数要与测定方法和仪器准确度相一致。

在表示分析结果时,组分含量 ≥ 10% 时,用四位有效数字;含量 1%~10% 时用三位有效数字。表示误差大小时有效数字常取一位,最多取两位。

🎓 想一想

两位分析者同时测定某一试样中硫的质量分数,称取试样均为 3.5 g,分别报告结果如下:

甲 0.042%,0.041%; 乙 0.040 99%,0.042 01%

问哪一份报告是合理的,为什么?

习题

第 2 章习题答案

一、填空题

1. 定量分析的任务是测定物质中某种组分的_____。

2. 常见的测量方法可以归纳为_____测量法和_____测量法两类。

3. 准确度是指测量值和_____相符合的程度,用_____来衡量。

4. 精密度的大小常用_____来衡量。

5. 极差是指在一组测量数据中_____和_____之间的差。

6. 按照产生的原因及其性质的不同,误差分为两类:_____和_____。

7. 系统误差产生的原因有_____、_____、_____、_____。

8. 若不考虑系统误差,随机误差分布规律和特点有_____、_____、_____。

9. 消除或校正系统误差的方法有_____、_____、_____。

10. 有效数字的修约规则为_____,_____。

二、选择题

1. 下列论述中,正确的是(   )。

A. 准确度高,一定需要精密度高
B. 进行分析时,过失是不可避免
C. 精密度高,系统误差一定高
D. 分析工作中,要求分析误差为零

2. 下列论述中错误的是(   )。

A. 方法误差属于系统误差
B. 系统误差呈正态分布
C. 系统误差又称可测误差
D. 系统误差不包括随机误差

3. 可减少测定过程中的随机误差的方法是(   )。

A. 增加平行试验的次数
B. 进行对照试验
C. 进行空白试验
D. 进行仪器校准

4. 测定中出现下列情况,属于随机误差的是(   )。

A. 滴定时所加试剂中含有微量的待测物质
B. 某分析人员几次读取同一滴定管的读数不能取得一致
C. 某分析人员读取滴定管读数时总是偏高或偏低
D. 滴定时发现有少量溶液溅出

5. $0.023\,4 \times 4.303 \times 71.07 \div 127.5$ 的计算结果是(   )。

A. 0.056 125 9   B. 0.056   C. 0.056 13   D. 0.056 1

6. 引起随机误差的原因是(   )

A. 试剂不纯   B. 偶然原因   C. 固定的原因   D. 有时固定,有时不固定

7. 下述情况中引起随机误差的是(   )。

A. 重量法测定二氧化硅时,试液中硅酸沉淀不完全
B. 使用试剂中含有待测组分
C. 读取滴定管读数时,最后一位数字估测不准
D. 使用腐蚀了的砝码进行称量

8. 下述情况所引起的误差中,不属于系统误差的是(   )。

A. 移液管转移溶液之后残留量稍有不同
B. 称量时使用的砝码锈蚀

C. 滴定管刻度未经校正

D. 以失去部分结晶水的硼砂作基准物质标定盐酸

9. 下列数据记录有错误的是（　　　）。

A. 分析天平 0.280 0 g

B. 移液管 25.00 mL

C. 滴定管 25.00 mL

D. 量筒 25.00 mL

10. 下列数据包含三位有效数字的是（　　　）。

A. 0.32　　　　　B. 99　　　　　C. 1×10^2　　　　　D. $K_a = 1.07 \times 10^{-3}$

三、判断题

1. 在分析数据中，所有的"0"均为有效数字。　　　　　　　　　　　（　　　）

2. 系统误差总是出现，随机误差则是偶然出现。　　　　　　　　　　（　　　）

3. 随机误差影响测定结果的精密度。　　　　　　　　　　　　　　　（　　　）

4. 精密度是指在相同条件下，多次测定值间相互接近的程度。　　　　（　　　）

5. 在没有系统误差的前提下，总体平均值就是真值。　　　　　　　　（　　　）

6. 一般来说，精密度高，准确度一定高。　　　　　　　　　　　　　（　　　）

7. 实验中发现个别数据相差较远，为提高测定的准确度和精密度，应将其舍去。　（　　　）

8. 定量分析要求越准确越好，所以记录测量值的有效数字位数越多越好。　（　　　）

9. 在不加试样的情况下，用测定试样同样的方法、步骤，对空白试样进行定量分析，称之为"空白试验"。　　　　　　　　　　　　　　　　　　　　　　　　　（　　　）

10. 分析者每次都读错数据属于系统误差。　　　　　　　　　　　　（　　　）

四、简答题

1. 准确度和精密度有何不同？它们之间有什么关系？

2. 系统误差有哪些性质？其来源有哪些？

3. 标准偏差表示的是分析结果的准确度还是精密度？

4. 提高分析结果准确度的途径有哪些？

5. 什么是空白试验？什么是对照试验？

五、计算题

1. 分析天平的每次称量误差为 ±0.1 mg，称样量分别为 0.05 g、0.2 g、1.0 g 时可能引起的相对误差各为多少？这些结果说明什么问题？

2. 滴定管的每次读数误差为 ±0.01 mL。如果滴定中用去标准溶液的体积分别为 2 mL、20 mL 和 30 mL 左右，读数的相对误差各是多少？从相对误差的大小说明了什么问题？

3. 用正确的有效数字报告下列计算结果。

（1）计算质量分数为 37% 的 HCl 溶液的物质的量浓度（HCl 的摩尔质量为 36.441 g·mol^{-1}，密度为 1.201 kg·L^{-1}）。

（2）计算 2.5×10^{-2} mol·L^{-1} HCl 溶液的 pH。

（3）计算 pH 为 2.58 的某溶液的 H$^+$ 浓度。

4. 用返滴定法测定某组分的含量，按下式计算结果：

$$x = \frac{\left[\dfrac{0.782\,5}{126.07} - \dfrac{18.25 \times 0.102\,5}{1\,000}\right] \times 86.94}{0.482\,5}$$

则该分析结果应用几位有效数字报出？

5. 标定某 HCl 溶液，4 次平行测定结果（单位 mol·L^{-1} 略）分别是：0.102 0，0.101 5，0.101 3，0.101 4。分别用 $4\bar{d}$ 检验法和 Q 值检验法（$P = 0.90$）判断数据 0.102 0 是否应该舍去？

6. 测定水泥熟料中 SiO_2 的含量,所得分析结果为 21.45%,21.30%,21.20%,21.50%,21.25%。

(1)试判断该组数据中是否有应该舍去的数据。

(2)计算测定结果的算术平均值、个别测量的绝对偏差、算术平均偏差、标准偏差。

(3)报出分析结果。

六、案例分析

1. 有两位学生使用相同的分析仪器标定某溶液的浓度(单位 $mol \cdot L^{-1}$ 略),结果如下:

甲:0.20,0.20,0.20(相对平均偏差 0.00%);

乙:0.204 3,0.203 7,0.204 0(相对平均偏差 0.1%)。

如何评价他们实验结果的准确度和精密度?

2. 某铁试样中铁的质量分数为 55.19%,若甲的测定结果是:55.12%,55.15%,55.18%;乙的测定结果为:55.20%,55.24%,55.29%。试比较甲乙两人测定结果的准确度和精密度(精密度以标准偏差和相对标准偏差表示)。

第二部分
岗位基础能力

 玻璃仪器的洗涤与干燥技术

 溶液酸度的测量与控制技术

 溶液温度的测量与控制技术

 物质的取用与计量技术

第 3 章
玻璃仪器的洗涤与干燥技术

        在化验室中,玻璃仪器的洗涤是一项非常重要的基础操作。对玻璃仪器进行洗涤、干燥和保存,不仅是一项必须做的实验前准备工作,也是一项技术性的工作。玻璃仪器的洗涤是否合格,直接关系到测试结果的可靠性。

        不同的分析任务对仪器的洗涤要求不尽相同,但对洁净质量的要求是一致的,就是倾去水后器壁上不挂水珠。

 **知识目标**

☐ 了解化验室常用玻璃仪器的名称和用途。

☐ 熟知玻璃仪器的洗涤方法与要求。

☐ 学习并掌握玻璃仪器的干燥方法。

能力目标

☐ 能正确选用适当方法完成常用玻璃仪器的洗涤。

☐ 会正确洗涤玻璃量器。

☐ 会用正确的方法干燥普通玻璃仪器。

 **素养目标**

☐ 养成牢固的质量、环保与安全意识。

知识结构框图

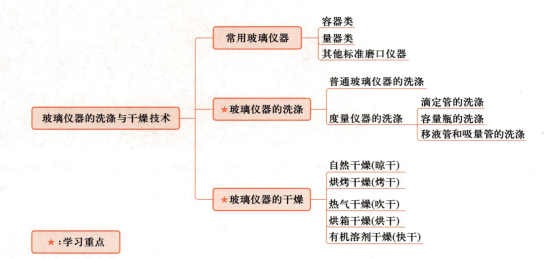

玻璃仪器的洗涤与干燥技术

常用玻璃仪器
- 容器类
- 量器类
- 其他标准磨口仪器

★玻璃仪器的洗涤
- 普通玻璃仪器的洗涤
- 度量仪器的洗涤
  - 滴定管的洗涤
  - 容量瓶的洗涤
  - 移液管和吸量管的洗涤

★玻璃仪器的干燥
- 自然干燥(晾干)
- 烘烤干燥(烤干)
- 热气干燥(吹干)
- 烘箱干燥(烘干)
- 有机溶剂干燥(快干)

★:学习重点

3.1　常用玻璃仪器简介

正确地选择和使用玻璃仪器,是对分析技术人员实践能力的最基础要求。在化验室中,常用玻璃仪器按其用途可分为容器类仪器、量器类仪器和标准磨口仪器。

一、容器类

容器类仪器是指常温或加热条件下物质的反应容器或贮存容器,包括试管、烧杯、烧瓶、锥形瓶、滴瓶、细口瓶、广口瓶、称量瓶、分液漏斗和洗气瓶等。每种类型又有许多不同的规格。使用时要根据用途和用量选择不同种类和不同规格的玻璃容器。

使用前要仔细阅读使用说明和注意事项,特别要注意容器加热的方法,以防损坏仪器。

二、量器类

量器类仪器主要用于度量溶液体积。主要有量筒、移液管(吸量管)、容量瓶和滴定管等。

> 🔔 **小贴士**
>
> 量器类仪器不可以作为实验容器。例如不可以用于溶解、稀释等操作。不可以量取热溶液,不可以加热,不可以长期存放溶液。

量器类仪器每种类型又有不同规格。应遵循保证实验结果精确度的原则选择度量仪器。能否正确地选择和使用度量仪器,反映了分析技术人员实验技能水平的高低。

三、标准磨口仪器

此类仪器是指具有标准内磨口和外磨口的玻璃仪器。使用时根据实验的需要选择合适的容量和合适的口径。相同编号的磨口仪器,具有一致的口径,它们之间的连接是紧密的,使用时可以互换。

化验室中常用玻璃仪器及其他设备的名称和用途见附录 1、附录 2 和附录 3。

3.2　玻璃仪器的洗涤

微视频

普通玻璃仪器的洗涤

一、普通玻璃仪器的洗涤

对普通玻璃容器,倒掉容器内物质后,可向容器内加入 1/3 左右自来水冲洗,再依次用洗衣粉或洗洁精浸泡或涮洗后,用自来水冲净。此时器皿应透明并无肉眼可见的污物,内壁不挂水珠。最后用洗瓶挤压出蒸馏水涮洗内壁三次,以除掉残留的自来水。洗净的器皿应置于洁净处待用。

 小贴士

> 不要同时抓多个仪器一起刷，以免仪器破损。

对于那些无法用普通水洗方法洗净的污垢，需根据污垢的性质选用适当的试剂，通过化学方法除去。

常见污垢的处理方法见表 3.1。

表 3.1　玻璃仪器中常见污垢的处理方法

污垢	处理方法
MnO_2、$Fe(OH)_3$、碱土金属的碳酸盐	用盐酸处理，对于 MnO_2 污垢，盐酸浓度要大于 6 mol·L^{-1}。也可以用少量草酸加水，并加几滴浓硫酸处理：$MnO_2+H_2C_2O_4+H_2SO_4 \xlongequal{\quad} MnSO_4+2CO_2\uparrow+2H_2O$
沉积在器壁上的银或铜	用硝酸处理
难溶的银盐	用 $Na_2S_2O_3$ 溶液洗，Ag_2S 污垢则需用热、浓硝酸处理
粘附在器壁上的硫黄	用煮沸的石灰水处理：$3Ca(OH)_2+12S \xlongequal{\quad} 2CaS_5+CaS_2O_3+3H_2O$
残留在容器内的 Na_2SO_4 或 $NaHSO_4$	加水煮沸使其溶解，趁热倒掉
不溶于水，不溶于酸、碱的有机物和胶质	用有机溶剂洗或用热的浓碱液洗。常用的有机溶剂有乙醇、丙酮、苯、四氯化碳、石油醚等
瓷研钵内的污垢	取少量食盐放在研钵内研洗，倒去食盐，再用水洗
蒸发皿和坩埚上的污垢	用浓硝酸、王水或重铬酸盐洗液

近年来洗洁精（灵）也已被广泛用于洗涤玻璃仪器，同样获得了较好效果。表 3.2 为常用洗涤剂的配制方法及使用范围。

表 3.2　几种常用洗涤剂的配制方法及使用范围

名称	配制方法	使用范围
合成洗涤剂	热水搅拌合成洗涤剂的浓溶液	普通玻璃器皿一般洗涤
酸性洗液	HCl、HNO_3 和 H_2SO_4 溶液	无机氧化物和氢氧化物沉淀
三氯甲烷洗液	三氯甲烷	油漆、干性油
HNO_3-HF	120 mL 40% HF，250 mL 浓硝酸，用水稀释到 1 000 mL	无机金属离子
铬酸洗液	称取 $K_2Cr_2O_7$ 5 g，润湿后加 80 mL 浓 H_2SO_4，边加边搅拌，贮存于带磨口的玻璃瓶中	用于有机油污、无机沉淀，洗液变绿后失效
$KMnO_4$ 碱性洗液	称 $KMnO_4$ 4 g，加入 100 mL 10% 的 NaOH 溶液，贮存于带橡胶塞的玻璃瓶中	用于洗涤油污及有机物

续表

名称	配制方法	使用范围
HCl-乙醇洗液	1 份 HCl 配 2 份乙醇	适用于洗涤被有机试剂染色的器皿
有机溶剂	乙醇、乙醚、汽油、苯、二甲苯、四氯化碳、丙酮、三氯乙烯	油脂、液态有机物

应该指出的是,所有的洗涤剂用完排入下水道都将会不同程度地污染环境,因此,凡能循环使用的洗涤剂均应反复利用,不能循环使用的则应尽量减少使用量。上述几种洗涤剂,一般都能循环使用数次。

 小贴士

a. 切勿将重铬酸钾溶液加到浓硫酸中!

b. 铬酸洗液可反复使用,直至溶液变为绿色时失去去污能力。

c. 装洗液的瓶子应盖好盖,以防吸潮。

d. 使用洗液时要注意安全,不要溅到皮肤、衣物上。

e. 失去去污能力的洗液要按照废洗液处理的方法处理,不要随意倒入下水道。

二、度量仪器的洗涤

度量仪器的洗涤程度要求较高,有些仪器形状特殊,不宜用毛刷刷洗,需用洗液进行洗涤。常用度量仪器的洗涤方法如下。

1. 滴定管的洗涤

先用自来水冲洗,使水流净。酸式滴定管将旋塞关闭,碱式滴定管除去乳胶管,用橡胶乳头将管口下方堵住。加入约 15 mL 铬酸洗液,双手平托滴定管的两端,不断转动滴定管并向管口倾斜,使洗液流遍全管(注意:管口对准洗液瓶,以免洗液外溢!),如此反复操作几次。

洗完后,碱式滴定管由上口将洗液倒出,酸式滴定管可将洗液分别由两端放出,再依次用自来水和纯水洗净。若滴定管太脏,则可将洗液灌满整个滴定管浸泡一段时间,此时,在滴定管下方应放置一个烧杯,防止洗液流在实验台面上。

2. 容量瓶的洗涤

先用自来水冲洗,将自来水倒净,加入适量(15~20 mL)洗液,盖上瓶塞。转动容量瓶,使洗液流遍瓶内壁,将洗液倒回原瓶,最后依次用自来水和纯水洗净。

3. 移液管和吸量管的洗涤

先用自来水冲洗,用洗耳球吹出管中残留的水。然后将移液管或吸量管插入铬酸洗液瓶内,按移液管的操作,吸入约 1/4 容积的洗液。用右手食指堵住移液管的上口,将移液管横置过来,左手托住没沾洗液的下端,右手食指松开,平移移液管,使洗液润洗内壁,

微视频

容量瓶的洗涤

微视频

滴定管的洗涤

然后放出洗液于洗液瓶中。

若移液管太脏,则可在移液管上口接一段乳胶管,再用洗耳球吸取洗液至管口处,以自由夹夹紧乳胶管,使洗液在移液管内浸泡一段时间,拔出乳胶管,将洗液放回瓶中,最后依次用自来水和纯水洗净。

 练一练

按照上述洗涤方法,分别洗涤一支移液管和一个容量瓶。

 知识拓展

超声波清洗器——除了上述清洗方法外,目前还有用超声波清洗器清洗方法。只要把用过的仪器放在配合适洗涤剂的溶液中,接通电源,利用超声波的能量和振动,就可以将仪器清洗干净。

三、洗净的标准

凡洗净的仪器,应该是清洁透明的。当把仪器倒置时,器壁上只留下一层既薄又均匀的水膜,器壁不应挂水珠。

凡是已经洗净的仪器,不要再用布或软纸擦干,以免使布或纸上的少量纤维留在器壁上反而玷污了仪器。

实际工作中还有许多特殊的洗涤方法,洗涤仪器的基本原则是,根据污物及器皿本身的化学性质和物理性质,有针对性地选用洗涤剂,目的是既可用化学或物理的作用有效地除去污物及干扰离子,而又不至于腐蚀器皿材料。

3.3　玻璃仪器的干燥

不同的分析测试任务,对所用的仪器是否干燥的要求也有差异。有的无需干燥,而有些分析测试过程则要求在干燥条件下进行,这种情况下就需要洁净、干燥的玻璃仪器。因此,根据测试任务的需要和要求,采用正确的方法干燥玻璃仪器同样是分析工作者的一项重要基本功。

玻璃仪器的干燥方法主要有以下几种。

一、自然干燥（晾干）

对于不急用的仪器,可在洗净后,将仪器倒置在仪器架上或仪器柜内,使其在空气中自然晾干。如图 3.1 所示。倒置可以防止灰尘落入,但要注意放稳仪器。

微视频
玻璃仪器的
干燥（晾干）

二、烘烤干燥（烤干）

对于可以直接加热的仪器，如试管、烧杯、烧瓶等，可将仪器外壁擦干，然后用小火烘烤。烧杯、蒸发皿等可置于石棉网上用小火烤干。

试管可用试管夹夹持着直接在酒精灯的灯焰上来回移动烘烤。开始时应使试管口向下倾斜，以避免水珠倒流炸裂试管，烘烤时应先从试管底部开始，慢慢移向管口，不见水珠后再将管口朝上，把水汽赶尽，如图 3.2 所示。

微视频
玻璃仪器的
干燥（烤干）

图 3.1　自然晾干

图 3.2　烘烤干燥

三、热气干燥（吹干）

利用电吹风机的热空气可将小件急用仪器快速吹干。方法是：先用热风吹玻璃仪器的内壁，待干后再用冷风使其冷却。如图 3.3 所示。此外，还可以利用气流干燥器使玻璃仪器快速干燥。

微视频
玻璃仪器的
干燥（吹干）

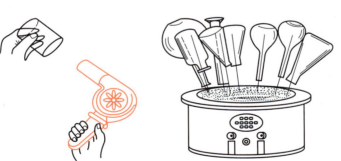

图 3.3　热气干燥

方法是：将仪器倒置在气流干燥器的气孔柱上，打开干燥器的热风开关，气孔中排出的热气流即可把仪器烘干。

注意：室内要通风、防火、防毒。

四、烘箱干燥（烘干）

烘箱全称为"电热恒温干燥箱"，是实验室常用的仪器，常用来干燥玻璃仪器或烘干无腐蚀性、热稳定性比较好的试剂。

烘箱带有自动控温装置和温度显示装置,烘箱的最高使用温度可达 200~300 ℃,常用温度为 100~120 ℃。如图 3.4 所示。

干燥玻璃仪器时,应将清洗过的仪器倒置沥水后,放入烘箱内,放置时应注意平放或使仪器口朝上,带塞的瓶子应打开瓶塞,如能将仪器放在托盘中更好。通常在 105~110 ℃恒温约 0.5 h,即可烘干。一般应在烘箱内温度自然下降后,再取出仪器。如因急用,在烘箱温度较高时取用仪器,应用干布垫手取出,防止烫伤。在石棉网上放置,冷却至室温后方可使用。热玻璃仪器不能碰水,以防炸裂。热的玻璃仪器自然冷却时,器壁上常会凝上水珠,可采用吹风机吹冷风助冷加以避免。

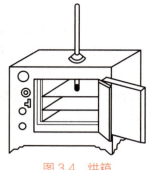

图 3.4　烘箱

🔔 **小贴士**

a. 挥发性、易燃、有毒、有腐蚀性的物质或刚用酒精、丙酮淋洗过的仪器切勿放入烘箱内,以免发生爆炸。

b. 带有刻度的量器（如移液管、量筒、容量瓶、滴定管）及厚壁器皿（如吸滤瓶）等不耐高温,因此不能用加热的方法干燥。以免热胀冷缩影响这些仪器的精密度。应用晾干或使用有机溶剂快干法。

c. 烘干后的仪器一般应置于干燥器中保存。如称量瓶等,应在干燥器中冷却,保存。

烘箱的具体使用方法可参考烘箱使用说明书。一般的操作程序如下。

（1）接通电源;

（2）开启加热开关,将控温器旋钮顺时针方向旋至最高点,指示灯亮,箱内开始升温,同时开启鼓风开关;

（3）等温度升到所需工作温度时,将控温器旋钮逆时针方向缓慢旋回至指示灯熄灭,再微调至指示灯复亮,此指示灯明暗交替处即为所需温度的恒定点。

五、有机溶剂干燥（快干）

对于一些不能加热的厚壁或有精密刻度的仪器,如试剂瓶、吸滤瓶、比色皿、容量瓶、滴定管和吸量管等,可加入少量易挥发且与水互溶的有机溶剂（如丙酮、无水乙醚等）,转动仪器使溶剂浸润内壁后倒出。如此反复操作 2~3 次,便可借助残余溶剂的挥发将水分带走。如图 3.5 所示。

实验中急用干燥的玻璃仪器,也可用此法进行快速干燥。

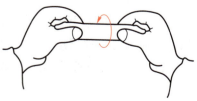

图 3.5　快干（有机溶剂法）

小贴士

a. 先用少量丙酮或酒精使内壁均匀润湿一遍倒出,再用少量乙醚使内壁均匀润湿一遍后晾干或吹干。

b. 丙酮或酒精、乙醚等应回收。

微课

玻璃仪器的
洗涤与干燥

习题

第 3 章习题
答案

一、填空题

1. 玻璃仪器的洗涤是否合格,直接关系到测试结果的_____。

2. 玻璃仪器洗涤中,对洁净质量的要求是倾去水后器壁上不挂_____。

3. 化验室中,常用玻璃仪器按用途可以分为_____、_____和_____。

4. 沉积在容器壁上的银用_____来处理。

5. 粘附在器壁上的硫黄用_____来处理。

6. 量筒不能用加热的方法干燥,以免热胀冷缩影响仪器的_____。

7. 容量瓶的干燥应使用_____或有机溶剂快干法。

8. 烘干后的仪器一般应置于_____中保存。

二、选择题

1. 下列器皿,属于量器类的是(　　)。

A. 量筒　　　　　　　B. 广口瓶　　　　　　　C. 称量瓶　　　　　　　D. 滴瓶

2. 沉积在容器壁上的铜,用(　　)处理。

A. 盐酸　　　　　　　B. 硝酸　　　　　　　C. 硫酸　　　　　　　D. 石灰水

3. 铬酸洗液是用重铬酸钾和(　　)配制而成的。

A. 浓盐酸　　　　　　B. 浓硫酸　　　　　　C. 浓磷酸　　　　　　D. 浓硝酸

4. 铬酸洗液变成(　　)色就失效了。

A. 红　　　　　　　B. 绿　　　　　　　C. 蓝　　　　　　　D. 黑

5. 高锰酸钾碱性洗液用于洗涤(　　)。

A. 有机物　　　　　　B. 无机氧化物　　　　　C. 氢氧化物　　　　　D. 无机金属离子

6. 下列器皿可以直接加热的是(　　)。

A. 试管　　　　　　　B. 滴定管　　　　　　　C. 移液管　　　　　　　D. 量筒

三、判断题

1. 量筒可以用来溶解固体试样。　　　　　　　　　　　　　　　　　　　　(　　)

2. 移液管可以量取热的溶液。　　　　　　　　　　　　　　　　　　　　　(　　)

3. 容量瓶和滴定管都可以长期存放溶液。　　　　　　　　　　　　　　　　(　　)

4. 装洗液的瓶子,应当盖好盖子,以防吸潮。　　　　　　　　　　　　　　(　　)

5. 对于难溶的银盐,用硫代硫酸钠处理。　　　　　　　　　　　　　　　　(　　)

6. 酸性洗液可以洗涤油漆。　　　　　　　　　　　　　　　　　　　　　　(　　)

7. 合成洗涤剂可以洗涤无机金属离子。　　　　　　　　　　　　　　　　　(　　)

8. 铬酸洗液变绿就失效了。　　　　　　　　　　　　　　　　　　　　　　(　　)

9. 残留在容器中的硫酸钠可以采取加水煮沸的方法去除。　　　　　　　　　(　　)

10. 烘箱不可以烘带有腐蚀性的试剂。　　　　　　　　　　　　　　（　　）

四、简答题

1. 清洗干净的玻璃仪器用纸或干布擦拭可以吗？为什么？

2. 量筒或滴定管、容量瓶可以放在烘箱内烘干吗？为什么？

3. 量器类玻璃仪器为什么不能作为实验容器使用？

4. 度量仪器为什么不能用毛刷刷洗？应该如何洗涤？

5. 玻璃仪器洗干净的标准是什么？

6. 玻璃器皿上沾上难溶的银盐，如何处理？

7. 对于蒸发皿和坩埚上的污垢，如何处理？

8. 铬酸洗液如何配制？使用范围是什么？

9. 滴定管如何洗涤？容量瓶如何洗涤？

10. 玻璃仪器的干燥方法有哪些？

五、案例分析

某学生配制铬酸洗液，将重铬酸钾溶液加到浓硫酸中，搅拌均匀后，放入细口带橡胶塞的玻璃瓶中保存，该学生的操作过程中有无错误？如有，如何改正？

第 4 章
溶液酸度的测量与控制技术

酸度是保障化学反应顺利进行的一个重要条件之一。在分析测试中,基于测试方法的要求,一些相关的化学反应需要在一定的酸度条件下或酸度范围内进行。因此,如何测量溶液酸度并使溶液酸度在反应过程中基本保持不变? 也就是说,掌握溶液酸度的测量及控制技术对分析工作者来说是非常有必要的。

 **知识目标**

- ☐ 了解 pH 试纸的类型并掌握其使用方法。
- ☐ 理解并掌握缓冲溶液的意义及其选择方法。
- ☐ 初步学习酸度计的使用方法。

 **能力目标**

- ☐ 能正确使用 pH 试纸测量溶液的酸碱度。
- ☐ 能按照要求正确选择缓冲溶液控制溶液的 pH。
- ☐ 能正确使用酸度计准确测量溶液的 pH。

 **素养目标**

- ☐ 具备严谨的科学态度和敏锐的观察力。

知识结构框图

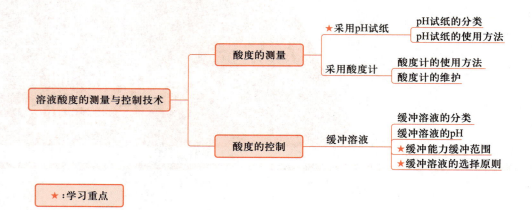

★:学习重点

4.1　酸度的测量

一、采用 pH 试纸测量

在分析测试工作中,常常会遇到使用试纸代替试剂来表征溶液某些性质的情况。这种方法虽然在精密度上受到一些限制,但在操作中却极为方便。在各种常用的试纸中,pH 试纸比较常用,也是比较重要的一种试纸。

pH 试纸可用于快速测量溶液酸碱度(pH 大小),它是采用多色阶混合酸碱指示剂溶液浸渍滤纸后制备而成的。当遇到酸碱性强弱不同的溶液时,pH 试纸会显示出不同的颜色,通过与标准比色卡进行颜色对照即可大致确定溶液的 pH 范围。

1. pH 试纸的分类

国产 pH 试纸通常分为两种,即广范 pH 试纸和精密 pH 试纸。广范 pH 试纸取值保留个位(见表 4.1),而精密 pH 试纸取值则保留小数点后一位(见表 4.2)。

表 4.1　广范 pH 试纸

pH 变色范围	1~10	1~12	1~14	9~14
显色反应间隔 /s	1	1	1	1

表 4.2　精密 pH 试纸

pH 变色范围	显色反应间隔 /s	pH 变色范围	显色反应间隔 /s
0.5~5.0	0.5	5.3~7.0	0.2
1~4	0.5	5.4~7.0	0.2
1~10	0.5	5.5~9.0	0.2
4~10	0.5	6.4~8.0	0.2
5.5~9.0	0.5	6.9~8.4	0.2
9~14	0.5	7.2~8.8	0.2
0.1~1.2	0.2	7.6~8.5	0.2
0.8~2.4	0.2	8.2~9.7	0.2
1.4~3.0	0.2	8.2~10.0	0.2
1.7~3.3	0.2	8.9~10.0	0.2
2.7~4.7	0.2	9.5~13.0	0.2
3.8~5.4	0.2	10.0~12.0	0.2
5.0~6.6	0.2	12.4~14.0	0.2

2. pH 试纸的使用方法

(1)检验溶液的酸碱度　取一小块 pH 试纸在表面皿或玻璃片上,用洁净的玻璃棒

pH 试纸的使用

蘸取待测液点滴于试纸的中部,观察试纸变化稳定后的颜色,与标准比色卡对比,判断溶液的酸碱度。

（2）检验气体的酸碱度　先用蒸馏水润湿试纸,粘在玻璃棒的一端,再送到盛有待测气体的容器口附近,观察试纸颜色的变化,判断气体的性质（注意:试纸不可触及器壁！）。

3. pH 试纸在使用中需注意的问题

（1）试纸不可直接插入溶液中。

（2）试纸不可接触试管口、瓶口及导管口等。

（3）测定溶液的 pH 时,试纸不可事先用蒸馏水润湿,因为润湿试纸相当于稀释被检验的溶液,这会导致测量不准确。

（4）取出试纸后,应将盛放试纸的容器盖严,以免被实验室的一些气体玷污。

 练一练

分别采用广范 pH 试纸和精密 pH 试纸测定以下溶液 pH:

a. HCl（0.1 mol/L）; b. HAc（0.1 mol/L）。

二、采用酸度计测量

用 pH 计测定溶液的 pH 值

酸度计又称"pH 计",用于精密测量溶液的 pH 大小。酸度计是根据 pH 的实用定义设计而成的。它是一种高阻抗的电子管或晶体管式的直流毫伏计,它既可用于测量溶液的酸度,又可以用作毫伏计测量电池电动势。

利用酸度计测量酸度的方法,其突出优点是测量结果的准确度高,但缺点是测试过程较复杂。

根据测量要求不同,酸度计分为普通型、精密型和工业型三种,读数值精度最低为 0.1 pH,最高为 0.001 pH,使用者可根据测试需要合理选择适当类型的酸度计。

1. 酸度计的使用方法（以 pHS—3F 型酸度计为例,见图 4.1）

目前使用的酸度计型号繁多,不同型号的酸度计,其旋钮、开关位置、仪器配件和附件会有所不同,但仪器的功能基本一致。因此,使用酸度计时首先要认真阅读仪器使用说明书。

（1）仪器使用前的准备　打开仪器电源开关预热 20 min。将处理好的电极夹在电极架上,接上电极导线。用蒸馏水清洗电极需要插入溶液的部分,并用滤纸吸干电极外壁上的水。将仪器选择按键置于"pH"位置。

（2）仪器的校正（二点校正法）　将电极插入一个 pH 已知且接近 7 的标准缓冲溶液中。将功能选择按键置"pH"位置,调节"温度"调节器使所指的温度刻度为该标准缓冲溶液的温度值。将"斜率"旋钮顺时针转到底（最大）。轻摇试杯,电极达到平衡后,调节"定位"调节器,使仪器读数为该缓冲溶液在当时温度下的 pH。

取出电极,移去标准缓冲溶液,清洗电极后,再插入另一接近待测试液 pH 的标准缓冲溶液中。旋动"斜率"旋钮,使仪器显示该标准缓冲溶液的 pH(此时"定位"旋钮不可动)。若调不到,应重复上面的定位操作。

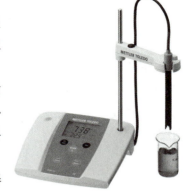

（3）测量溶液的 pH　移去标准缓冲溶液,清洗电极后,将其插入待测试液中,轻摇试杯,待电极平衡后,读取待测试液的 pH。

（4）测量结束　关闭酸度计电源开关,拔出电源插头。取出电极,用蒸馏水清洗干净,再用滤纸吸干电极外壁上的水分,套上小帽存放在盒内。清洗试杯,晾干后妥善保存。

用干净抹布擦净工作台,罩上仪器防尘罩,填写仪器使用记录。

图 4.1　pHS—3F 型酸度计

微课

溶液酸度的测量

 知识拓展

pH 的实用定义:指的是采用电位滴定法测得的溶液 pH。

根据 GB/T 9724—2007《化学试剂 pH 值测定通则》规定:校正酸度计的方法有:"一点校正法"和"二点校正法"两种。二点校正法是先用一种接近 pH7 的标准缓冲溶液"定位",再用另一种接近待测试液 pH 的标准缓冲溶液调节"斜率"调节器,使仪器显示值与第二种标准缓冲溶液的 pH 相同(此时不动"定位"调节器)。经过校正后的仪器就可以直接测量待测试液的 pH。

2. 复合电极的使用与维护

将 pH 玻璃电极与参比电极组合在一起的电极就是 pH 复合电极。复合电极的突出优点就是使用方便。

使用复合电极时应注意以下几个问题。

（1）初次使用或久置重新使用时,应将电极球泡及砂芯浸入 $3 \text{ mol} \cdot \text{L}^{-1}$ KCl 溶液中活化 8 h。

（2）使用前,应检查玻璃电极前端的球泡。正常情况下,电极应该透明而无裂纹;球泡内要充满溶液,不能有气泡存在。

（3）不用时,电极应浸泡于饱和氯化钾溶液中,切忌用洗涤液或其他吸水性试剂浸洗。清洗电极后,不要用滤纸擦拭玻璃膜,而应用滤纸吸干,避免损坏玻璃薄膜、防止交叉污染,影响测量精度。

（4）电极不能用于强酸、强碱或其他腐蚀性溶液,严禁在脱水性介质如无水乙醇、重铬酸钾等介质中使用。

4.2 酸度的控制

在分析测试中,由于某些化学反应需要在一定的酸度范围内进行,将溶液酸度调整到所需要的 pH 再进行反应是比较容易的。若在反应中需要维持溶液的酸度值保持稳定,则需要应用"缓冲溶液"来承担控制溶液酸度以确保溶液酸度稳定的任务。

一、缓冲溶液概述

在弱酸及其盐溶液中,或在弱碱及其盐溶液中,加入少量强酸或强碱,或者用少量水稀释,溶液的 $c(H^+)$ 或 $c(OH^-)$ 基本不发生显著变化。这种具有抵抗少量强酸、强碱或稀释,保持溶液酸度或 pH 基本不变功能的溶液,称为"缓冲溶液"。

微课
缓冲溶液

缓冲溶液通常由弱酸及其盐(如 HAc−NaAc)、弱碱及其盐(NH_3−NH_4Cl)及不同碱度的酸式盐(例如 NaH_2PO_4 和 Na_2HPO_4 或 $NaHCO_3$ 和 Na_2CO_3)等的水溶液组成。

在高浓度的强酸或强碱溶液中,由于 H^+ 或 OH^- 的浓度本身就很高,外加少量酸或碱不会对溶液酸碱度产生太大影响。在这种情况下,强酸(pH<2)、强碱(pH>12)也是缓冲溶液,但这类缓冲溶液不具有抗稀释的作用。

1. 缓冲溶液的分类

缓冲溶液可分为两类:标准缓冲溶液和一般缓冲溶液。

（1）标准缓冲溶液　标准缓冲溶液是由规定浓度的某些逐级解离常数相差较小的单一两性物质,或由不同型体的两性物质所组成。标准缓冲溶液的 pH 是在一定温度下准确测得的。

标准缓冲溶液用作准确测量溶液 pH 的参照溶液,即当用酸度计测得溶液的 pH 时,可用标准缓冲溶液来校准酸度计。

（2）一般缓冲溶液　一般缓冲溶液,即指前述提及的 HAc−NaAc、NH_3−NH_4Cl、NaH_2PO_4−Na_2HPO_4、$NaHCO_3$−Na_2CO_3 等体系。分析测试中使用的缓冲溶液,多数用来控制溶液的 pH,即一般缓冲溶液。

2. 缓冲溶液的 pH

缓冲溶液的缓冲作用主要依靠弱酸（或弱碱）的解离平衡。作为一般控制酸度用的缓冲溶液,当弱酸与其盐组成缓冲溶液时,其 pH 取决于下列关系:

$$pH = pK_a + \lg \frac{[A^-]}{[HA]} \tag{4.1}$$

则

$$pOH = pK_b + \lg \frac{[HB^+]}{[B]} \tag{4.2}$$

3. 缓冲能力与缓冲范围

缓冲溶液的缓冲作用并不是无限的。也就是说,缓冲溶液只能在加入一定数量的酸碱时,才能保持溶液的 pH 基本保持不变。所以,每种缓冲溶液都只具有一定的缓冲能力。

缓冲溶液的缓冲能力大小与缓冲溶液的总浓度及组分比有关。总浓度越大,缓冲容量越大;总浓度一定时,缓冲组分的浓度比越接近于 1:1,缓冲容量越大。当组分浓度比为 1:1 时,缓冲溶液的缓冲能力最大。两组分浓度相差越大,缓冲能力越小,直到丧失缓冲能力。

因此,任何缓冲溶液的缓冲作用都有一个有效的缓冲范围。缓冲作用的有效 pH 范围称为"缓冲范围"。这个范围大概在 pK_a（或 pK_a'）两侧各一个 pH 单位之内。即

$$pH = pK_a \pm 1 \tag{4.3}$$

例如,HAc-NaAc 缓冲溶液,其 pK_a=4.74,即 pH=4.74 时,缓冲能力最强,它可用于制备 pH=3.74~5.74 范围内的缓冲溶液。

又如,NH_3-NH_4Cl 缓冲溶液,其 pK_b=4.74,即 pOH=4.74,也即 pH=14-4.74=9.26 时,缓冲能力最大,它可用于制备 pH=8.26~10.26 范围内的缓冲溶液。

4. 缓冲溶液的选择原则

分析化学中用于控制溶液酸度的缓冲溶液很多。在选用缓冲溶液时,应考虑缓冲能力较大的溶液。其选择原则有以下几点。

（1）缓冲溶液对分析测量过程无干扰。

（2）测量所需的 pH 应在缓冲溶液的缓冲范围内,且尽量使 pK_a 值与所需控制的 pH 一致,即 $pK_a \approx pH$。

（3）缓冲溶液的缓冲能力应足够大,以满足实际工作的需要。

（4）缓冲物质应价廉易得,避免污染。

在实际工作中,如果需要 pH 为 4.2、4.8、5.0、5.2 等的缓冲溶液时,可以选择 HAc-NaAc 缓冲溶液,因为 HAc 的 pK_a=4.74,与所需的 pH 接近。如果需要 pH 为 9.0、9.5、10.0 等的缓冲溶液时,可以选择 NH_3-NH_4Cl 缓冲溶液,因为 $NH_3 \cdot H_2O$ 的 pK_b=4.74,与所需的 pOH 接近,即 pH=14-4.74=9.26,与所需的 pH 接近。

强酸强碱主要用来控制高酸度（pH≤2）或高碱度（pH≥12）时溶液的酸度。例如,在配位滴定中,采用 HCl 溶液（1:1）调节试样溶液的 pH 为 1.8~2.0 来测定 Fe_2O_3 含量;采用 KOH 溶液（20%）调节试样溶液 pH≥13 来测定 CaO 含量。

想一想

欲控制某溶液的 pH 分别在 4.0 和 10.0,应选择下列哪种缓冲溶液?

A. HAc-NaAc 缓冲溶液（pK_a=4.74）

B. NH_3-NH_4Cl 缓冲溶液（pK_a=9.26）

C. 六亚甲基四胺缓冲溶液（pK_a=5.15）

D. 磷酸二氢钾标准缓冲溶液（pK_{a_2}=7.20）

二、重要的缓冲溶液

在一些分析测试中,有时需要广范 pH 范围的缓冲溶液。这时可采用多元酸及其共轭碱组成的缓冲体系。在这种缓冲体系中,由于存在多种 pK_a 值不同的共轭酸碱,因而能在广范 pH 范围内起缓冲作用。

例如,将柠檬酸($pK_{a_1}=3.13$,$pK_{a_2}=4.76$,$pK_{a_3}=6.40$)和磷酸二氢钠(H_3PO_4 的 $pK_{a_1}=2.12$,$pK_{a_2}=7.20$,$pK_{a_3}=12.36$)两种溶液按不同比例混合,可得到 pH 为 2~8 的系列缓冲溶液。

表 4.3 列出了若干常用于控制溶液酸度(pH 2~11)的缓冲溶液。根据它们的 pK_a 值大小,就可知其最恰当的 pH 缓冲范围。

表 4.3　常用的缓冲溶液

缓冲溶液	酸	共轭碱	pK_a
氨基乙酸 –HCl	$^+NH_3CH_2COOH$	$^+NH_3CH_2COO^-$	2.35(pK_{a_1})
一氯乙酸 –NaOH	$CH_2ClCOOH$	CH_2ClCOO^-	2.86
邻苯二甲酸氢钾 –HCl	⬡–COOH / COOK	⬡–COO⁻ / COOK	2.95(pK_{a_1})
甲酸 –NaOH	$HCOOH$	$HCOO^-$	3.76
HAc–NaAc	HAc	AC^-	4.74
六亚甲基四胺 –HCl	$(CH_2)_6N_4H^+$	$(CH_2)_6N_4$	5.15
NaH_2PO_4–Na_2HPO_4	$H_2PO_4^-$	HPO_4^{2-}	7.20(pK_{a_2})
三乙醇胺 –HCl	$^+HN(CH_2CH_2OH)_3$	$N(CH_2CH_2OH)_3$	7.76
Tris*–HCl	$^+NH_3C(CH_2OH)_3$	$NH_2C(CH_2OH)_3$	8.21
$Na_2B_4O_7$–HCl	H_3BO_3	$H_2BO_3^-$	9.24(pK_{a_1})
$Na_2B_4O_7$–NaOH	H_3BO_3	$H_2BO_3^-$	9.24(pK_{a_1})
NH_3–NH_4Cl	NH_4^+	NH_3	9.26
乙醇胺 –HCl	$^+NH_3CH_2CH_2OH$	$NH_2CH_2CH_2OH$	9.50
氨基乙酸 –NaOH	$^+NH_3CH_2COO^-$	$NH_2CH_2COO^-$	9.60(pK_{a_2})
$NaHCO_3$–Na_2CO_3	HCO_3^-	CO_3^{2-}	10.25(pK_{a_2})

* 三(羟甲基)氨基甲烷。

表 4.4 列出的是常用的几种标准缓冲溶液,它们的 pH 是经过准确的实验测得的,目前已被国际上规定作为测定溶液 pH 时的标准溶液。

表 4.4　pH 标准溶液

pH 标准溶液	pH 标准值(25 ℃)
饱和酒石酸氢钾(0.034 mol·L⁻¹)	3.56
邻苯二甲酸氢钾(0.05 mol·L⁻¹)	4.01
NaH_2PO_4(0.025 mol·L⁻¹)–Na_2HPO_4(0.025 mol·L⁻¹)	6.86
硼砂(0.01 mol·L⁻¹)	9.18

习题

一、填空题

1. 酸度的测量可以用_____和酸度计。

2. pH 试纸通常分为两种,即_____和_____。

3. 酸度计又称_____,用于精密测量溶液的_____。

4. 利用酸度计测量酸度的方法,其突出优点是测量结果_____高,但缺点是测试过程较_____。

5. 根据测量要求不同,酸度计分为_____、_____和_____三种。

6. 测定 pH 时,试纸不可事先用_____润湿。

7. 缓冲溶液的缓冲能力大小与缓冲溶液的_____及_____有关。

8. 缓冲溶液总浓度一定时,缓冲组分的浓度比越接近_____,缓冲容量越大。

第 4 章习题
答案

二、判断题

1. 广范 pH 试纸取值保留小数点后一位,精密 pH 试纸取值保留个位。　　　　　　　（　　）

2. pH 试纸不可以接触试管口、瓶口及导管口。　　　　　　　　　　　　　　　　　（　　）

3. pH 试纸可以直接插入溶液中。　　　　　　　　　　　　　　　　　　　　　　　（　　）

4. 取出 pH 试纸后,应将盛放试纸的容器盖严,以免被实验室的一些气体玷污。　　　（　　）

5. 标准缓冲溶液的作用是确保所调节的溶液酸度一直不变。　　　　　　　　　　　　（　　）

6. 要调节溶液的酸度在 1.8~2.0,可以用 HAc–NaAc 缓冲溶液。　　　　　　　　　　（　　）

7. 在实际工作中,强酸强碱主要用来控制高酸度或高碱度溶液的酸度。　　　　　　　（　　）

8. 要控制溶液的酸度在 pH ≈ 10,可用 KOH 溶液调节。　　　　　　　　　　　　　（　　）

9. 要调节溶液的 pH ≈ 4,选择 HAc–NaAc 缓冲溶液合适。　　　　　　　　　　　　（　　）

10. 要调节溶液的 pH ≈ 10,选择 NH_3–NH_4Cl 缓冲溶液合适。　　　　　　　　　（　　）

三、简答题

1. pH 试纸如何使用?

2. pH 试纸在使用中应注意什么问题?

3. 缓冲溶液的定义及作用是什么?

4. 缓冲溶液的选择原则有哪些?

5. 如何调节溶液的 pH<2? 如何调节溶液的 pH>13?

第 5 章
溶液温度的测量与控制技术

在分析工作中,常常会遇到加热、冷却甚至恒温等相关的温度控制技术。也就是说,加热、冷却甚至恒温都需要测量温度。

温度计是测温仪器的总称,它利用固体、液体、气体受温度的影响产生热胀冷缩等现象设计而成。利用温度计可以准确地判断和测量温度。

知识目标

- ☐ 了解温度计的类型及基本构造。
- ☐ 掌握水银玻璃温度计的使用方法及使用要求。
- ☐ 理解并掌握常用的升温加热方法原理与技术。
- ☐ 学习并掌握常用的加热仪器设备的使用、维护方法与要求。

能力目标

- ☐ 能正确使用玻璃液体温度计测量溶液的温度。
- ☐ 能按照任务要求正确选择加热设备并对溶液温度加以控制。

素养目标

- ☐ 具备严谨的科学态度,对实验结果进行准确、客观的分析,确保数据的可靠性。

知识结构框图

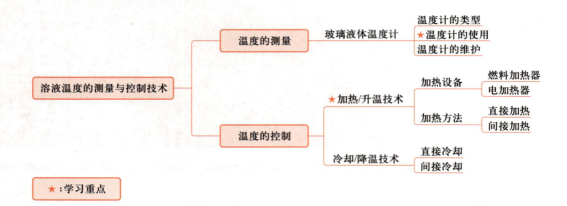

★:学习重点

5.1 玻璃液体温度计

玻璃液体温度计是在玻璃管内封入水银或其他有机液体,利用封入液体的热膨胀进行测量的一种温度计,属于膨胀式温度计,因此也称液体膨胀式温度计。它是一种可以直接显示物体温度的测量仪器。化验室中常用的玻璃液体温度计有玻璃水银温度计、玻璃酒精温度计等。

一、玻璃液体温度计的结构与特点

1. 玻璃液体温度计的结构

水银温度计是玻璃液体温度计的一种,其主要构造由感温泡、感温液(水银或汞铊合金)、中间泡、安全泡、毛细管、主刻度,辅刻度等组成。其结构如图 5.1 所示。

（1）安全泡　安全泡是与毛细管上端相连的小泡,其作用是容纳加热温度超过温度计上限温度后的感温液,起到防止感温液因过热而涨破温度计的作用。

（2）主刻度　主刻度是为了指示温度计中毛细管内液柱上升或下降时对应位置上的温度值。

（3）毛细管　毛细管的作用是当感温液在热胀冷缩时在毛细管内上升或下降的位置,通过主刻度上对应示值,便可读出相应温度。

（4）中间泡　中间泡是为了提高测温精度与缩短标尺。但并不是所有玻璃液体温度计都具有中间泡。对于有些温度计的标尺下限需从 0 ℃以上某一温度开始时,为缩短标尺而需中间泡。利用中间泡贮存由 0 ℃加到标尺始点温度所膨胀出来的感温液。

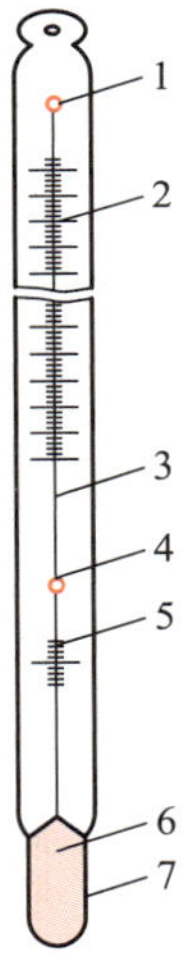

（5）辅刻度　辅刻度是设置在零点位置上。对于温度精度要求高的温度计(如标准温度计等),通过测量辅刻度线零位变化,可对温度计的示值进行零位变化修正。

图 5.1　玻璃液体温度计
1—安全泡；2—主刻度；
3—毛细管；4—中间泡；
5—辅刻度；6—感温液；7—感温泡

（6）感温液　感温液是用作测量温度的物质,主要是利用其热膨胀作用。

（7）感温泡　感温泡的主要作用是用来贮存感温液与感受温度。一般采用圆柱形,以利于热传导(相对球形而言),故热惯性较小。

2. 玻璃液体温度计的特点

玻璃液体温度计的主要特点是结构简单,价格便宜,制造容易,可直接读数,使用方便、广泛。

（1）玻璃水银温度计　玻璃水银温度计使用金属汞作为工作液体。其最大优点是工作液体不粘玻璃,不易氧化,且易提纯。测温范围一般在 −30~300 ℃。汞在 200 ℃以下体积膨胀与温度呈线性关系，具有较高精确度。不足之处是易损坏，损坏后无法修复。最大的缺点是汞蒸气有毒，生产过程和温度计损坏时会污染环境。

（2）玻璃酒精温度计　玻璃酒精温度计采用酒精作为工作液体。它一般用于低温测量，测温下限为 –80 ℃。其结构与玻璃水银温度计相同。玻璃酒精温度计的主要优点是灵敏度好，但其最大缺点是酒精易粘玻璃而使其测量精度降低，且热容大，热惯性不好等。

二、玻璃液体温度计的分类

1. 按基本结构划分

（1）棒式温度计　此种温度计是由玻璃感温泡和与它相连的厚壁玻璃毛细管所组成。指示温度的标尺直接刻在毛细管外壁上，如图 5.1 所示。因这种温度计的温度标尺直接刻在毛细管上，标尺与毛细管不会发生位移，故其测温精度较高。

实验室用精密温度计大多采用此种结构。

（2）内标式温度计　这种温度计是将长方形乳白色玻璃片标尺置于连有感温泡的毛细管后面，且与后者一起装在玻璃套管内，标尺板下部靠在特制的玻璃底座处或玻璃套管收缩处，如图 5.2 所示。

内标式温度计的热惰性较棒式温度计大，但观测较方便。

（3）外标式温度计　这种温度计是将熔焊有感温泡的毛细管直接固定在温度计刻度板上，其结构如图 5.3 所示。

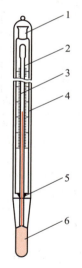

图 5.2　内标式温度计

1—玻璃顶座；2—标尺板；3—毛细管；
4—玻璃套管；5—玻璃底座；6—感温泡

图 5.3　外标式温度计

这种温度计精度较低，但读数方便清晰。一般只宜作寒暑表用。

2. 按温度计浸没方式划分

（1）全浸式温度计　全浸是指使用这种温度计时，应将整个液柱与感温泡浸入在待测介质中，使整个液柱与感温泡温度相同。全浸式温度计插入待测介质的深度应接近液柱弯液面指示位置,一般液柱弯液面高出待测介质最高不得大于 15 mm。

因温度计液柱与感温泡大部分浸在待测介质中,环境影响甚微,故测量精度较高。

(2)局浸式温度计　这种温度计测温时只需插入其本身所标定的固定浸没位置。其浸没标志有如下几种。

① 对棒式温度计。有在其背面刻有一条称为浸没线的线,使用时插入待测介质深度以此线为准;也有在毛细管外壁烧制一个玻璃突环,以此为浸没标志,如烘箱用的温度计。

② 对内标式温度计。有在温度计背面直接标有"浸没 ×× mm"这一方式表示浸没深度;也有将温度计下部玻璃套管明显由粗变细,而且大多数有一金属保护套管。

局浸式温度计因其浸没深度不变,相当长度液柱暴露在待测介质之外,受环境温度影响大而令其测温精度下降。所以,局浸式温度计多为一般工作测温用或特殊用途的精密实验室温度计(如贝克曼温度计)。

3. 按用途划分

根据用途的不同,温度计又可分为:实验室用、工业用与标准传递用三种。实验室用温度计即实验室中用于测试或控温等所采用的各种温度计,已在前面述及,此处不再重复。以下主要介绍工业用玻璃温度计和标准传递用玻璃温度计。

(1)工业用玻璃温度计　工业用玻璃温度计一般制成内标式,其尾部有直的,也有 90° 和 135° 的。形状如图 5.4 所示。使用时尾部必须全部插入待测介质中。选用时应注意尾部的长度。

还有一种工业用电接点式温度计,这种温度计以水银为工作液体,因此也叫电接点式水银温度计,俗称导电表。它除了能指示温度外,还能和温度控制器连接起来控制温度,达到自动恒温的目的,同时发出信号或报警。其外形结构如图 5.5 所示。

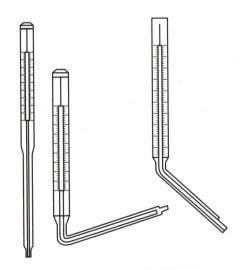

图 5.4　工业用玻璃温度计

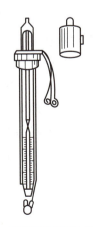

图 5.5　工业用电接点式温度计

(2)标准传递用玻璃温度计　标准传递用温度计亦称"标准玻璃温度计"。标准玻璃温度计是一种在比较检定被校验温度计时作为标准用的精密玻璃温度计。感温液多为水银,故称标准水银温度计。有一等标准水银温度计与二等标准水银温度计之分。

实验室最常用的是二等标准水银温度计,测量范围为 –30~300 ℃,共 7 支组成一套,其刻度范围分别为 –30~20 ℃;0~50 ℃;50~100 ℃;100~150 ℃;150~200 ℃;200~250 ℃;250~300 ℃。目前已延伸为 –60~500 ℃,共 12 支。标尺最小分度值为 0.1 ℃。

4. 按照规格划分

(1)普通温度计　普通温度计的刻度线每格为 1 ℃或 0.5 ℃,一般量程范围为 0~100 ℃、0~250 ℃、0~360 ℃等。

(2)精密温度计　精密温度计的刻度以 0.1 ℃为间隔,每支量程约为 50 ℃。这类温度计往往多支配套,所测温度范围交叉组成 –10~400 ℃的量程。也有刻度间隔为 0.02 ℃或 0.01 ℃,专供量热用。

(3)贝克曼温度计　温度间隔为 0.01 ℃,量程一般为 0~5 ℃或 0~6 ℃。这种温度计的顶端有水银贮槽,可以根据需要调节温度计下端水银球中的水银量。因此贝克曼温度计不能用来测量温度的绝对值,而可以用来测出物体在不同温度区间的精确变化值。

(4)高温水银温度计　这种水银温度计用特殊配料的硬质玻璃或石英作管壁,并在其中充以氮气或氩气,因而使温度最高可以测到 750 ℃。

温度计的测温范围不仅取决于工作液体的沸点、凝固点。而且还取决于玻璃材料的性质。用硬质玻璃制作的水银温度计可测至 360 ℃,用高铝硅硼玻璃制作的水银温度计可测至 400 ℃以上,可测 600 ℃以上的水银温度计用石英玻璃制作。目前我国已制成可测至 1 200 ℃的高温水银温度计。

5.2　温度计的使用

一、温度计的选用

玻璃液体温度计的测温原理是利用感温液受热后体积膨胀的特性,通过刻度标尺把物体的冷热程度指示出来。工作液体的膨胀系数越大,液体体积随温度升高而增加的数值越大。因此,选用膨胀系数大的工作液体,可以提高温度计的测量精度。正确地选用温度计主要是根据实验要求选择温度计的测温精度和温度计的量程。

例如,要测定温度 t=70 ℃,要求测量精度为 1%,则测量的允许绝对误差为 70 ℃× 1%=0.7 ℃。选择刻度线为 0.5 ℃的温度计能够满足测量精度要求。温度计正常使用的温度范围为全量程的 30%~90%,因此应选用量程为 0~100 ℃的温度计。

二、温度计的使用注意事项

使用温度计时要注意以下几点。

(1)使用玻璃液体温度计时,应当由低温到高温逐渐升温,降温也应当由高到低逐渐降低。

（2）读数时应在刻度正面读取，并保持视线、刻度线和工作液体基准线在同一水平线上，以保证读数的正确性。如图5.6所示。

（3）电接点式温度计在转动调节帽时，要松开固定螺丝，调节好后固定好螺丝，避免因振动引起温度接点的变化。

（4）工作状态应避免剧烈的振动或移动。

（5）测量正在加热的液体温度时，最好把温度计悬挂起来，并使水银球完全浸没在液体中，使温度计在液体内处于适中的位置。

（6）测量气体的温度时，同样应使水银球位于气流之中，不可靠在容器的壁上。

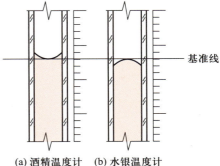

(a) 酒精温度计　　(b) 水银温度计

图 5.6　玻璃液体温度计读数示意图

 练一练

1. 采用酒精温度计测量烧杯中冰水的温度。
2. 采用水银温度计测量烧杯中热水的温度。

要求：温度计应吊装在烧杯中，并符合安装要求；读数方法要正确，读数要准确。

三、温度计的维护

温度计的维护要注意以下几点。

（1）由于工作液体夹杂气泡或搬运不慎等原因会造成毛细管中液柱断裂，如不注意将引起极大的误差，因此在使用温度计前必须检查有无液柱断裂现象。

（2）根据需要对温度计做读数校正或露茎校正。

（3）温度计应尽可能垂直浸在待测体系内，测量溶液的温度一般应将温度计悬挂起来，并使水银球处于溶液中的一定位置，不要靠在容器壁上或插到容器底部。

（4）测量温度时，必须等待温度计与待测物体间达到热平衡、水银柱液面不再移动后方可读数。达到热平衡所需要的时间与温度计水银球的直径、温度的高低及待测物质的性质等有关。一般情况下温度计浸在待测物体中需 1~6 min 才能达到平衡。若被测温度是变化的，则因为温度计的热惰性而使测温精度大为降低。

（5）使用水银温度计时，为防止水银在毛细管上附着，发生液柱断裂或挂壁影响读数，读数前应用手指轻轻弹动温度计，这一点在使用精密温度计时尤其必须注意。

（6）读数时水银柱液面、刻度和视线应保持在同一水平面上，精密测量可用测高仪。

（7）防止骤冷骤热（以免引起温度计破裂），还要防止强光及射线直接照射到水银球上。

（8）水银温度计是易碎玻璃仪器，且毛细管中的水银有毒，故绝不允许作搅拌棒、支柱等它用；要十分小心，避免与硬物相碰。

如果温度计需插在塞孔中,孔的大小要合适,以防脱落或折断。

如果温度计破损汞洒出,应立即按安全用汞的操作规定来处理:尽可能地用吸管将汞珠收集起来,再用能形成汞齐的金属片(如 Zn、Cu 等)在汞的溅落处多次扫过。最后用硫黄覆盖在有汞溅落的地方,并摩擦之,使汞变为 HgS;亦可用 $KMnO_4$ 溶液使汞氧化。

知识拓展

如果玻璃液体温度计有断裂现象,可采用下列办法修复。

(1)加热法　若温度计毛细管的上端有安全泡,则可用加热法修复。将温度计直立并将感温泡浸入温水中徐徐加热直到中断的液柱全部进入安全泡。注意液柱只能升至安全泡的 1/3 处,不能全部充满安全泡以免破裂。在上升过程中应轻轻振动温度计,以帮助全体气泡上升。加热后将温度计慢慢冷却,最好是浸在原来热水中自然冷却至室温。冷却后一定要垂直放置数小时,以使管壁的液体都下降至液柱中。

(2)冷却法　若液柱断在温度计中、下部或高温用的温度计,则可将温度计浸入冷却剂中(冰 + 纯水),使温度逐渐降低,一直到液柱的中断部缩入玻璃泡内为止。然后取出,再使温度计慢慢升高回至原来的读数。若进行一次不行,则需进行几次,直至故障消除为止。

微课

溶液的温度
测量与控制

5.3　加热 / 升温技术

有些化学反应,往往需要在较高温度下才能进行。分析测试中的许多基本操作,如溶解、蒸发、灼烧、蒸馏、回流等过程也都需要加热。因此,加热是分析测试中基本操作的重要部分。

根据测试条件的要求选择适当的加热器具和加热方法,正确进行加热操作往往是决定分析测试质量的关键之一。

一、加热器具与设备

化验室中使用的加热器具通常分为燃料加热器、电加热器和微波加热器。

1. 燃料加热器

燃料加热器是化验室中最传统的加热器具,使用的燃料一般多为酒精或煤气、天然气(液化气)。需要指出的是:燃料加热器使用明火加热,不适宜在较高蒸气压、易燃、易爆的有机气氛中使用。

(1)酒精灯　酒精灯是最常用、最方便的一种加热器具。它由灯罩、灯芯和灯壶三部分组成,其加热温度通常为 400~500 ℃,适用于不需太高加热温度的加热过程。

使用酒精灯时要先加酒精,即在灯熄灭的情况下,牵出灯芯,借助漏斗将酒精注入,最多加入量为灯壶容积的 2/3。必须用火柴等点燃,绝不能用另一个燃着的酒精灯去点燃,以免洒落酒精引起火灾。熄灭时,用灯罩盖上即可。不可用嘴吹,熄灭后应将灯罩提起重盖一次,以便空气进入,以免冷却后盖内产生负压使以后打开困难。如图 5.7 所示。

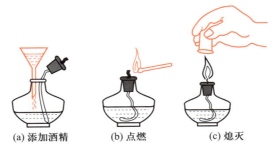

(a) 添加酒精　　　(b) 点燃　　　(c) 熄灭

图 5.7　酒精灯的使用

🔔 **小贴士**

酒精是易燃品,使用时一定要规范操作,切勿洒溢在容器外面,以免引起火灾。

（2）酒精喷灯　酒精喷灯有座式和挂式两种（见图 5.8）。它们的使用方法相同。

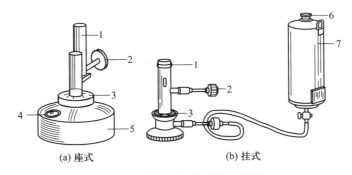

(a) 座式　　　　　　　(b) 挂式

图 5.8　酒精喷灯的类型和构造

1—灯管；2—空气调节器；3—预热盘；4—铜帽；5—酒精灯壶；6—盖子；7—酒精储罐

使用时,应先在酒精灯壶或储罐内加入酒精,注意不能在使用过程中续加酒精,以免着火。预热盘中加满酒精并点燃（挂式酒精喷灯应将储罐下面的开关打开,从灯管口冒出酒精后再关上；在点燃酒精喷灯前先打开开关）,等酒精燃烧完将灯管灼热后,打开空气调节器并用火柴将灯点燃。酒精喷灯是靠酒精汽化和燃烧,所以温度较高,可达 700~900 ℃。用完后关闭空气调节器,或用石板盖住灯口即可将灯熄灭,挂式酒精喷灯在不用时,应将储罐下面的开关关闭。

若需继续使用,应待酒精喷灯熄灭、冷却,添加酒精后再次点燃,酒精喷灯使用方法见图 5.9。

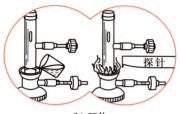

(a) 添加酒精

注意关好下口开关，座式
酒精喷灯内贮酒精量不得
超过灯壶容积的2/3

(b) 预热

预热盘中加少量酒精点燃，可多次预热，但若两次
不出气，则必须在火焰熄灭、冷却后加酒精并用探
针疏通酒精蒸气出口后方可再预热

(c) 调节火焰

旋转空气调节器

(d) 熄灭火焰

可盖灭，也可旋转空气
调节器熄灭火焰

图 5.9　酒精喷灯的使用

2. 电加热器

实验室中常用的电加热器主要有电炉、电加热套及高温
炉等。

（1）电炉　电炉按功率大小有 500 W、800 W、1 000 W
等规格（见图 5.10），使用时一般应在电炉上放一块石棉网，
在它上面再放需要加热的仪器，这样不仅可以增大加热面积，
而且使加热更加均匀。同时也避免了炉丝受到化学品的侵
蚀。电炉加热温度的高低可以通过调节电阻来控制。

图 5.10　电炉

 小贴士

勿把碱性物质洒落在炉盘上，应经常清除炉盘内灼烧焦糊的物质，以保证炉丝传
热良好，延长电炉使用寿命。

（2）电热套　电热套是由玻璃纤维包裹着电炉丝织成的"碗状"电加热器（见
图 5.11 所示）。温度高低由控温装置调节，最高温度可达 400 ℃左右。它的容积大小一
般与烧瓶的容积相匹配，从 50 mL 起，各种规格都有，由于它不是明火加热，因此具有不
易引起火灾且热效率高的优点。

电热套是专为加热圆底容器而设计的，使用时要根据圆底容器的大小选用合适的
型号。电热套常用作空气浴的热源。在蒸馏或减压蒸馏等操作时，随着烧瓶内物质的减
少，容易造成瓶壁过热，使蒸馏物烤焦炭化。

为避免上述情况的发生,使用时宜选用稍大一号的电热套,并将电热套放在升降架上,必要时使它能向下移动。随着蒸馏的进行,可用降低电热套的高度来防止瓶壁过热。

电热套在使用时应保持清洁,不得洒入或溅入化学药品。

（3）电热板　电热板是一种均匀加热设备,对于有机物和易燃物的加热尤为适用。电热板升温速度较慢,且受热面是平面的,不适合加热圆底容器,多用作水浴和油浴的热源,也常用于加热烧杯、锥形瓶等平底容器,见图 5.12 所示。

图 5.11　电热套

图 5.12　电热板

 小贴士

电热板的使用与维护:应放在有隔热材料的工作台面上;使用时应先接通电源再开启开关;保持发热铁板的清洁。

（4）高温炉　化验室中进行高温灼烧反应时,除用电炉外,还常常用到高温炉。

高温炉利用电阻丝或硅碳棒加热。用电阻丝加热的高温炉最高使用温度为 950 ℃,使用硅碳棒加热的高温炉温度可以高达 1 300~1 500 ℃。

高温炉根据形状可分为箱式和管式。箱式高温炉又称"马弗炉",如图 5.13 所示。高温炉的炉温由高温计测量,高温计由一对热电偶和一只毫伏表组成。使用高温炉时要注意以下几点。

① 查看高温炉所接电源是否与所需电压相符。热电偶是否与测量温度相符,热电偶正、负极是否接正确。

② 调节温度控制器的定温调节按钮使定温指针指在所需温度处。打开电源开关升温,当温度升至所需温度时即恒温。

图 5.13　高温炉（马弗炉）

③ 灼烧完毕,先关电源,不要立即打开炉门,以免炉膛骤冷碎裂,一般当温度降至 200 ℃以下时方可打开炉门,用坩埚钳取出试样。

④ 高温炉应放置在水泥台上,不可放置在木质桌面上,以免引起火灾。

⑤ 炉膛内应保持清洁,炉周围不要放置易燃物品,也不可放置精密仪器。

3. 微波加热器

家用微波炉也可以用作化验室中的加热热源。目前家用微波炉的使用频率是 2 450 MHz 或 915 MHz,功率为 500~1 000 W。

微波加热原理基本上属于介电加热效应,与灯具和电炉加热的热辐射机理不同。

影响微波加热升温速度的因素除了物质本身的性质以外,还与下列因素有关。

① 密度较大的试样升温速度通常比密度较小的试样慢。

② 试样的热容越大,升温速度越慢。

③ 试样量越多升温速度越慢;但试样量也不能太少,若试样量太少,则可能引起对磁控管的损害,因此,选择适宜的试样量是必要的。

由于玻璃、陶瓷和聚四氟乙烯等非极性材料可以透过微波,因此常常作为微波加热容器。金属材料反射微波,其吸收的微波能为零,因此不能作为微波加热容器。

在实验中,可以将待加热的吸收微波能量弱的物质盛入一刚玉坩埚中,再把坩埚放入 CuO 浴或活性炭浴中,将其置于微波炉中,利用 CuO 或活性炭能强烈吸收微波,瞬时达到更高温度的性质,来加热吸收微波能量较弱的物质。

二、加热 / 升温方法

由于物质的性质不同,因而用于加热物质的器具与加热方法也就不同。化验室中常采用的加热方法一般分为直接加热和间接加热两大类。其中,最简单的方法是使用加热器具直接加热。

1. 直接加热

直接加热是将被加热物直接放在热源中进行加热,如在煤气灯 / 酒精灯 / 电炉上加热或在马弗炉内加热等。给液体加热可用试管、烧杯、烧瓶、蒸发皿等;给固体加热可用干燥的试管、烧瓶、坩埚等。

（1）液体的直接加热　若被加热的液体在较高温度下稳定且不分解,并且也无着火危险时,可把盛有液体的器皿放在石棉网上用酒精灯或煤气灯直接加热,少量液体可放在试管中加热。如图 5.14 所示。

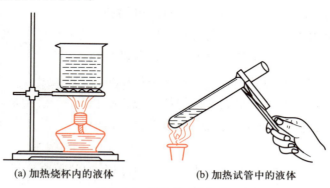

(a) 加热烧杯内的液体　　　　(b) 加热试管中的液体

图 5.14　液体的直接加热

（2）固体物质的灼烧　需要在高温下加热固体物质时,可把固体物质放在坩埚内,将坩埚置于泥三角架上,用氧化焰灼烧。不要让还原焰接触坩埚底部,以免坩埚底部接上炭黑。如图 5.15 所示。

灼烧开始时,先用小火烘烧坩埚,使坩埚受热均匀。然后加大火焰,根据实验要求控制灼烧温度与时间。停止加热时,要首先关闭煤气开关或熄灭酒精灯。

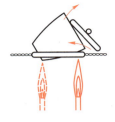

(a) 将空坩埚斜放在泥三角架上　(b) 在坩埚底　(c) 用氧化
　　　　　　　　　　　　　　　部灼烧　　焰加热

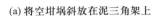

图 5.15　坩埚的加热方法

夹取高温下的坩埚时,必须用干净的坩埚钳。用前应先在火焰上预热坩埚钳的尖端,再去夹取。坩埚钳用后应平放在桌上或石棉网上,使尖端朝上,以保证坩埚钳的尖端干净,如图 5.16 所示。

若需要使用更高的温度灼烧,可以使用马弗炉。用马弗炉可以准确地控制灼烧温度与时间,但使用时要注意根据温度选择合适的反应容器。

图 5.16　坩埚钳的放置方法

直接加热的最大缺点是容易造成受热容器受热不匀。有产生局部过热的危险,且难以控制温度。

2. 间接加热

有些物质的热稳定性较差,过热时容易发生氧化、分解或大量挥发逸散,这类物质不宜采用直接加热,可采用间接加热法。

间接加热是先用热源将某些介质加热,介质再将热量传递给被加热物,这种方法又被称为"热浴"。常见的热浴方法有水浴、油浴、沙浴和空气浴等。

间接加热(热浴)的优点是受热面积大、加热均匀、升温平稳,并能使被加热物保持一定温度。

(1)水浴　加热温度在 90 ℃以下时可采用水浴。水浴加热方便、安全。但不适于需要严格无水操作的实验。

水浴加热的专用仪器是水浴锅,常用铜或铝制成,锅盖是由一组由大到小的同心圆水浴环组成。根据受热器皿底部受热面积的大小选择适当口径的水浴环。水浴锅中的盛水量不得超过其容积的 2/3。如图 5.17 所示。

(a) 水浴锅实物图　　　　　　　　(b) 水浴加热示意图

图 5.17　水浴加热

水浴加热的操作要领如下。

① 先在水浴锅中加入洁净的水,再加热。

② 当温度在 80 ℃以下时,可将受热容器浸入水浴锅中,切勿使容器触及水浴锅壁和底部。

③ 水浴加热温度一般为 98 ℃以下。若要加热到 100 ℃时,可用沸水浴或水蒸气浴。

 练一练

用电热恒温水浴锅或用烧杯代替水浴锅,练习水浴加热操作。

（2）油浴　加热温度在 90~250 ℃的间接加热可采用油浴。用油代替水浴中的水,将加热容器置于热浴中,即为油浴。常用的油类有甘油、硅油、食用油和液体石蜡等。

常用的液体(油浴)介质,见表5.1。

表5.1　常用油浴介质

名称	乙二醇	三甘醇	甘油	有机硅油	石蜡油
使用温度范围/℃	10~180	0~250	−20~260	−40~350	60~230

目前,被广泛使用的是有机硅油。其优点是无色透明、热稳定性好。对一般化学试剂稳定,无腐蚀性,比相同黏度的液体石蜡的闪点高,不易着火,以及黏度在适当宽的温度范围内变化不大。

油浴加热的操作方法如下。

① 在加热容器中(油浴锅)加入油浴液,油量不宜过多,否则受热后容易溢出而引起火灾。

② 油浴中应挂一支温度计,随时观测油浴的温度,以便调节加热源。

在油浴锅内使用电热卷加热,要比明火加热更为安全。再接入继电器和接触式温度计,就可以实现自动控制油浴温度。

③ 当油浴液受热冒烟时,应立即停止加热。

④ 加热结束,取出受热容器,应仍用铁夹夹住使其离开液面悬置片刻,待容器上附着的油滴完后,用纸或干布擦干。

 小贴士

使用油浴时要加倍小心,发现严重冒烟时要立即停止加热,还要注意不要让水滴溅入油浴锅中!

（3）沙浴　加热温度在 250~350 ℃的间接加热可用沙浴。沙浴是借助被加热的细沙进行间接加热的方法,如图 5.18 所示。

目前使用的沙浴为电热沙浴,沙浴是一个铺有一层均匀细海沙或河沙(需先洗净并煅烧除去有机杂质）的铁盘，其结构同电热板。

①沙浴加热的操作方法。

（ⅰ）使用前应先将盘内盛好热媒剂（如河沙）。

（ⅱ）使用时，把待加热的容器半埋入沙中，对盘中的沙加热。

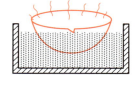

图 5.18　沙浴示意图

（ⅲ）沙中应插温度计以便控制温度，温度计的水银球要紧靠容器壁（不要触及沙浴盘底部）。

②使用沙浴时应注意的几个问题。

（ⅰ）沙浴内不能直接放入液体或低温熔化的物品。

（ⅱ）接通电源时，要确保接地良好，以免机壳带电危及人身安全。

（ⅲ）连续使用不可超过 4 h。

沙浴使用安全，但因沙的热传导能力差，升温速度较慢，温度分布不均匀，停止加热后，散热也比较慢。故容器底部的沙要薄些，以使容器易受热，而容器周围的沙要厚些，以利于保温。

（4）空气浴

目前，实验室中广为使用的电热套（又称电热包），其实就是一种以空气浴的形式加热的热源。它实际上是一种改装的封闭式电炉，其电阻丝被包在玻璃纤维中，将受热容器旋置在电热套中央，不得接触内壁，形成一个均匀的空气浴加热环境，如图 5.19 所示。这种加热方式为非明火加热，使用较为方便、安全。

图 5.19　电热套

5.4　冷却／降温技术

使热物体的温度降低而不发生相变化的过程称为"冷却"。冷却的方法有直接冷却法和间接冷却法两种。在大多数情况下，使用间接冷却法，即通过玻璃壁，向周围的冷却介质自然散热，从而达到降低温度的目的。

冷却操作首选的冷却剂是水，它具有价廉、不燃、热容大等优点。其次可选冰，使用前要敲碎，或使用碎冰和水，均可取得迅速冷却的效果。

 练一练

以水（或冰水）作制冷剂，将烧杯中的热水（或某热溶液）冷却至室温。

为了获得更低的冷却温度，可按表 5.2 配制更强的制冷剂。

为了使冰 – 盐混合物能达到预期的冷却温度，按表 5.4 配方配制制冷剂时要将盐类物质与冰块分别仔细地粉碎，然后仔细地混合均匀，在盛装制冷剂的容器外面，用保温材料仔细地加以保护，使之较长时间地维持在低温状态。若在配制时，粉碎的冰块过大，混合不均匀，保温措施差，则所配制的制冷剂不可能达到预期的低温。

表 5.2　冰 – 盐制冷剂配方

盐类	盐含量 /[g·(100 g 碎冰)$^{-1}$]	冰浴最低温度 / ℃	盐类	盐含量 /[g·(100 g 碎冰)$^{-1}$]	冰浴最低温度 / ℃
NH$_4$Cl	25	−15	CaCl$_2$ · 6H$_2$O	100	−29
NaCl	30	−20	CaCl$_2$ · 6H$_2$O	143	−55
NaNO$_3$	50	−18			

 小贴士

当温度低于 −38 ℃ 时,不能使用水银温度计(水银在 −38 ℃ 时凝固),而应使用内装有机液体的低温温度计,如酒精温度计。

固体 CO$_2$(即干冰)必须在铁研缸(不能用瓷研缸!)中很好地粉碎,操作时应戴护目镜和手套。

 想一想

为什么干冰不可以在瓷研缸中粉碎?

由于干冰有爆炸的危险,因而当用保温瓶盛装时,外面应用石棉绳或类似材料,也可以用金属丝网罩或木箱等加以防护。瓶的上缘是特别敏感的部位,使用时要特别小心避免碰撞。在配制时,将干冰加入到工业酒精(或其他溶剂)中并进行搅拌,两者用量并无严格规定,干冰应当过量。用低温温度计进行浴温的测量。

如需使用更低温的制冷剂,可使用液态氮,温度可冷却至 −195.8 ℃。液态空气随其存放时间的长短,温度可以在 −193~−186 ℃ 变化。排除蒸气可以使液体的温度更为降低。在适当的液体(戊烷)中滴入或通过液态空气可以得到任意给定的温度。

习题

一、填空题

1. 玻璃液体温度计是利用封入液体的热膨胀进行测量的一种温度计,属于_____式温度计。

2. 水银温度计的感温泡主要作用是贮存感温液与感受_____。

3. 感温液用作测量温度的物质,主要利用其_____作用。

4. 水银温度计中毛细管的作用是_____。

5. 水银温度计中安全泡的作用是_____。

6. 水银温度计最大的缺点是汞蒸气_____。

7. 玻璃温度计按用途可分为_____、_____、_____三种。

8. 化验室最常用的是_____等标准水银温度计。

9. 化验室中使用的加热器具通常分为_____、_____和_____。

10. 酒精灯加酒精最多加入量为灯壶容积的_____。

11. 酒精灯的加热温度通常为_____℃。

12. 温度计正常使用范围为全量程的_____,因此应选用量程为_____的温度计。

13. 化验室常采用的加热方法一般分为_____和_____两大类。

14. 直接加热的最大缺点是容易造成受热仪器受热_____。

15. 冷却操作首选的制冷剂是_____,其次可选_____。

二、选择题

1. 下列有关温度计读数描述正确的是_____。

A. 视线与刻度线在同一水平线上

B. 刻度线与工作液基准线在同一水平线上

C. 视线、刻度线和工作液基准线在同一水平线上

2. 下列描述中属于水银温度计优点的是_____,属于酒精温度计优点的是_____。

A. 不粘玻璃,不易氧化,线性好

B. 测温灵敏

C. 热容大,热惯性大

3. 酒精温度计一般适宜测量的温度是_____。

A. 低温　　　　　　　B. 中温　　　　　　　C. 高温

4. 冷却浴或加热浴用的试剂可选用_____。

A. 优级纯　　　　　B. 分析纯　　　　　C. 化学纯　　　　　D. 工业品

5. 对于水银温度计,在读数时,视线要看液面_____。

A. 最低点　　　　　B. 弯液面　　　　　C. 最高点

三、判断题

1. 使用温度计应避免骤冷和骤热。　　　　　　　　　　　　　　　　　　　(　　)

2. 水银温度计工作时可以移动。　　　　　　　　　　　　　　　　　　　　(　　)

3. 测量正在加热的溶液温度时,要把水银温度计贴在器皿底部。　　　　　　(　　)

4. 测量温度时,温度计放进溶液中,应立即读数。　　　　　　　　　　　　(　　)

5. 水银温度计可以当玻璃棒搅拌溶液。　　　　　　　　　　　　　　　　　(　　)

6. 读取温度测量值时,水银柱液面、刻度线和视线应保持在同一水平面上。　(　　)

7. 电热板和电热沙浴的结构相同。　　　　　　　　　　　　　　　　　　　(　　)

8. 酒精灯不适宜在易燃、易爆的有机气氛中使用。　　　　　　　　　　　　(　　)

9. 干冰的粉碎可以在烧杯中进行。　　　　　　　　　　　　　　　　　　　(　　)

10. 间接加热的优点是受热面积大、加热均匀、升温平稳。　　　　　　　　　(　　)

四、简答题

1. 玻璃温度计有什么特点?

2. 水银温度计如果不慎打碎,应当如何处理?

3. 使用高温炉要注意哪些问题?

4. 在进行加热操作时,有哪些实验安全事项需要特别注意?

第 6 章
物质的取用与计量技术

　　化学试剂的取用及试样的称量或移取,是分析工作的重要环节,对分析工作者来说,是非常重要的一项技能。正确选择相关的仪器设备,采用正确的操作方法完成试剂的取用和试样的称量或移取,对于保证分析测试质量至关重要。

　　本章重点介绍固体物质和液体物质的取用与计量方法。

知识目标

☐ 学习并理解分析天平的基本工作原理。

☐ 掌握分析天平、移液管与滴定管的用途、使用方法及要求。

☐ 掌握分析天平、移液管与滴定管的校正方法。

能力目标

☐ 能正确选用适当量器或衡器完成物质的取用与计量任务。

☐ 能正确读取并记录测量数据。

☐ 能完成天平、移液管及滴定管的维护工作。

素养目标

☐ 树立牢固的质量、环保与安全意识。

知识结构框图

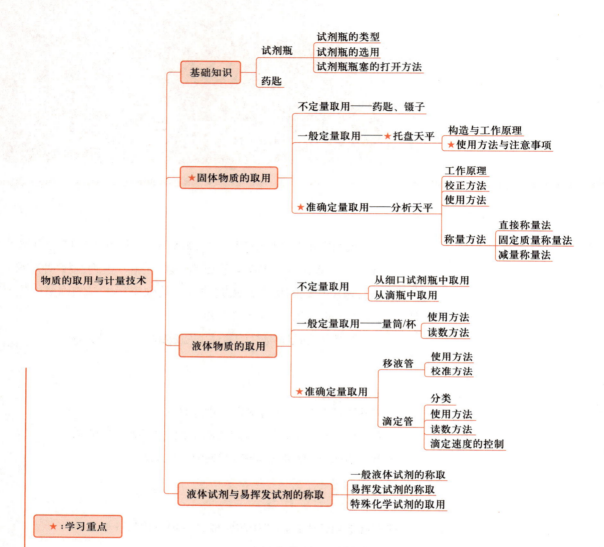

6.1　基础知识

一、试剂瓶

试剂瓶是用于盛放化学试剂的瓶子。试剂瓶不可用于加热,摆放时标签需朝外。按照材质可分为玻璃试剂瓶和聚乙烯(塑料)试剂瓶。按照瓶口大小又可分为细口试剂瓶和广口试剂瓶。

1. 试剂瓶的类型

(1)细口试剂瓶　细口试剂瓶用于保存液体试剂,通常有无色透明和棕色两种。瓶颈是磨口的,以便与磨口瓶塞一起起到密封作用。棕色试剂瓶用于盛放需避光保存的试剂(如硝酸、硝酸银溶液)。盛放碱性溶液时应使用橡胶塞。

(2)广口试剂瓶　广口试剂瓶用于盛放固体试剂,有无色透明和棕色两种。

2. 试剂瓶瓶塞的打开方法

试剂瓶瓶塞的打开方法如下。

(1)欲打开市售固体试剂瓶上的软木塞,可手持瓶子,使瓶斜放在实验台上,然后用锥子斜着插入软木塞然后将塞取出。

(2)盐酸、硫酸、硝酸等液体试剂瓶,多用塑料瓶塞(也有用玻璃磨口塞的)。瓶塞打不开时,可用热水浸过的布裹住瓶塞的上部,然后用力拧,一旦松动,就会打开。

(3)细口试剂瓶的瓶塞也常有打不开的情况,此时可在水平方向用力转动瓶塞或左右交替横向用力摇动瓶塞,若仍打不开,可紧握瓶的上部,用木柄或木槌从侧面轻轻敲打瓶塞,也可在桌端轻轻叩敲(决不能用手握瓶的下部或用铁锤敲打!)。

> 🔔 **小贴士**
>
> 采用上述方法还打不开瓶塞时,可用热水浸泡瓶的颈部(即瓶塞嵌进的那部分)。也可用热水浸过的布裹着瓶的颈部,玻璃受热后膨胀,再仿照前面做法拧松瓶塞。

二、滴瓶

滴瓶瓶口内侧磨砂,与细口试剂瓶类似,瓶盖部分用滴管取代。用于盛放用量很少且需逐滴加入的液体试剂,如指示剂等。

三、洗瓶

洗瓶用于盛放蒸馏水或洗液,主要用于定量转移溶液和转移、洗涤沉淀,以及洗净玻璃器皿。分为玻璃制品和聚乙烯制品。现多为聚乙烯(塑料)制品,只要用手捏一下瓶身即可出水(或出液)。

四、药匙

大多数药匙只有一个匙,通常由金属、牛角或者塑料制成。有些药匙的两端为大小不同的两个匙,分别用于取大量固体和少量固体,实验者可以根据试剂用量多少选择。

药匙要专匙专用。用过的药匙必须洗净干燥后才能再使用。

任何化学试剂都不得用手直接取用!

6.2　固体物质的取用与计量

固体试剂或试样通常盛放在便于取用的广口试剂瓶中,取用固体试剂或试样要用洁净干燥的药匙。

一、固体物质的不定量取用

对于少量块状的化学试剂或试样,可采用镊子夹取;对于粉末状试剂或试样,则需采用药匙取用。

取用试剂时,不要超过指定用量,多取的试剂不能倒回原瓶,可以放入指定容器中留作他用。由广口试剂瓶中取固体试剂如图 6.1 所示。

1. 取用方法

用药匙取少量固体试剂,置入横放的试管中 2/3 处,然后将试管直立,使试剂落在试管底部,或直接将药品放入指定的烧杯、锥形瓶等容器中,如图 6.2 所示。

图 6.1　由广口试剂瓶中取固体试剂

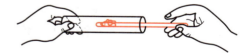

图 6.2　向试管中加入固体试剂

2. 药匙在使用中应注意的问题

(1)不能用药匙取用热药品,也不要接触酸、碱溶液。

(2)取用药品后,应及时把药匙擦洗干净。

(3)药匙要专匙专用。

对无腐蚀性的药品也可用洁净的纸条来代替药匙。

固体的颗粒较大时,可在洁净干燥的研钵中研磨后再取用,研钵中所盛固体的量不要超过研钵容量的 1/3,见图 6.3。

图 6.3　用研钵研磨固体颗粒

二、固体物质的一般定量取用与计量

取用一定量的固体试剂（或试样）时，应选用适当容器在天平上称量。

称量是定量分析中最基本的操作之一，无论是滴定分析，还是重量分析都离不开称量。根据分析任务的要求，准确、熟练地进行物质的称量，是获得准确分析结果的基本保证。

在化验室中，天平是一种较为常用的仪器，是用来测量物体质量的仪器。

微课

固体物质的
少量及定量
取用

1. 普通天平（托盘天平、台秤）简介

固体试剂或试样的一般定量取用往往采用普通天平（见图 6.4）或普通电子天平（见图 6.5）进行。

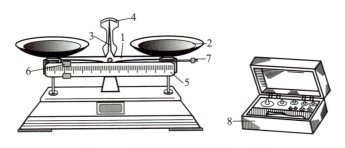

图 6.4　普通天平（托盘天平、台秤）

1—横梁；2—秤盘；3—指针；4—刻度盘；5—游码标尺；

6—游码；7—调零螺母；8—砝码盒

普通天平是一种常见的精度较低的称量仪器，狭义上也叫托盘天平或台秤，是化学实验中不可缺少的称量仪器，通常用于精确度不高的称量。

托盘天平一般由秤盘、指针、横梁、游码标尺、游码、砝码、调零螺母、刻度盘、底座等几部分组成。其最大准确度一般为 ±0.1 g，其特点是：使用简单，但准确度不高。

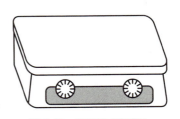

图 6.5　普通电子天平

微视频

托盘天平的
使用

尽管托盘天平的种类各异，但都是根据杠杆原理设计制成。它们的构造类似，通常都是横梁架在底座上，横梁的左右各有一个秤盘，横梁的中部有指针与刻度盘相对，根据指针在刻度盘左右摆动的情况，可以看出托盘天平是否处于平衡状态。当等臂天平处于平衡状态时，被称物的质量等于砝码的质量。

2. 普通天平（托盘天平、台秤）的使用

在使用托盘天平时，首先要将其放置在水平的地方，并将天平清扫干净。然后游码要归零，调节调零螺母（天平两端的螺母）直至指针对准中央刻度线，使天平左右平衡。最后按照"左物右码"进行称量。

一定要注意：在称量物质前，根据称量物的性状判断待称物是应放在玻璃器皿中还是放在洁净的称量纸上。事先应在同一天平上称得玻璃器皿或纸片的质量，然后才能称

量待称物质的质量。

　　添加砝码要从估计称量物质量的最大值加起,逐步减小,这样做的目的是为了节省时间。加减砝码并移动标尺上的游码,直至指针再次对准中央刻度线。物质的质量就等于砝码的质量与游码读数的和。

　　取用砝码时必须用镊子,取下的砝码应放在砝码盒中,称量完毕,应把游码移回零点,也不能用手移动游码。在称量过程中,不可再碰调零螺母。

练一练

　　使用托盘天平称取 1.2 g NaCl 固体于小烧杯中。

3. 使用普通天平需注意的问题

　　(1)过冷或过热的物体不可放在天平上直接称量。应先在干燥器内放置至室温后再称量。

　　(2)待称量的固体试剂不能直接放在秤盘上,应根据情况决定待称量物放在已称量的洁净表面皿、烧杯或称量纸上。

　　(3)易潮解或有腐蚀性的药品,在称量时必须放在玻璃器皿(如小烧杯、表面皿)中称量。

　　(4)砝码不能用手拿,要用镊子夹取。

　　(5)天平必须保持清洁,如不小心将药品洒落在秤盘上,必须立即清除。

想一想

　　损坏的砝码对称量结果有怎样的影响? (测量结果是偏大还是偏小?)
　　(1)砝码生锈;(2)砝码磨损。

三、　固体物质的准确定量取用与计量

　　在定量分析工作中,大多情况下都要对物质的质量进行精确的测量,这就要用到非常重要的称量仪器——分析天平或电子分析天平。

1. 分析天平简介

　　分析天平是定量分析中最重要、最常用的仪器之一,主要用于准确测量物品的质量。其称量的准确度直接影响分析测定结果。了解分析天平的构造和性能,并正确进行称量是做好定量分析的基本保证。

　　按照用途,分析天平可分为"标准天平"和"工作天平"两大类。凡直接用于检定传递砝码质量量值的天平称为"标准天平"。其他天平,一律称为"工作天平"。

　　根据分析天平的结构特点,可将分析天平分为双盘(等臂)分析天平、单盘(不等臂)分析天平和电子天平三类,见表6.1。

表 6.1　常用分析天平的规格型号

种 类	型 号	名 称	规 格
双盘（等臂） 分析天平	TG328A	全机械加码电光天平	200 g/0.1 mg
	TG328B	半机械加码电光天平	200 g/0.1 mg
	TG332A	微量天平	200 g/0.01 mg
单盘（不等臂） 分析天平	DT–100	单盘精密天平	100 g/0.1 mg
	DTC–100	单盘电光天平	100 g/0.1 mg
	BWT–1	单盘微量天平	20 g/0.01 mg
电子天平	MD–2	上皿式电子天平	100 g/0.1 mg
	MD200–3	上皿式电子天平	200 g/0.1 mg

化验室常用天平根据分度值大小，还可分为常量分析天平（0.1 mg/ 分度）、微量天平（0.01 mg/ 分度）和超微量天平（0.001 mg/ 分度）。

在化学分析中经常使用的是常量分析天平。

2. 电子分析天平

电子分析天平即电磁力式天平，是最新发展的一类天平。它已经进入化验室为广大分析工作者使用。因此，电子分析天平也是本书重点介绍的内容。

电子分析天平的结构设计一直在不断改进和提高，向着功能多、平衡快、体积小、质量轻和操作简便的趋势发展。但就其基本结构和称量原理而言，各种型号的电子分析天平基本相同。

电子分析天平称量快捷，使用方法简便，是目前最好的称量仪器，如图 6.6 所示。

电子分析天平的基本功能包括自动校零、自动校正、自动扣除空白和自动显示称量结果。

（1）电子分析天平的工作原理　电子分析天平的工作原理为电磁力平衡。即在秤盘上放上称量物进行称量时，称量物便产生一个重力 G，方向向下。线圈内有电流通过，产生一个向上的电磁力 F，与秤盘中称量物的重力大小相等、方向相反，维持力的平衡。

图 6.6　电子分析天平

当向上的电磁力与向下的重力达到平衡时，则电流大小 I 与被称物的质量成正比，如式（6.1）所示。

$$G=mg=F=k \times I \tag{6.1}$$

式（6.1）中，k 为比例系数。

（2）电子分析天平的校准　因存放时间长、位置移动、环境变化或为获得精确数值，电子分析天平在使用前或使用一段时间后都应进行校准操作。

校准时，取下秤盘上的被称物，轻按 $\boxed{\text{TAR}}$ 键清零。按 $\boxed{\text{CAL}}$ 键，当显示器出现"CAL—"时，即松手。显示器出现"CAL—100"，其中 100 为闪烁码，表示校准砝码需要 100 g 的标准砝码。此时将准备好的 100 g 标准砝码放在秤盘上，显示器出现"……"等待状态，经较长时间后显示器出现"100.000 0 g"。拿去校准砝码，显示器应出现"0.000 0 g"。若显示不为零，则再清零，再重复以上校准操作。

为了得到准确的校准结果，最好反复以上校准操作两次。

（3）电子分析天平的使用方法

① 检查水平。在使用前观察水平仪是否水平。若不水平，调节水平调节脚，使水泡位于水平仪中心。

② 预热。接通电源，预热 60 min 后方可开启显示器。轻按天平面板上的 ON 键，约 2 s 后，显示称量模式："0.000 0 g" 或 "0.000 g"。若显示不正好是 0.000 0 g，则需按一下 TAR 键。

③ 称量并记录。将容器（或待称量物）轻轻放在秤盘上，待显示数字稳定下来并出现质量单位 "g" 后，即可读数，并记录称量结果。

若需清零、去皮重，轻按 TAR 键，显示消隐，随即出现全零状态。容器质量显示值已消除，即为去皮重。可继续在容器中加试样进行称量，显示出的是试样的质量。当拿走称量物后，就出现容器质量的负值。

④ 称量结束。称量完毕，取下被称量物，按一下 OFF 键，让天平处于待命状态。再次称量时，按一下 ON 键，就可继续使用。

最后使用完毕，应拔下电源插头，盖上防尘罩。

3. 称量方法

采用分析天平或电子分析天平进行固体试剂或试样的称量时，常用的称量方法有三种，分别是直接称量法、固定质量称量法和减量称量法。

（1）直接称量法　该法是将称量物直接放在秤盘上直接称量物体的质量。此法适用于称量洁净干燥的器皿，棒状/块状及其他整块不易潮解或升华的固体样品。例如，重量分析实验中称量某坩埚或称量瓶的质量等，都使用这种称量法。

 练一练

　　采用直接称量法测量一个瓷坩埚的准确质量，记录称量结果。重复称量两次，以两次称量值的平均值为最终称量结果。要求：

　　a. 按照使用规程认真检查天平状态，严格按照操作规范使用天平。

　　b. 记录测量数据时应正确运用有效数字。

（2）固定质量称量法　固定质量称量法又称增量法，是指称取某一指定质量试样的称量方法。此法常用于称量指定质量的试剂（如基准物质）或试样。

这种称量方法操作的速度很慢，适于不易吸潮、在空气中能稳定存在的粉末状或小颗粒（最小颗粒应小于 0.1 mg，以便容易调节其质量）试样的定量称量。不适用于块状固体的称量。

操作步骤如下：用金属镊子或戴洁净的手套将清洁干燥的容器置于秤盘上，清零、去皮重。手指轻敲勺柄，逐渐加入试样，直到所加试样只差很小质量时，小心地以左手持盛有试样的小勺，再向容器中心部位上方 2~3 cm 处，用左手拇指、中指及掌心拿稳勺柄，以食指轻敲勺柄，使勺内的试样以非常缓慢的速度尽可能少地抖入容器中。若不慎多加了试样，用小勺取出多余的试样（不要放回原试样瓶），再重复上述操作直到合乎要求为止。称好后，将试样定量转移至接收容器内。记录所称样品质量，观察天平是否回零。

电子分析天平的使用（固定质量称量法）

 小贴士

a. 严格要求时，取出的多余试样应弃去，不要放回原试样瓶中。操作时不能将试样散落于秤盘等容器以外的地方，称好的试样必须定量地由表面皿或小烧杯等容器直接转入接收容器，此即"定量转移"。

b. 若天平没有回零，应分析原因，重新称取。

 练一练

采用固定质量称量法准确称取 0.500 0 g 水泥熟料试样或某基准物。要求：

a. 按照使用规程认真检查天平状态，严格按照操作规范使用天平。

b. 记录测量数据时应正确运用有效数字。

（3）减量称量法　减量称量法又称减量法、递减称量法，此法用于称量易吸水、易氧化或易与空气中 CO_2 等反应的固体试剂或试样。减量法最常用的容器是称量瓶（见图 6.7）。

称量瓶是一种常用的实验室玻璃器皿。通常为圆柱形，带配套的磨口密合瓶盖。常见的称量瓶有高型和扁型两种，高型瓶用于准确称量基准物质、试样；扁型瓶主要用于测定水分或在烘箱中烘干的基准物质。烘干时，称量瓶不可盖紧磨口塞，磨口塞必须要原配。

称量瓶平时要洗净、烘干后存放在干燥器内以备随时使用。称量瓶不能直接加热。使用时不可直接用手拿，而应用纸条套住瓶身中部，用手捏紧纸条或戴洁净的手套进行操作，以防手的温度高或汗玷污等影响称量准确度。规范操作，如图 6.8 所示。

电子分析天平的使用（减量称量法）

(a) 高型瓶　　(b) 扁型瓶

图 6.7　称量瓶

图 6.8　称量瓶的使用

① 减量法的原理。取适量待称试样置于一干燥洁净的称量瓶中,在天平上准确称量后,取出欲称量的试样置于实验容器中,再次准确称量,两次称量读数之差,即为所称量试样的质量。如此反复操作,可连续称若干份试样。

② 操作步骤。

（ⅰ）从干燥器中用纸带（或纸片）夹住称量瓶后取出称量瓶（注意:不要让手指直接触及称量瓶和瓶盖）,将称量瓶放入秤盘,准确称量称量瓶加试样的质量,记为 m_1（g）。

（ⅱ）取下称量瓶,放在接收容器上方将称量瓶倾斜。用小纸条夹住称量瓶盖柄轻敲瓶口上部,使试样慢慢落入容器中,当倾出的试样已接近所需质量时,慢慢地将瓶竖起,再用称量瓶瓶盖轻敲瓶口上部,使粘在瓶口的试样落入容器中,然后盖好瓶盖（上述操作均应在容器上方进行,防止试样丢失,打开瓶盖时,动作一定要轻、慢）,将称量瓶再放回秤盘,称得质量记为 m_2（g）,如此继续进行,可称取多份试样,如图 6.9 所示。

微课

固体物质的准确定量取用

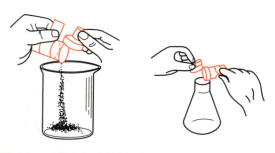

图 6.9 减量称量法的基本操作——试样的转移方法

（ⅲ）第一份试样质量 $=m_1-m_2$;第二份试样质量 $=m_2-m_3$。

如此反复操作,可连续称若干份试样。如果一次倾出的试样不足所需用的质量范围时,可按上述操作继续倾出。但如果超出所需的质量范围时,不准将倾出的试样再倒回称量瓶中。此时只有弃去倾出的试样,洗净或更换容器重新称量。

 练一练

采用减量称量法准确称取（0.5 ± 0.05）g 黏土试样。

4. 固体物质的取用规则

（1）打开试剂瓶瓶盖,注意瓶盖不能乱放,以免混淆。

（2）用干净的药匙取试剂。用过的药匙必须要洗净并擦干后才能再取用其他试剂,以免玷污试剂。

（3）取出试剂后要立即盖紧瓶盖,不能盖错瓶盖。

（4）称量固体试剂时,必须注意不要取多,取多的试剂不能放回原瓶,可放在指定容器中供他人使用。

（5）一般的固体试剂可以在干净光滑的称量纸或表面皿上称量,具有腐蚀性、强氧化性或易潮解的固体试剂不能在称量纸上称量,不准使用滤纸来盛放称量物进行称量。

6.3　液体物质的取用与计量

微课

液体物质的
少量及定量
取用

一、少量液体物质的取用

1. 从细口试剂瓶中取用

从细口试剂瓶中取用试剂,往往采用倾注法。

先将瓶塞取下倒置于桌面上,手握试剂瓶上贴有标签的一面,逐渐倾斜试剂瓶,让试剂沿试管内壁流下,或沿玻璃棒注入烧杯中(见图 6.10)。

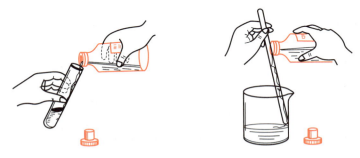

图 6.10　从细口试剂瓶中取用液体试剂

取足所需量后,将试剂瓶瓶口在试管口或玻璃棒上靠一下,再竖起试剂瓶,以免瓶口的液滴流到瓶的外壁。绝不能悬空向容器中倾倒试剂或使瓶塞底部直接与桌面接触!

2. 从滴瓶中取用

从滴瓶中取用液体试剂时,需使用附于该试剂瓶的专用滴管进行(见图 6.11)。

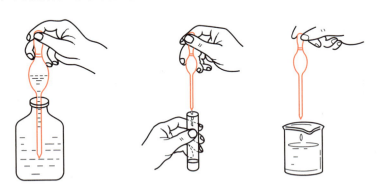

图 6.11　从滴瓶中取用液体试剂

滴管绝不能伸入所用的容器中,以免接触器壁而污染试剂,装有液体试剂的滴管不得横置或滴管口向上斜放,以免液体流入滴管的乳胶头中。

二、液体试剂的一般定量取用

若需要定量取用液体试剂时,可根据试剂用量及实验的精度要求选用适当容量的量筒（或量杯）、移液管（或吸量管）。

在一般准确度要求不高的试验中,可选用量筒或量杯取用一定体积的试剂。

1. 量筒（量杯）简介

量筒和量杯是分析测试中最普通的玻璃量器。其容量精度低于容量瓶、吸量管、移液管和滴定管。量筒和量杯均不分级,其产品规格如表6.2、表6.3所示。

表6.2　常用量筒的规格

标称总容量 /mL		20	25	50	100	250	500
分度值 /mL		0.2	0.5	1	1	2 或 3	5
容量允差 /mL	量入式	±0.10	±0.25	±0.25	±0.50	±1.0	±2.5
	量出式	±0.20	±0.50	±0.5	±1.0	±2.0	±5.0

表6.3　常用量杯的规格

标称总容量 /mL	10	20	50	100	250	500
分度值 /mL	1	2	5	10	25	25
容量允差 /mL	±0.4	±0.5	±1.0	±1.5	±3.0	±6.0

量筒又分为量出式［图6.12（a）］和量入式［图6.12（b）］两种形式。量出式量筒在分析化学实验室普遍使用,量杯上口大下口小（图6.13）。它们的用途都是量取一定体积的液体物质。量入式量筒有磨口塞子,其用途和用法与容量瓶相似。量入式量筒和量杯在分析实验室用得不多。

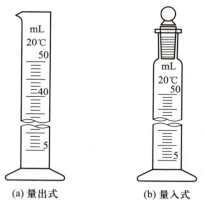

(a) 量出式　　(b) 量入式

图6.12　量筒

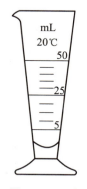

图6.13　量杯

2. 量筒或量杯的使用与注意事项

（1）根据量取的液体体积选用不同形式和总容量的度量容器。

例如,量取 8.0 mL 液体时,选用 20 mL 量出式量筒,测量误差为 ±2.0 mL。若选用 100 mL 量出式量筒,测量误差为 ±1.0 mL。

（2）读数时视线与弯液面水平。

使用量筒时,视线的位置非常重要,一定要平视。偏高或偏低都会读不准,从而造成较大误差。如图 6.14 所示。

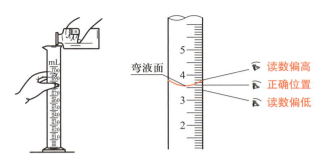

图 6.14　量筒的读数方法

(3)不可加热,不可用做实验(如溶解、稀释等)容器,不可量热的液体。

① 对于浸润玻璃的无色透明液体,读数时,视线要与凹液面的下部最低点相切。

② 对于浸润玻璃的有色或不透明液体,读数时,视线要与凹液面上缘相切;

③ 对于水银或其他不浸润玻璃的液体,读数时,视线要与液面的最高点相切。

三、液体试剂 / 试液的准确定量取用

在化验室中,移液管(吸量管)、滴定管和容量瓶是准确量取溶液体积的常用仪器。

本章将着重介绍移液管(吸量管)、滴定管的相关知识,容量瓶的使用等知识将在第 7 章“溶液的制备”中系统讨论。

1. 用移液管和吸量管移取(或吸取)溶液或试液

(1)移液管 / 吸量管简介　移液管和吸量管均是用于准确移取一定量体积溶液的量出式玻璃量器,是定量分析中的必备量器。

移液管的正规名称是“单标线吸量管”,又称“无分度吸管”,通常惯称为“移液管”。只用于准确移取固定体积的溶液(量出式量器,符号为 Ex)。一般移液管是指中间有一个膨大部分(称为球部)的玻璃管,膨大部分的上部和下部均为较细窄的管颈,因此又被称为“胖肚吸管”。移液管的上端管颈有一标线,此标线的位置是由放出纯水的体积所决定的。如图 6.15(a)所示。常用的移液管有 10 mL、25 mL、50 mL 等规格。

吸量管的全称是“有分度吸管”[图 6.15(b)],它是带有分度线的量出式玻璃量器。因此又称为刻度移液管(量出式量器)。常用于准确量取小体积或非整数体积的溶液。常用的吸量管有 1 mL、2 mL、5 mL、10 mL 等规格。

(2)移液管的使用　移取溶液前,必须用滤纸将移液管尖端内外的水吸去,然后用欲移取的溶液润洗 2~3 次,以确保所移取溶液的浓度不变。

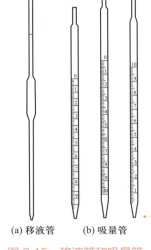

(a)移液管　　(b)吸量管

图 6.15　移液管和吸量管

微视频

移液管、吸量管的使用

练一练

取一支移液管或吸量管,按照移液管的洗涤要求和方法步骤,练习移液管的洗涤。

要求:洗净的移液管内壁应无液滴。

移液管经润洗后,移取溶液时,用右手的大拇指和中指拿住移液管或吸量管管颈上方,下部的尖端插入溶液中 1~2 cm 处(注:管尖不应伸入太浅或太深,太浅会产生吸空,把溶液吸到洗耳球内,污染溶液;太深又会在管外沾附溶液过多)。左手拿洗耳球,先把球中空气压出,然后将球的尖端接在移液管口,慢慢松开左手使溶液吸入管内,当液面升高到刻度以上时,移去洗耳球,立即用右手的食指按住管口,将移液管下口提出液面,管的末端仍靠在盛溶液器皿的内壁上,略微放松食指,用拇指和中指轻轻捻转管身,使液面平稳下降,直到溶液的弯液面与标线相切时,立即用食指压紧管口,使液体不再流出(如图 6.16 所示)。注意:移取溶液时,不要吸空,也不要重吸。动作要熟练。

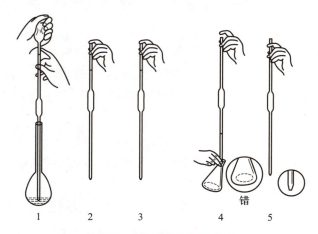

图 6.16 移液管的操作方法

1—吸溶液:右手握住移液管,左手捏住洗耳球多次;2—把溶液吸到管尖标线以上,不时放松手指;
3—把液面调节到标线;4—放出溶液:移液管下端紧贴锥形瓶内壁,放开食指,溶液沿瓶壁自然流出;
5—残留在移液管管尖的最后一滴溶液,一般不要吹掉(若管上有"吹"字,则要吹掉)

取出移液管,插入承接溶液的器皿中。此时移液管应垂直,承接的器皿倾斜 45°,松开食指,让管内溶液自然地全部沿器壁流下,等待 10~15 s,取出移液管。

如移液管未标"吹"字,残留在移液管末端的溶液,不可用外力使其流出,因移液管的容积不包括末端残留的溶液。注:在校正移液管时已经考虑了末端所保留溶液的体积(亦称自由流量)。

移液管用完应放在管架上,不要随便放在试验台上,尤其是要防止管颈下端被玷污。

用吸量管移取溶液的方法与移液管相似。不同之处在于吸量管能吸取不同体积的液体。因此,读取吸量管中液体体积时,必须十分小心。

吸量管分不完全流出式和完全流出式两种。

① 不完全流出式吸量管。这种吸量管均为零点在上形式,最低分度线为标称容量。其任一分度线相应的容量定义为:20 ℃时,从零线排放到该分度线所流出的 20 ℃水的体积(mL)。

② 完全流出式吸量管。这种吸量管有零点在上和零点在下两种形式。其任一分度线相应的容量定义为:20 ℃时,从分度线排放到流液口时流出 20 ℃水的体积(mL),液体自由流下,直到确定弯液面已降到流液口静止后,再脱离容器(指零点在下式),或者从零线排放到该分度线或流液口所流出 20 ℃水的体积(指零点在上式)。

需要指出,有一种 0.1 mL 的吸量管,管口上刻有"吹"字,使用时,其末端的溶液就必须要吹出,不允许保留。还有一种标有"快"字的吸量管,溶液流出较快,但不吹出最后残留的溶液。吸量管使用后应洗净放在管架上。

 小贴士

在同一实验中应尽可能使用同一根吸量管的同一段,并且尽可能使用上面部分,而不用末端收缩部分。

(3)移液管(吸量管)在使用中应注意的问题

① 移液管(吸量管)不应在烘箱中烘干。

② 移液管(吸量管)不能移取太热或太冷的溶液。

③ 同一实验中应尽可能使用同一支移液管或吸量管,以免带来误差。

④ 移液管在使用完毕后,应立即用自来水及蒸馏水冲洗干净,置于移液管架上。

⑤ 移液管和容量瓶常配合使用,因此在使用前常做两者的相对体积校准。

⑥ 移液管有老式和新式,老式管身标有"吹"字样,需要用洗耳球吹出管口残余液体。新式的没有,千万不要吹出管口残余液体,否则引起量取液体过量。

(4)移液管的校准　移液管的校准常采用称量法进行。

方法如下:在洗净的移液管内吸入蒸馏水并使弯液面恰好在标线处,然后将水移入预先已称好质量的小锥形瓶中,盖好瓶塞,称量,计算移入水的质量。查出水在实验温度下的密度,即可计算出移液管的容积。实际容积与标示容积之差应小于允差。

根据《常用玻璃量器检定规程》(JJG 196—2006)中所述,A 级移液管:50 mL 的允差为 ±0.05 mL,25 mL 的允差为 ±0.03 mL。

2. 用滴定管量取液体并准确测量溶液的体积

在滴定分析操作中,滴定管是用来准确放出不固定量液体的量出式玻璃量器。主要用于滴定分析中对滴定剂体积的测量。如图 6.17 所示。

(1)滴定管的构造与类型　滴定管的主要部分是具有精确刻度、内径均匀的细长玻璃管,下端的流液口为一尖嘴,中间通过玻璃旋塞或乳胶管连接,以控制滴定液流出的速度。

常量分析的滴定管,容积为 25 mL、50 mL,最小刻度为 0.1 mL,读数可估计至 0.01 mL。另外还有容积为 10 mL、5 mL、2 mL、1 mL 的半微量和微量滴定管。

按照基本构造,滴定管一般分为两类:酸式滴定管和碱式滴定管。

① 酸式滴定管。下端有玻璃旋塞,它用来装酸性溶液或氧化性溶液,不宜盛装碱性溶液[见图6.15(a)]。

目前多数的具塞滴定管都是非标准旋塞,即旋塞不可互换,因此,一旦旋塞被打碎,则整支滴定管就报废了。

② 碱式滴定管。下端连接一乳胶管,管内有玻璃珠以控制溶液的流出[如图6.17(b)所示],乳胶管的下端再连接一尖嘴玻璃管。碱式滴定管用来盛装碱性溶液。凡是能与乳胶管起反应的氧化性溶液,如 $KMnO_4$、I_2 等,都不能装在碱式滴定管中。

对于见光易分解的溶液,用棕色滴定管。此外还有一种滴定管为通用型滴定管,它的下端是聚四氟乙烯旋塞。各种滴定管的区别见表6.4。

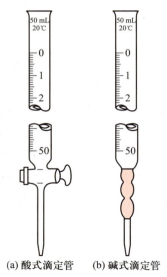

(a)酸式滴定管　(b)碱式滴定管

图 6.17　滴定管

微视频

滴定管的洗涤

表 6.4　各种类型滴定管的区别

滴定管类型	酸式滴定管	碱式滴定管	棕色滴定管	通用滴定管
下部结构	玻璃质旋塞	内有玻璃珠的乳胶管	同酸式或碱式	聚四氟乙烯旋塞
漏液处理	给玻璃质旋塞外侧涂抹凡士林	更换乳胶管或玻璃珠	同酸式或碱式	—
排气泡法	右手将滴定管倾斜30°左右,左手迅速打开旋塞,使溶液冲出,从而使溶液充满出口管	将玻璃珠上部乳胶管弯曲向上,挤压玻璃珠。不能按玻璃珠以下部位,否则放开手时易形成气泡	同酸式或碱式	同酸式滴定管
装填溶液	酸性或强氧化性物质溶液	碱性物质溶液	见光易分解的物质溶液	所有类型物质溶液
禁止装填溶液	碱性物质溶液	酸性或强氧化性物质溶液	同酸式或碱式	无

(2)滴定管的校准　滴定管常用称量法校准(又称"绝对校准法")。

① 校准原理。称量量器中所容纳或所放出的水的质量,根据水的密度计算出该量器在20 ℃时的容积。其校正公式为

$$m_t = \frac{\rho_t}{1 + \dfrac{0.001\,2}{\rho_t} - \dfrac{0.001\,2}{8.4}} + 0.000\,025\,(t-20)\,\rho_t \qquad (6.2)$$

式中,　　m_t——温度 t 时,空气中用黄铜砝码称量 1 mL 水(在玻璃容器中)的质量,g;

　　　　　ρ_t——水在真空中的密度,可查表而得;

t ——校正时的温度，℃；

0.001 2 和 8.4 ——分别为空气和黄铜砝码的密度；

0.000 025 ——玻璃体膨胀系数。

不同温度时的 ρ_t 和计算获得的 m_t 值如表 6.5 所示。

② 校准方法。

（ⅰ）在洗净的滴定管中，装入蒸馏水至标线以上约 5 mm 处。垂直夹在滴定架上等待 30 s 后，调节液面至 0.00 mL 刻度。按一定体积间隔将水放入一洁净、干燥的称量过质量（m_0）的 50 mL 磨口锥形瓶中（注意：勿将水沾在瓶口上）。当液面降至被校分度线以上约 0.5 mL 时，等待 15 s。然后在 10 s 内将液面调整至被校分度线，随即用锥形瓶内壁靠下挂在滴定管尖嘴下的液滴。

（ⅱ）盖紧磨口塞，准确称量锥形瓶和水的总质量。重复称量一次，两次称量相差应小于 0.02 g。求平均值（m_1）。

（ⅲ）记录由滴定管放出纯水的体积（V_0）。

（ⅳ）重复以上操作，测定下一个体积间隔水的质量和体积。

（ⅴ）根据称量水的质量（$m_2 = m_1 - m_0$），除以表中所示在一定温度下 m_t 的质量，就得到实际体积 V，最后求校正值 ΔV（$\Delta V = V - V_0$）。以读数为横坐标，校准值为纵坐标，画出校准值曲线图。

实际体积与标示体积之差应小于允差。

根据《常用玻璃量器检定规程》（JJG 196—2006）中所述：A 级滴定管，5 mL 的允差为 ±0.01 mL；10 mL 的允差为 ±0.025 mL；25 mL 的允差为 ±0.04 mL；50 mL 的允差为 ±0.05 mL。

例 6.1　校准滴定管时，在 21 ℃时由滴定管中放出 0.00~10.02 mL 水，称得其质量为 9.979 g，计算该段滴定管在 20 ℃时的实际体积及校准值各是多少。

解：查表 6.5，得 21 ℃时 $\rho_{21} = 0.997\,00\ \mathrm{g \cdot mL^{-1}}$，

$$V_{20} = \frac{9.979\ \mathrm{g}}{0.997\,00\ \mathrm{g \cdot mL^{-1}}} = 10.01\ \mathrm{mL}$$

该段滴定管在 20 ℃时的实际体积为 10.01 mL。

体积校准值

$$\Delta V = 10.01\ \mathrm{mL} - 10.02\ \mathrm{mL} = -0.01\ \mathrm{mL}$$

该段滴定管在 20 ℃时的校准值为 −0.01 mL。

表 6.5　不同温度时的 ρ_t 和 m_t 值

温度 /℃	ρ_t/ (10^{-3} g·mL^{-1})	m_t/(10^{-3} g)	温度 /℃	ρ_t/ (10^{-3} g·mL^{-1})	m_t/(10^{-3} g)
10	999.70	998.39	14	999.26	998.04
11	999.60	998.31	15	999.13	997.93
12	999.49	998.23	16	998.97	997.80
13	999.38	998.14	17	998.80	997.65

续表

温度/℃	$\rho_t/$ (10^{-3} g·mL^{-1})	$m_t/$ (10^{-3} g)	温度/℃	$\rho_t/$ (10^{-3} g·mL^{-1})	$m_t/$ (10^{-3} g)
18	998.62	997.51	27	996.54	995.69
19	998.43	997.34	28	996.26	995.44
20	998.23	997.18	29	995.97	995.18
21	998.02	997.00	30	995.67	994.91
22	997.80	996.80	31	995.37	994.64
23	997.36	996.60	32	995.05	994.34
24	997.32	996.38	33	994.72	994.06
25	997.07	996.17	34	994.40	993.75
26	996.81	995.93	35	994.06	993.45

微视频

滴定管的密合性检查

（3）滴定管的使用　滴定管是滴定分析时使用的较精密仪器,用于测量在滴定中所消耗溶液的体积。

① 准备。

（ⅰ）检查滴定管的密合性。将酸式滴定管安放在滴定管架上,用手旋转旋塞,检查旋塞与旋塞槽是否配套吻合;关闭旋塞,将滴定管装水至"0"线以上,置于滴定管架上,直立静置 2 min,观察滴定管下端管口有无水滴流出。若发现有水滴流出,应给旋塞涂油。

（ⅱ）旋塞涂油。旋塞涂油是起密封和润滑作用,最常用的油是凡士林油。

涂油方法:将滴定管平放在台面上,抽出旋塞,用滤纸将旋塞及旋塞槽内的水擦干,用手指蘸少许凡士林在旋塞的两侧涂上薄薄的一层。在离旋塞孔的两旁少涂一些,以免凡士林堵住塞孔。

微视频

旋塞涂油的方法

另一种涂油的做法是分别在旋塞粗的一端和旋塞槽细的一端内壁涂一薄层凡士林。涂好凡士林的旋塞插入旋塞槽内,沿同一方向旋转旋塞,直到旋塞部位的油膜均匀透明。

涂油的操作方法如图 6.18 所示。

(a) 旋塞槽的擦法　　(b) 旋塞涂油　　(c) 旋塞的旋转法

图 6.18　酸式滴定管的旋塞涂油方法

如发现转动不灵活或旋塞上出现纹路,表示油涂得不够;若有凡士林从旋塞缝内挤出,或旋塞孔被堵,表示凡士林涂得太多。遇到这些情况,都必须把旋塞和旋塞槽擦干净后重新处理。

小贴士

在涂油过程中,滴定管始终要平放、平拿、不要直立,以免擦干的旋塞槽又沾湿。涂好凡士林后,用乳胶圈套在旋塞的末端,以防旋塞脱落破损。

练一练

取一支酸式滴定管,取出其旋塞,按照涂油要领,给旋塞涂油。之后检查该滴定管的密合性。

涂好油的滴定管要试漏。试漏的方法是:将旋塞关闭,管中充水至"0"刻度线附近,然后将滴定管垂直夹在滴定管架上,静置 1~2 min,观察尖嘴口及旋塞两端是否有水渗出;将旋塞转动 180°,再放置 2 min,若前后两次均无水渗出,旋塞转动也灵活,即可洗净使用。

碱式滴定管应选择合适的尖嘴、玻璃珠和乳胶管(长约 6 cm),组装后应检查滴定管是否漏水,液滴是否能灵活控制。若不合要求,则需重新装配。

② 装液。滴定管在装入操作溶液前应先用待装的操作液润洗 3 次。在装入操作溶液时,应由贮液瓶直接灌入,不得借用任何别的器皿,如漏斗或烧杯,以免操作溶液的浓度改变或造成污染。

装入操作液前应先将贮液瓶中的操作溶液摇匀,使凝结在瓶内壁的水珠混入溶液。装满溶液的滴定管应检查滴定管尖嘴内有无气泡,如有气泡,必须排出。

(i) 酸式滴定管。可用右手拿住滴定管无刻度部位使其倾斜约 30°,左手迅速打开旋塞,使溶液快速冲出,将气泡带走。

(ii) 碱式滴定管。可把乳胶管向上弯曲,出口上斜,挤捏玻璃珠右上方,使溶液从尖嘴快速冲出,即可排除气泡(如图 6.19 所示)。

图 6.19　碱式滴定管的排气泡方法

微视频
滴定管的使用(装液)

练一练

以自来水作为练习液,分别装入酸式滴定管和碱式滴定管中,检查滴定管尖嘴内是否有气泡。按照要求排出滴定管尖嘴内的气泡。

③ 读数。读数时,要把滴定管从架上取下,用右手大拇指和食指夹持在滴定管液面上方,使滴定管与地面呈垂直状态。

将装满溶液的滴定管垂直地夹在滴定管架上。由于附着力和内聚力的作用,滴定管内的液面呈弯月形。无色水溶液的弯液面比较清晰,而有色溶液的弯液面清晰程度较差。因此,两种情况的读数方法稍有不同。

读数方法:读数时滴定管应垂直放置,注入溶液或放出溶液后,需等待 1~2 min,使附着在内壁的溶液流下来后,再进行读数。

微视频
滴定管的使用(读数)

（ⅰ）无色溶液或浅色溶液,普通滴定管应读弯液面下缘实线的最低点。为此,读数时,视线应与弯液面下缘实线的最低点在同一水平上[图6.20(a)]。蓝线滴定管读数时[图6.20(b)],其弯液面能使色条变形而形成两个相遇一点的尖点,且该尖点在蓝线的中线上,可直接读取此尖点所在处的刻度。

（ⅱ）有色溶液,如$KMnO_4$、I_2溶液等,视线应与液面两侧的最高点相切,即读液面两侧最高点的刻度[图6.20(c)]。

滴定时,最好每次从0.00 mL开始,或从接近"0"的任一刻度开始,这样可以固定在某一体积范围内量度滴定时所消耗的标准溶液,减少体积误差,读数必须准确至0.01 mL。

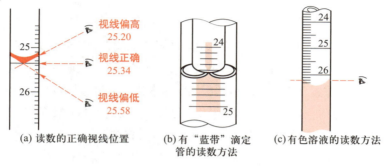

(a) 读数的正确视线位置　　　(b) 有"蓝带"滴定　　(c) 有色溶液的读数方法
　　　　　　　　　　　　　　　　管的读数方法

图6.20　滴定管的读数方法

 练一练

以水作为练习液,分别注入普通滴定管和带蓝线滴定管中,将液面调至零刻度。然后再将液面调至任一刻度,练习读数。

要求:持管的方法要正确;读数时的视线要水平;有效数字的位数要正确。

（4）滴定操作

① 酸式滴定管。用左手控制滴定管旋塞,大拇指在前,食指和中指在后,手指略微弯曲,轻轻向内扣住旋塞,手心空握,以免碰及旋塞使其松动,甚至可能顶出旋塞,右手握持锥形瓶,边滴边摇动,向同一方向做圆周旋转,而不能前后振动,否则会溅出溶液。

临近滴定终点时,应一滴或半滴地加入,并用洗瓶吹入少量水冲洗锥形瓶内壁,使附着的溶液全部流下,然后摇动锥形瓶。如此继续滴定至准确到达终点为止[见图6.21(a)]。

② 碱式滴定管。左手拇指在前,食指在后,捏住乳胶管中的玻璃球所在部位稍上处,向手心捏挤乳胶管,使其与玻璃球之间形成一条缝隙,溶液即可流出。应注意,不能捏挤玻璃球下方的乳胶管,否则易进入空气形成气泡。为防止乳胶管来回摆动,可用中指和无名指夹住尖嘴的上部[见图6.21(b)]。

滴定通常都在锥形瓶中进行,必要时也可以在烧杯中进行(见图6.22)。对于滴定碘法、溴酸钾法等,则需在碘量瓶中进行反应和滴定。碘量瓶是带有磨口玻璃塞与喇叭形瓶口之间形成一圈水槽的锥形瓶。槽中加入纯水可形成水封,防止瓶中反应生成的气体(I_2、Br_2等)逸失。反应完成后,打开瓶塞,水即流下并可冲洗瓶塞和瓶壁。

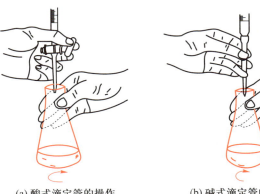

(a) 酸式滴定管的操作　　　　(b) 碱式滴定管的操作

图 6.21　滴定管的操作

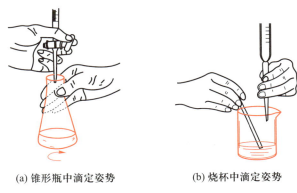

(a) 锥形瓶中滴定姿势　　　　(b) 烧杯中滴定姿势

图 6.22　滴定操作示意图

③ 滴定速度的控制。通常开始滴定时,速度可稍快,呈"见滴成线"。这时,滴定速度约为 10 mL·min^{-1},即每秒 3~4 滴。而不能滴成"水线",这样滴定速度太快。接近滴定终点时,应改为一滴一滴加入,即加一滴摇几下。再加、再摇。最后是每加半滴,摇几下锥形瓶,直至溶液出现明显的颜色变化为止。

应扎实练好加入半滴溶液的滴定技术!

用酸式滴定管时,可轻轻转动旋塞,使溶液悬挂在出口管尖上,形成半滴。用锥形瓶内壁将之沾落,再用洗瓶吹洗。若采用碱式滴定管加半滴溶液时,应先松开拇指与食指,将悬挂的半滴溶液沾在锥形瓶的内壁上,再放开无名指和小指,这样可避免出口管尖出现气泡。

微视频

滴定速度的控制

 练一练

以蒸馏水作为练习液,分别注入酸式滴定管和碱式滴定管中,练习滴定速度的控制。① 见滴成线;② 逐滴加入;③ 半滴加入。重点练习加入半滴溶液的滴定技术。

要求:滴定时的姿势正确;滴定管的使用方法正确;滴定过程中管尖内无气泡产生。

④ 滴定结束后滴定管的处理。

滴定结束后，把滴定管中剩余的溶液倒入指定的回收容器（不能倒回原贮液瓶！）。然后依次用自来水、蒸馏水冲洗数次，倒立夹在滴定管架上。或者，洗后装入蒸馏水至刻度以上，再用小烧杯或口径较粗试管倒盖在管口上，以免滴定管污染，便于下次使用。

微课

液体物质的准确定量取用

6.4 液体试剂与易挥发试样的称取

一、一般液体试剂的称取

对于一般较稳定液体试剂的称取，根据液体的性质（主要是挥发性），可采用直接称量法或减量法进行。

1. 直接称量法

先称取一个空的具塞小容器，如锥形瓶（m_1），用移液管加入约等于要求量（按照公式 $m = \rho V$，ρ 为密度）的试样后，再称量 m_2，因此，$m_2 - m_1$ 即为试样质量。如采用电子天平，使用"去皮"功能，就可以直接称得液体试样的质量。

2. 减量称量法

用小滴瓶代替称量瓶，操作方法完全相同，采用此法可连续称得几份平行试样。

二、易挥发试样的称量

对于易挥发试样的称取，应采用安瓿（如图 6.23 所示）。称量步骤如下。
（1）先称取安瓿的质量。
（2）将安瓿在酒精灯上微热。
（3）吸入试样后加热封口（如图 6.24 所示）。

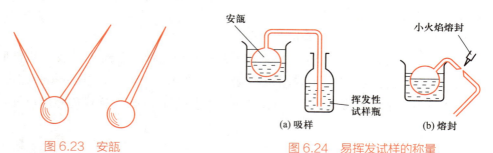

图 6.23　安瓿　　　　　图 6.24　易挥发试样的称量

（4）再称取吸入试样后安瓿的总质量。
（5）利用差减法计算试样质量。

三、特殊化学试剂的取用

1. 金属钠、钾

使用时应先在煤油中切割成小块，再用镊子夹取，并用滤纸将煤油吸干。切勿与皮肤接触,以免烧伤。未用完的金属碎屑不能乱扔,可加少量乙醇,令其缓慢反应。

2. 汞

汞易挥发,在人体内会慢慢积聚导致慢性中毒。因此,不要让汞直接暴露在空气中,应放置在厚壁容器中,盛放汞的容器内必须加水将其覆盖,使其不易挥发,玻璃瓶装汞只能装至半满。

3. 液溴

通常储存在具磨口玻璃塞的试剂瓶中。取用少量液溴,要在通风橱或通风的地方,把接受器的器口靠在储溴瓶的瓶口上,用长滴管吸去液溴,迅速将其转移至接受器中。

4. 白磷

白磷的着火点很低,通常保存在带磨口塞的盛水棕色试剂瓶中。取用时,用镊子将白磷取出,立即放到水槽中水面以下,用长柄小刀切取。水温最好为 25~30 ℃,若水温太低,则白磷会遇冷变脆;若水温太高,则白磷易熔化。在温水中切下的白磷应先在冷水中冷却,然后用滤纸吸干水分。

取用白磷时要注意:严防与皮肤接触,如果白磷碎块掉在地上,应立即处理,以防引起火灾。

四、试剂的估量

当实验不需准确要求试剂用量时,可不必使用量筒或天平,根据需要量粗略估量即可。

1. 固体试剂的估量

有些实验提出取固体试剂少许或绿豆粒、黄豆粒大小等,可根据其要求按所需取用量与之相当即可。

2. 液体试剂的估量

用滴管取用液体试剂时,一般滴出 20~25 滴即约为 1 mL,在容量为 10 mL 的试管中倒入约占其体积 1/3 的试液,则相当于 2 mL。

习题

第 6 章习题
答案

一、填空题

1. 遇光易变化的试剂贮存于_____色试剂瓶中。

2. 对于少量块状药品,可采用_____夹取,对于粉末状药品,需采用_____取用。

3. 托盘天平最大准确度一般为_____g。

4. 取用砝码时必须用_____。

5. 氢氧化钠必须放在_____里称量。

6. 砝码生锈,称量结果偏_____;砝码磨损,称量结果偏_____。

7. 减量称量法用于称量_____、_____、_____的固体试剂或试样。

8. 从细口瓶中取用试剂,往往采用_____法。

9. 量筒和量杯读数时视线应该和液面_____。

10. 对于浸润玻璃的无色透明液体,读数时,视线应该要与凹液面的下部_____相切。

二、选择题

1. 下面不宜加热的仪器是(　　)。

A. 试管　　　　　　B. 坩埚　　　　　　C. 蒸发皿　　　　　　D. 移液管

2. 可以在烘箱中进行烘干的玻璃仪器是(　　)。

A. 滴定管　　　　　B. 移液管　　　　　C. 称量瓶　　　　　　D. 容量瓶

3. 带有玻璃旋塞的滴定管常用来装(　　)。

A. 见光易分解的溶液　　　　　　　　B. 酸性溶液

C. 碱性溶液　　　　　　　　　　　　D. 任何溶液

4. 刻度"0"在上方的用于测量液体体积的仪器是(　　)。

A. 滴定管　　　　　B. 温度计　　　　　C. 量筒　　　　　　　D. 烧杯

5. 要准确量取 25.00 mL 的稀盐酸,可用的仪器是(　　)。

A. 25 mL 的量筒　　　　　　　　　　B. 25 mL 的酸式滴定管

C. 25 mL 的碱式滴定管　　　　　　　D. 25 mL 的烧杯

6. 下列电子天平精度最高的是(　　)。

A. WDZK-1 上皿天平(分度值 0.1 g)　　B. QD-1 型天平(分度值 0.01 g)

C. MD-2 数字式天平(分度值 0.1 mg)　　D. MD200-1 型天平(分度值 10 mg)

三、判断题

1. 细口试剂瓶塞子打不开可以用铁锤敲打。　　　　　　　　　　　　　　(　　)

2. 药匙取用下一个试剂前用滤纸擦净即可。　　　　　　　　　　　　　　(　　)

3. 为了节约试剂,多取的试剂可以倒回原来的试剂瓶。　　　　　　　　　(　　)

4. 药匙可以取热的药品。　　　　　　　　　　　　　　　　　　　　　　(　　)

5. 向滴定管中装溶液时,为了避免将溶液倒到外面,应当使用漏斗引流。　(　　)

6. 易吸潮的试剂可以用固定质量称量法。　　　　　　　　　　　　　　　(　　)

7. 可以使用称量纸、滤纸盛放称量物进行称量。　　　　　　　　　　　　(　　)

8. 为避免玷污,从细口瓶取用试剂,应当悬空向容器中倾倒试剂。　　　　(　　)

9. 滴定时,最好每次都从 0.00 mL 开始,这样可以减小体积误差。　　　　(　　)

10. 对于所有的移液管都要用洗耳球吹出最后一滴。　　　　　　　　　　(　　)

四、简答题

1. 盛盐酸的试剂瓶塞子打不开时应当如何处理?

2. 如何进行固体物质的不定量取用?

3. 药匙在使用中应注意哪些问题?

4. 使用台秤和分析天平称量时需要注意哪些问题?

5. 简述减量称量法的操作步骤。

6. 简述从滴瓶中取用试剂的方法要点。

7. 移液管如何校准? 滴定管如何校准?

8. 移液管在使用中应当注意什么?

9. 滴定管如何试漏?

10. 易挥发试样如何称量?

五、案例分析

1. 某同学在使用移液管移取溶液时,操作步骤如下。

先将移液管用自来水洗三遍,用蒸馏水洗三遍,然后放入待取溶液中,吸取一定量的溶液,然后将移取的溶液从移液管上口放入烧杯中,该同学看到放完溶液后,管尖还有残留,又用洗耳球将残留溶液吹到烧杯中。问该同学的操作是否正确,并分析错误操作会给分析结果带来怎么样的影响,以及如何改正。

2. 某同学在进行滴定操作时,具体操作如下。

先将滴定管用自来水洗三遍,蒸馏水洗三遍,然后将前一天配好的高锰酸钾溶液借助漏斗装入碱式滴定管中,开始滴定。指出该同学操作的错误之处,并分析错误操作会给分析结果带来怎么样的影响,以及如何改正。

第三部分
岗位专项能力

 溶液的制备技术

 样品的采集与制备技术

 物质的分离与提纯技术

第 7 章
溶液的制备技术

在化验室的日常分析工作中,常常需要制备各种溶液来满足不同分析测试的要求。如果测试项目对溶液浓度的准确度要求不高,即制备普通溶液,一般利用台秤、量筒、带刻度烧杯等低准确度的仪器制备就能满足需要。如果测试工作对溶液浓度的准确性要求较高,如定量分析实验,就须使用分析天平、移液管、容量瓶等高准确度的仪器制备溶液。

知识目标

☐ 理解并掌握溶液的制备原理及方法。
☐ 理解标准溶液的性质及用途。
☐ 理解并掌握标准滴定溶液的标定原理及方法。
☐ 学习并掌握容量瓶的使用方法。

能力目标

☐ 能根据溶液的性质及用途选择正确的制备方法。
☐ 能按照溶液的制备方法正确选择相关仪器设备。
☐ 能正确计算溶液浓度并正确表达。

素养目标

☐ 严格遵守实验室安全规范,具备严谨的科学态度,确保实验结果的准确性。

知识结构框图

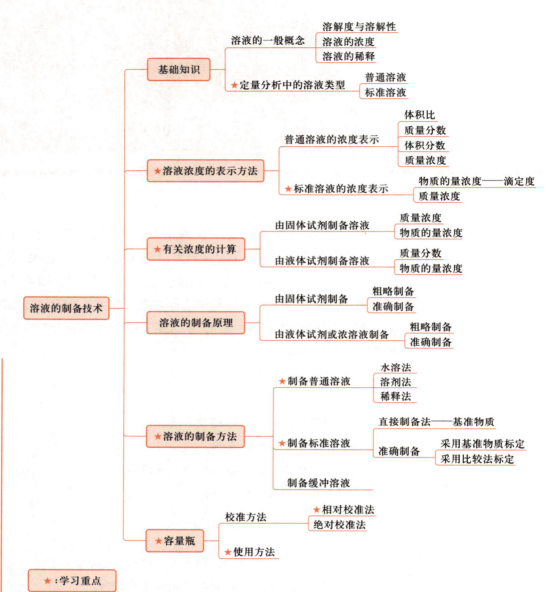

7.1 基础知识

一、溶液的一般概念

1. 溶液

溶液是指由一种或几种物质分散到另一种物质中,所组成的均一、稳定的混合物。被分散的物质(溶质)以分子或更小的质点分散于另一物质(溶剂)中。

2. 溶解度与溶解性

(1)溶解度 在一定温度下,某固体物质在 100 g 溶剂中达到饱和状态时所溶解的质量,称为该物质在这种溶剂中的溶解度。常用"g/100 g 溶剂"作单位。若没有指明溶剂,通常都理解为溶解度就是物质在水中的溶解度。常见无机化合物的溶解度见附录 11。

物质溶解与否,其溶解能力的大小,一方面取决于物质(溶质和溶剂)的本性;同时也与外部条件如温度、压力、溶剂种类有关。

(2)溶解性 某一物质溶解在另一物质中的能力称为"溶解性"。溶解度是溶解性的定量表示,是衡量物质在某一溶剂中溶解性大小的尺度。

3. 溶液的浓度

溶液的浓度指的是在一定量溶液或溶剂中所含溶质的量。溶质含量越多,溶液的浓度就越大。

4. 溶液的稀释

稀释就是在溶液中再加入溶剂使溶液浓度变小,亦指通过添加溶剂于溶液中以减小溶液浓度的过程。

溶液的稀释问题,可概括为两种情况。一种是向浓溶液中加入水进行稀释,另一种是向浓溶液中加入稀溶液进行稀释。

对于加水稀释的溶液稀释过程,要强调两个核心要素:一是溶质在稀释前后物质的量不变;其次为溶液的体积在稀释前后发生了改变。

微课

定量分析中的溶液类型

二、定量分析中的溶液类型

进行定量分析需要使用各种类型的化学试剂及其溶液。定量分析中常用的溶液类型可分为以下几种。

1. 普通溶液

对浓度要求不需很准确的溶液。例如,调节 pH 用的酸、碱溶液,用作掩蔽剂、指示剂的溶液,缓冲溶液等。

2. 标准滴定溶液

确定了准确浓度并用于滴定分析的溶液。如 NaOH 标准滴定溶液、EDTA 标准滴定溶液等。

3. 基准溶液

由基准物质制备或用多种方法标定过的溶液,用于标定其他溶液。如酸碱滴定法中的邻苯二甲酸氢钾基准溶液、氧化还原滴定法中的草酸钠基准溶液、配位滴定法中的碳酸钙基准溶液等。

4. 标准溶液

由用于制备溶液的物质而准确知道某种元素、离子、化合物或基团浓度的溶液。如离子选择性电极法测定氟含量时所用的氟离子标准溶液,火焰光度分析所用的钾离子标准溶液、钠离子标准溶液等。

5. 标准比对溶液

已准确知道或已规定有关特性(如色度、浊度)的溶液,用来评价与该特性有关的试验溶液。如分光光度法测定铁时所用的铁离子系列标准比色溶液。

7.2 溶液浓度的表示方法

溶液的浓度指的是一定量溶液中所含溶质的量。通常以 A 代表溶剂,B 代表溶质。

一、普通溶液浓度的表示方法

1. 物质 B 的体积比 ψ_B

物质 B 的体积比(ψ_B)是指 B 的体积与溶剂 A 的体积之比:

$$\psi_B = V_B / V_A \tag{7.1}$$

例如,稀硫酸溶液 $\psi(H_2SO_4)=1:4$,稀盐酸 $\psi(HCl)=3:97$,其中的"1"和"3"是指市售浓酸的体积,约定俗成地"4"和"97"是指水的体积。

这种表示方法十分简单,溶液的制备也十分方便,常用来表示稀酸溶液、稀氨水的浓度。

2. 物质 B 的质量分数 w_B

物质 B 的质量分数 w_B 的定义是物质 B 的质量与混合物的质量 $\sum_A m_A$ 之比,即

$$w_B = m_B / \sum_A m_A \tag{7.2}$$

凡是以质量比表示的组分 B 在混合物中的浓度或含量,都属于质量分数 w_B。

> 🔔 **小贴士**
>
> 以前所用的"质量百分比浓度[%(m/m)]",以及表示分析结果的"质量百分数""百分比含量"等旧的量名称及其表示方法应予以废除,均应表示为"质量分数 w_B"。

若物质 B 有所指时,应将代表该物质的化学式写在与主符号 w 齐线的圆括号内,如 $w(NaCl)$、$w(SiO_2)$ 等。

例如,水泥试样中的二氧化硅含量为 21.25%。

以前表示为:二氧化硅质量分数 $X(\mathrm{SiO_2})$=21.25%、$X_{\mathrm{SiO_2}}$=21.25% 或 $\mathrm{SiO_2}$%=21.25,等等。这些表示方法都不规范。

按照国家标准,应表示为 $w(\mathrm{SiO_2})$=0.212 5 或 $w(\mathrm{SiO_2})$=21.25%。

3. 物质 B 的体积分数 φ_B

物质 B 的体积分数 φ_B 是指 B 的体积与相同温度 T 和压力 p 时的混合物体积之比。

例如,无水乙醇,含量不低于 99.5%,应表示为 $\varphi(\mathrm{C_2H_5OH}) \geqslant 99.5\%$,即 100 mL 此种乙醇溶液中,乙醇的体积大于或等于 99.5 mL。

4. 物质 B 的质量浓度 ρ_B

物质 B 的质量浓度 ρ_B 的定义是:溶液中物质 B 的质量除以混合物的体积,即

$$\rho_B = m_B/V \tag{7.3}$$

ρ_B 的单位为 $\mathrm{kg \cdot m^{-3}}$,在分析化学中常用其分倍数 $\mathrm{g \cdot cm^{-3}}$($\mathrm{g \cdot L^{-1}}$)或 $\mathrm{g \cdot mL^{-1}}$、$\mathrm{mg \cdot mL^{-1}}$ 表示。

化学分析中以质量浓度表示的由固体试剂制备的一般溶液或标准溶液的浓度是十分方便的。例如,氢氧化钠溶液($200\ \mathrm{g \cdot L^{-1}}$),是指将 200 g NaOH 溶于少量水中,冷却后再加水稀释至 1 L,存于塑料瓶中。

此外,有时也用密度来表示浓度。例如,15 ℃时 36.5% 的 HCl 溶液,$\rho(\mathrm{HCl})$=1.19 $\mathrm{g \cdot L^{-1}}$。工业上习惯用密度表示浓度。

二、标准溶液浓度的表示方法

在滴定分析中,无论采取何种滴定方法,都离不开标准滴定溶液,否则就无法计算分析结果。

1. 物质的量浓度 c_B

物质的量浓度,是指单位体积溶液所含溶质 B 的物质的量 n_B,单位为 $\mathrm{mol \cdot L^{-1}}$,以符号 c_B 表示,即

$$c_B = \frac{n_B}{V} \tag{7.4}$$

由于 c_B 是包含 n_B 的一个导出量,所以,当使用 c_B 时,也必须指明物质的基本单元。若溶液中物质的基本单元已经有所指时,则应将所指基本单元的符号写在与主符号 c 齐线的圆括号内,如 $c(\mathrm{NaOH})$、$c\left(\frac{1}{5}\mathrm{KMnO_4}\right)$、$c\left(\frac{1}{2}\mathrm{H_2SO_4}\right)$ 等。

2. 质量浓度 ρ_B

以单位体积的溶液中所含的溶质的质量所表示的浓度为质量浓度。如 1 L 溶液中含有 1 g 溶质,则其质量浓度为 1 $\mathrm{g \cdot L^{-1}}$。

在某些情况下,标准溶液或基准溶液的浓度也可表示为质量浓度,其浓度单位可用 $\mathrm{g \cdot mL^{-1}}$ 表示。

标准比对溶液的浓度常用物质的量或质量浓度表示。

3. 滴定度 $T_{B/A}$

在企业化验室中,分析作为控制正常生产的手段,在进行整批试样的常规分析时,为了快速方便地报出分析结果,常使用"滴定度"来表示标准滴定溶液的浓度。

滴定度是指每毫升标准滴定溶液相当待测物质的质量,以符号 $T_{B/A}$ 表示。单位为 $g \cdot mL^{-1}$。其中,B 表示待测物质,A 表示标准滴定溶液。$T_{B/A}$ 称为标准滴定溶液 A 对待测组分 B 的滴定度。如滴定消耗 V(mL)标准滴定溶液 A,则待测物质 B 的质量为

$$m_B = T_{B/A} V_A \qquad (7.5)$$

使用滴定度进行计算时,只要知道所消耗的标准滴定溶液的体积,就可以很方便地求得待测物质的质量。

> 🖌 小贴士
>
> 需要指出,滴定度并不是溶液浓度的表示方法,而是代表标准滴定溶液对待测物质的反应强度。是指每毫升标准滴定溶液相当于待测物质的质量(g 或 mg)。
>
> 此外,滴定度 T 与质量浓度 ρ_B 的单位形式很类似,但不能将滴定度看成质量浓度。因为滴定度中的质量是被滴定物质的质量;而质量浓度中的质量是溶液中溶质自身的质量。

例如,用来测定 Fe^{2+} 的 $K_2Cr_2O_7$ 标准滴定溶液的滴定度 $T_{Fe^{2+}/K_2Cr_2O_7} = 0.005\ 628\ g \cdot mL^{-1}$,若在滴定终点消耗 23.56 mL 上述 $K_2Cr_2O_7$ 标准滴定溶液,则待测试样中铁的质量为

$$m = TV = 0.005\ 628\ g \cdot mL^{-1} \times 23.56\ mL = 0.132\ 6\ g$$

例如,水泥厂化验室用来测定水泥及其原材料试样中的 CaO、MgO、Fe_2O_3、Al_2O_3 含量的 EDTA 标准滴定溶液,通常在标定好其浓度后,再将其对 CaO、MgO、Fe_2O_3、Al_2O_3 的滴定度计算出来,标示于 EDTA 标准滴定溶液试剂瓶上,使用起来十分方便。比如,$T_{CaO/EDTA} = 0.841\ 2\ mg \cdot mL^{-1}$,即表示滴定时,每消耗 1.00 mL 此 EDTA 标准滴定溶液,就相当于被滴定的溶液中含有 0.841 2 mg CaO,或者说,每毫升此 EDTA 标准滴定溶液能与 0.841 2 mg 氧化钙中的钙离子完全配位。

7.3　有关溶液浓度的计算

无论是简单制备还是准确制备一定体积、一定浓度的溶液,都要首先计算所需试剂的用量,包括固体试剂的质量或液体试剂的体积,然后再进行制备。

一、由固体试剂制备的溶液

1. 质量浓度

$$\rho_B = \frac{m_B}{V} \qquad (7.6)$$

式中，ρ_B——固体试剂的质量浓度，$g \cdot L^{-1}$，$mg \cdot mL^{-1}$，$\mu g \cdot mL^{-1}$；

　　m_B——溶质的质量，g，mg，μg；

　　V——溶液的体积，L，mL。

2. 物质的量浓度

$$c_B = \frac{n_B}{V} = \frac{m_B}{M_B V} \tag{7.7}$$

式中，c_B——物质的量浓度，$mol \cdot L^{-1}$；

　　V——溶液的体积，L；

　　n_B——溶质 B 的物质的量，mol；

　　m_B——溶质的质量，g，mg，μg；

　　M_B——溶质 B 的摩尔质量，$g \cdot mol^{-1}$。

二、由液体试剂或浓溶液制备的溶液

1. 质量分数

（1）混合两种已知浓度的溶液制备所需浓度的溶液

把所需的溶液浓度放在两条直线交叉点即中间位置上，已知溶液浓度放在两条直线左端，较大的在上，较小的在下。每条直线上两个数字相减，差值写在同一直线另一端，即右端的上、下方，这样就得到所需的已知浓度溶液的份数。

例如，由 85% 和 40% 的溶液混合，制备 60% 的溶液：

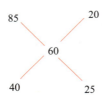

可见，需取用 20 份的 85% 溶液和 25 份的 40% 溶液混合。

（2）用溶剂稀释原溶液制备所需浓度的溶液

在计算时，只需将左下角较小的浓度写成零表示是纯溶剂即可。

例如，用水把 35% 的水溶液稀释成 25% 的溶液：

因此，取 25 份 35% 水溶液加入 10 份的水，就得到 25% 的溶液。

制备时应先加水或稀溶液，后加浓溶液，搅动均匀，将溶液转移到试剂瓶中，贴上标签备用。

2. 物质的量浓度

（1）由已知物质的量浓度的溶液进行稀释

$$V_A = \frac{c_B V_B}{c_A} \qquad (7.8)$$

式中，c_B——稀释后溶液的物质的量浓度，$mol \cdot L^{-1}$；

$\quad\quad V_B$——稀释后溶液的体积，L；

$\quad\quad c_A$——原溶液的物质的量浓度，$mol \cdot L^{-1}$；

$\quad\quad V_A$——取原溶液的体积，L。

（2）由已知质量分数的溶液制备

$$c_A = \frac{\rho w}{M} \times 1\,000 \ mL \cdot L^{-1} \qquad (7.9)$$

式中，M——溶质的摩尔质量，$g \cdot mol^{-1}$；

$\quad\quad \rho$——液体试剂（或浓溶液）的密度，$g \cdot mL^{-1}$；

$\quad\quad w$——液体试剂（或浓溶液）的质量分数。

7.4　溶液制备的基本原理

一、由固体试剂制备溶液

1. 粗略制备

首先计算出制备一定体积溶液所需固体试剂的质量，然后用托盘天平称取所需固体试剂，置于带刻度烧杯中，加入少量水，在搅拌下使固体完全溶解后，转移至试剂瓶中，用水稀释至一定的体积，摇匀，贴上标签备用。

2. 准确制备

先计算制备给定体积和准确浓度溶液所需固体试剂的用量，在分析天平上准确称取该试剂的质量，置于烧杯中，用适量水使其完全溶解。将溶液转移至与所配溶液体积相应的容量瓶中，用少量水洗涤烧杯 2~3 次，冲洗液一并转入容量瓶中，用水稀释至刻度，摇匀，即为所配溶液，然后将溶液移入试剂瓶储存，贴上标签备用。

二、由液体试剂或浓溶液制备溶液

1. 粗略制备

先用密度计测量液体（或浓溶液）试剂的相对密度，从有关表中查出相应的质量分数，计算出制备一定物质的量浓度的溶液所需液体（或浓溶液）用量，用量筒量取所需的液体（或浓溶液），倒入装有少量水的有刻度烧杯中混合，如果溶液放热，需冷却至室温后，再用水稀释至刻度。搅动使其混合均匀，然后移入试剂瓶中，贴上标签备用。

2. 准确制备

当用较浓的准确浓度的溶液制备较稀的准确浓度的溶液时,先计算,然后用处理好的移液管(或吸量管)吸取所需浓溶液注入给定体积的洁净容量瓶中,用水稀释至刻度,摇匀后,转移至试剂瓶,贴上标签备用。

7.5　溶液的制备方法

一、普通溶液的制备

普通溶液的制备方法有水溶法、溶剂法和稀释法三种。

1. 水溶法

对于一些易溶于水而又不易水解的固体试剂,如 KCl、$NaCl$、KNO_3 和 $BaCl_2$ 等,用托盘天平称取一定量的固体试剂,置于烧杯中,加少量水搅拌使其溶解后,稀释至所需体积。若试剂溶解时有放热现象,或以加热促使其溶解的,应待其冷却后,再移至试剂瓶中,摇匀。

2. 溶剂法

对于一些易水解的固体物质,如 $FeCl_3$、$SbCl_3$、$BiCl_3$ 和 $SnCl_2$ 等,首先称取一定量的固体试剂,加入适量的酸或碱使其溶解,然后用水稀释至所需体积,混匀后转移至试剂瓶,摇匀。

对于水中溶解度较小的固体试剂,如固体 I_2,可选用 KI 溶液溶解,对于难溶于水而溶于乙醇溶液的试剂,可制备成相应的乙醇溶液。

3. 稀释法

对于液体试剂,如 HCl、H_2SO_4、HNO_3、H_3PO_4、HAc 和 $NH_3 \cdot H_2O$ 等,制备其稀溶液时,应先用量筒量取一定量的市售酸或碱试剂,再用适量水稀释至所需体积。

> **💡 小贴士**
>
> a. 制备 H_2SO_4 溶液时,应在不断搅拌下将硫酸沿容器的内壁缓慢倒入已盛水的容器中,切不可颠倒顺序!
>
> b. 对于易发生氧化还原反应的溶液,如 Sn^{2+} 和 Fe^{3+} 等溶液,应在制备时放入少许 Sn 粒或 Fe 丝于相应的溶液中,以防止该类溶液在使用期内失效。
>
> c. 对于见光易分解的溶液,应注意避光保存,如 $AgCl$、$KMnO_4$ 以及 KI 等,应贮存于适宜的棕色试剂瓶中。

二、标准溶液的制备

标准溶液是指已确定其主体物质浓度或其他特性量值的溶液。

化验室中常用的标准溶液主要包括：滴定分析用的标准滴定溶液、仪器分析用的标准溶液和 pH 测量用的标准缓冲溶液。

本书将重点讨论标准滴定溶液的制备。

1. 制备标准溶液时的例句解读

（1）称量

"称取 0.20 g KI" "称取 0.010 0 g NaCl" ——写到几位就要称准至几位。

"称取 0.5 g 样品，精确到 0.000 1 g" ——其含义是称准至小数点后第几位，称量范围控制在 $0.5 \times (1 \pm 5\%)$ g 之内，即可为 0.475 0~0.525 0 g。

（2）体积测量

"量取 25.00 mL 溶液"或"准确量取 ××.××mL 溶液" ——其含义是指用单标线移液管或吸量管量取溶液，要准确至 0.01 mL。

"加 10 mL 溶液" ——意思是指用分度值为 1 mL 的量筒量取。

稀释溶液时，如未指明用容量瓶稀释，一般是指用量筒计量体积；如指明采用容量瓶，则要用合格容量瓶，准确稀释至刻度。稀释溶液时，如未指明溶剂，即指采用水稀释。

（3）溶液　凡溶液的名称中未指明溶剂时，均指水溶液。当未指明浓度时，均指原浓度的化学试剂。如"加 10 mL 盐酸"，指的是 $w(HCl)$=36%~38% 的市售盐酸。

2. 制备标准溶液所需仪器——容量瓶

容量瓶是一种细颈梨形平底玻璃瓶，由无色或棕色玻璃制成。带有磨口塞，瓶颈上有环形标线，表示在所指温度下（一般为 20 ℃）液体充满至标线时的容积。容量瓶均为"量入式"。如图 7.1 所示。

容量瓶的容量定义为：在 20 ℃时，充满至标线所容纳的体积，以 mL 计。通常采用下述方法调定弯液面：调节液面使弯液面的最低点与标线的上边缘水平相切，视线应在同一水平面。

容量瓶的主要用途是制备标准浓度的溶液或定量地稀释溶液。它常和移液管配合使用，可将制成溶液的某种物质分成若干等分。

常用的容量瓶有 25 mL、50 mL、100 mL、250 mL、500 mL、1 000 mL 等规格。如图 7.1 所示。

（1）容量瓶的校准　我国现行生产的容量器皿的精确度可以满足一般分析工作的要求，无需校准。但是在要求精确度较高的分析测量工作中则需要对所用的量器校准。校准方法有相对校准法和绝对校准法两种。

① 容量瓶和移液管的相对校准。移液管和容量瓶经常配套使用，因此它们容积之间的相对校准非常重要。经常使用的 25 mL 移液管，其容积应该等于 250 mL 容量瓶容积的 1/10。

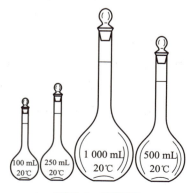

图 7.1　容量瓶

校准方法如下：将容量瓶洗干净，使其倒挂在漏斗架上自然干燥。若为 250 mL 容量瓶，用 25 mL 移液管移取蒸馏水 10 次注入干燥的容量瓶中（操作是切勿让水碰到容量瓶的磨口），若液面与容量瓶上的刻度不相吻合，则用黑纸条或透明胶布做一个与弯液面相切的记号。在以后的实验中，经相对校准的容量瓶与移液管配套使用时，则以新的记号作为容量瓶的标线。

 小贴士

用移液管向容量瓶内放水时不要沾湿瓶颈。

② 容量瓶的绝对校准方法。容量瓶的绝对校准方法原理是：将容量瓶洗净、晾干，在分析天平上称定质量，加水，使弯液面至容量瓶的标线处，再称定质量，两次称量的差即为瓶中水的质量。查出水在该温度下的密度，即可计算出容量瓶的容积。实际容积与标示容积之差应小于允差。

根据《中华人民共和国国家计量检定规程》中 JJG 196—2006《常用玻璃量器检定规程》中所述，A 级的容量瓶 100 mL 的允差为 0.10 mL，50 mL 的允差为 0.05 mL，25 mL 的允差为 ± 0.03 mL，均约为容积的千分之一。

 小贴士

校正容量瓶时，在瓶颈内壁标线以上不能挂有水珠，否则会影响校正的结果。若挂有水珠，则应用滤纸片轻轻吸去。

（2）容量瓶的使用

① 使用前的检漏。检漏方法：注入自来水至标线附近，盖好瓶塞，用右手的指尖顶住瓶底边缘，将其倒立 2 min，观察瓶塞周围是否有水渗出。如果不漏，再把瓶塞旋转 180°，塞紧、倒置，若仍不漏水，则可使用。使用前必须把容量瓶按照容量器皿洗涤要求洗涤干净。

容量瓶与瓶塞要配套使用，标准磨口或塑料塞不能调换。瓶塞须用尼龙绳系在瓶颈上，以防掉下摔碎。系绳不要很长，一般 2~3 cm，以可启开塞子为限。

② 标准溶液的制备。将准确称量的固体试剂放在小烧杯中，加入适量水，搅拌使其溶解，沿玻璃棒将溶液转移入容量瓶中，烧杯中的溶液转移完后，烧杯不要直接离开玻璃棒，而应在烧杯扶正的同时将烧杯嘴沿着玻璃棒向上提 1~2 cm，随后烧杯即离开玻璃棒，这样可避免杯嘴与玻璃棒之间的一滴溶液流到烧杯外面。然后用少量水淋洗烧杯壁 3~4 次，每次的淋洗液按同样操作转移入容量瓶中。

当溶液达容量瓶容积的 2/3 时，应将容量瓶沿水平方向摇晃使溶液初步混匀（不能倒转容量瓶！），加水至接近标线时，最后沿颈壁缓缓滴加蒸馏水至弯液面最低点恰好与标线相切。盖紧瓶塞，用食指压住瓶塞，另一只手托住容量瓶底部，倒转容量瓶，使瓶内气泡上升到顶部，边倒转边摇动，如此反复倒转摇动多次，使瓶内溶液充分混合均匀（见图 7.2）。

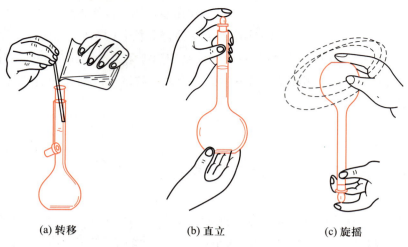

(a) 转移　　　　　　(b) 直立　　　　　　(c) 旋摇

图 7.2　容量瓶的使用

右手托瓶时,要尽量减少手与瓶身的接触面积,以避免体温对溶液温度的影响。100 mL 以下的容量瓶,可不用右手托瓶,只用一只手抓住瓶颈及瓶塞进行颠倒摇动即可。

若是将浓溶液定量稀释,则用移液管吸取一定体积的浓溶液移入容量瓶中,按上述方法用蒸馏水稀释至标线,摇匀。

热溶液应冷却至室温后,再稀释至标线,否则会造成体积误差。需要避光的溶液应选用棕色容量瓶制备。

微课

标准滴定溶液的间接制备法

 小贴士

（1）容量瓶是量器而不是容器,不宜长期存放溶液！如溶液需使用一段时间,应将溶液移入试剂瓶中贮存,试剂瓶应先用该溶液润洗 2~3 次,以保证转移过程中溶液浓度不变。

（2）容量瓶用毕后,立即洗净,在瓶口与瓶塞之间垫上纸片,以防下次使用时塞子打不开。

（3）容量瓶不得在烘箱中烘烤,也不许以任何方式对其加热。

 练一练

以水做练习液,取一只容量瓶（100 mL 或 250 mL）,按照操作规范练习溶液的转移、稀释和定容技术。

要求:使用前要按照要求洗净容量瓶。

3. 标准滴定溶液的制备

标准滴定溶液的制备方法有两种:直接制备法和间接制备法（或标定法）。

（1）直接制备法　如果溶质是基准物质,其标准溶液的制备就可以采用直接制备法进行。

基准物质：是指用于直接制备成标准滴定溶液或用于标定溶液浓度的物质。凡是基准物质均应符合以下条件。

① 纯度要高。即试剂必须是易于制成纯品的物质，其纯度一般要求在 99.9% 以上，且杂质含量应低于滴定分析允许的误差限度。

② 组成要确定。即试剂的实际组成应与化学式完全相符。含结晶水的试剂，其结晶水的数目也应与化学式相符。

③ 化学性质要稳定。指试剂在加热和干燥时不挥发、不分解，称量时不吸收空气中的 CO_2 和水分，不被空气氧化等。

④ 具有较大的摩尔质量。摩尔质量越大，称取的量越多，称量的相对误差就越小。

直接制备法原理：用分析天平准确称取一定量的基准试剂，溶于适量的水中，再定量转移到容量瓶中，用水稀释至刻度。根据称取试剂的质量和容量瓶的体积，计算该溶液的准确浓度。

这种方法简单，但符合基准试剂条件的物质有限，很多试剂都不是基准物质，因此无法直接制备。

 练一练

a. 欲制备 $0.100\,0\ \text{mol} \cdot \text{L}^{-1}\ K_2Cr_2O_7$ 标准滴定溶液 250.0 mL，应称取 $K_2Cr_2O_7$ 基准物质多少克？

b. 根据计算结果，准确称取相应质量的 $K_2Cr_2O_7$ 基准物质，按照操作规范和使用要求，制备 $0.100\,0\ \text{mol} \cdot \text{L}^{-1}\ K_2Cr_2O_7$ 标准滴定溶液 250.0 mL。

（2）间接制备法（又称"标定法"）　间接制备法（标定法）是最常用的制备标准滴定溶液的方法。许多化学试剂由于不纯或不易提纯，或在空气中不稳定（如易吸收水分）等原因，不能用直接法配制标准溶液。如 NaOH，它很容易吸收空气中的 CO_2 和水分，因此称得的质量不能代表纯净 NaOH 的质量；HCl 易挥发，也很难知道其中 HCl 的准确含量；$KMnO_4$、$Na_2S_2O_3$ 等均不易提纯，且见光易分解，均不宜用直接制备法制成标准溶液，因此要用间接制备法（或标定法）进行。

① 间接制备法原理。间接制备法的原理简单地讲就是，先粗配、后标定。即先制备成接近所需浓度的溶液，然后再用适当的基准试剂或其他标准物质"标定"其准确浓度。

标定是指利用基准物质或已知准确浓度的溶液通过滴定的方法来确定标准滴定溶液准确浓度的操作过程。

② 标定方法。标定标准滴定溶液浓度的方法通常有两种，一种是基准物质法，也称"标定法"；另一种是"比较法"。

（i）用基准物质标定（标定法）。指直接用基准试剂测定所配标准溶液的浓度。原理是：准确称取一定量的基准物质，溶解后用待标定的标准滴定溶液滴定，然后根据基准物质的质量及待标定溶液所消耗的体积，即可算出该溶液的准确浓度。大多数标准溶液是通过标定法测得其准确浓度的。

标定结果的计算公式分为不做空白试验（A）和做空白试验（B）两种情况。

公式 A $$c_B = \frac{m}{VM} \tag{7.10}$$

公式 B $$c_B = \frac{m}{(V-V_0)M} \tag{7.11}$$

式中，c_B——标准滴定溶液的浓度，$mol \cdot L^{-1}$；

$\quad\quad m$——基准试剂的质量，g；

$\quad\quad M$——基准试剂的摩尔质量，$g \cdot mol^{-1}$；

$\quad\quad V$——标定时所消耗标准滴定溶液的体积，mL；

$\quad\quad V_0$——空白试验所消耗标准滴定溶液的体积，mL。

> **练一练**
>
> 称取已烘干的基准试剂碳酸钠 0.600 0 g，溶解后以甲基橙为指示剂，用 HCl 标准溶液滴定消耗 22.60 mL，计算此 HCl 标准溶液的物质的量浓度。

（ⅱ）比较法。比较法是指用另一种已知准确浓度的标准滴定溶液来测定待标定溶液准确浓度的方法。

比较法原理：准确吸取一定量的待标定溶液，用已知准确浓度的标准溶液滴定；或者准确吸取一定量的已知准确浓度的标准溶液，用待标定溶液滴定。根据两种溶液所消耗的体积及标准溶液的浓度，就可计算出待标定溶液的准确浓度。

显然，比较法不及基准物质标定的方法好，因为标准溶液的浓度不准确就会直接影响待标定溶液浓度的准确性。因此，标定时应尽量采用基准物质标定法。

标定结果的计算也分为不做空白试验（C）和做空白试验（D）两种。

公式 C $$c_B = \frac{V_1 c_1}{V} \tag{7.12}$$

公式 D $$c_B = \frac{(V_1 - V_0) c_1}{V} \tag{7.13}$$

式中，c_B——标准滴定溶液的浓度，$mol \cdot L^{-1}$；

$\quad\quad V$——待测标准滴定溶液的体积，mL；

$\quad\quad c_1$——滴定用已知准确浓度的标准溶液的浓度，$mol \cdot L^{-1}$；

$\quad\quad V_1$——滴定用已知准确浓度的标准溶液的体积，mL；

$\quad\quad V_0$——空白试验用已知准确浓度的标准溶液的体积，mL。

在滴定分析中常见的标准滴定溶液和标定标准滴定溶液的基准试剂如表 7.1 所示。

> **练一练**
>
> 欲标定某 HCl 标准滴定溶液。现移取 25.00 mL NaOH 标准溶液（0.101 5 $mol \cdot L^{-1}$）于锥形瓶中，以甲基橙作指示剂，用待标定的 HCl 标准溶液滴定。终点时消耗 HCl 溶液的体积为 20.04 mL。计算此 HCl 标准滴定溶液的物质的量浓度。

表 7.1　常见的标准滴定溶液和标定标准滴定溶液的基准试剂

滴定方法	标准滴定溶液	基准试剂	烘干条件 /℃	优缺点
酸碱滴定	HCl	Na_2CO_3	270~300	便宜,易得纯品,易吸潮
		硼砂	盛有 NaCl 蔗糖饱和溶液的密闭容器中	易得纯品,不易吸湿,摩尔质量大,湿度小时,易失去结晶水
	NaOH	COOH COOK	105~110	易得纯品,不吸潮,摩尔质量大
		$H_2C_2O_4 \cdot 2H_2O$	室温空气干燥	便宜,结晶水不稳定,纯度不理想
配位滴定	EDTA	金属 Zn 或 ZnO	Zn: 室温干燥器 ZnO: 900~1 000	纯度高,稳定,既可在 pH 3~6 又可在 pH 9~10 应用
		$CaCO_3$	110±2	易得纯品,稳定
氧化还原滴定	$KMnO_4$	$Na_2C_2O_4$	105±5	易得纯品,稳定,无显著吸湿
	$K_2Cr_2O_7$	$K_2Cr_2O_7$	120±2	易得纯品,非常稳定,可直接制备基准溶液
	$Na_2S_2O_3$	$K_2Cr_2O_7$	120±2	易得纯品,非常稳定,可直接制备基准溶液
	I_2	As_2O_3	室温干燥器	能得到纯品,不吸湿,剧毒!
	$KBrO_3$	$KBrO_3$	180±2	易得纯品,稳定
	$KBrO_3$+过量 KBr	$KBrO_3$	180±2	易得纯品,稳定
沉淀滴定	$AgNO_3$	$AgNO_3$	280~290	易得纯品,防止光照及有机物玷污
		NaCl	300~550	易得纯品,易吸湿

4.制备标准滴定溶液时需注意的问题

（1）要选用符合要求的纯水。配位滴定和沉淀滴定所用标准溶液对纯水要求较高,一般不低于三级水规格。制备 NaOH、$Na_2S_2O_3$ 等溶液时,应使用临时煮沸并冷却的水。制备 $KMnO_4$ 标准滴定溶液时,要煮沸 15 min 并保持微沸约 1 h,放置约一周（或 2~3 d）（以除去水中微量的还原性物质）,过滤后再标定。

（2）基准试剂要预先按规定方法进行干燥。经热烘或灼烧干燥过的易潮解的试剂（如 Na_2CO_3 等）放一周后再使用时,应重新干燥。

（3）当一种溶液可用多种基准物质或指示剂标定时（如 EDTA 溶液）,原则上应使标定和测定试样的实验条件相同或相近,以避免可能产生的系统误差。

（4）基准溶液均应密闭存放。有些还需避光。溶液的标定周期长短除了与溶质本身的性质有关外,还与制备方法、保存方法有关。浓度低于 $0.01\ \mathrm{mol \cdot L^{-1}}$ 的基准溶液不宜长时间存放,应在使用前用浓的基准溶液稀释。

（5）标准滴定溶液的浓度一律采用物质 B 的浓度 c_B 表示。 浓度值均指 20 ℃时的浓度值。若标定和使用时温度有差异,应按规定方法进行补正。

不同温度下标准滴定溶液的体积补正值见附录 9。

三、缓冲溶液的制备

1. 普通缓冲溶液的制备

普通缓冲溶液多用于使溶液的 pH 稳定在某一个范围,在定量分析中对其 pH 要求并不非常严格,但却要求其具有较强的缓冲能力。

（1）将缓冲组分均配成相同浓度的溶液,然后按一定比例混合。

例 7.1 欲制备 pH=7.00 的 NaH_2PO_4–Na_2HPO_4 缓冲溶液 500 mL,如果该缓冲溶液的浓度为 $1.0\ \mathrm{mol \cdot L^{-1}}$,应如何制备?

解:已知 pK_a=7.20,设取 NaH_2PO_4 溶液 x L,则取 Na_2HPO_4 溶液（0.500−x ）L,则

$$pH=pK_a-\lg \frac{n(NaH_2PO_4)}{n(Na_2HPO_4)}$$

$$7.00=7.20-\lg \frac{1.0x}{(0.500-x) \times 1.0}$$

$$x=0.19$$

制备方法:将 190 mL $1.0\ \mathrm{mol \cdot L^{-1}}$ NaH_2PO_4 溶液与 310 mL $1.0\ \mathrm{mol \cdot L^{-1}}$ Na_2HPO_4 溶液混合均匀,即可得到 pH=7.00 的缓冲溶液 500 mL。

（2）在一定量的弱酸（或弱碱）中加入共轭碱（或共轭酸）

例 7.2 欲制备 pH=9.00 的缓冲溶液,应在 500 mL $0.10\ \mathrm{mol \cdot L^{-1}}$ $NH_3 \cdot H_2O$ 溶液中加入固体 NH_4Cl 多少克? （假设加入固体后溶液的总体积不变。）

解:已知 $NH_3 \cdot H_2O$ 的 pK_b=4.74, NH_4Cl 的摩尔质量为 53.5 g·mol^{-1}

根据

$$pH=pK_w-pK_b+\lg \frac{c(NH_3 \cdot H_2O)}{c(NH_4Cl)}$$

得

$$\lg \frac{c(NH_3 \cdot H_2O)}{c(NH_4Cl)}=pH+pK_b-pK_w=9.00+4.74-14.00=-0.26$$

$$\frac{c(NH_3 \cdot H_2O)}{c(NH_4Cl)}=0.55$$

则

$$c(NH_4Cl)=\frac{0.10\ \mathrm{mol \cdot L^{-1}}}{0.55}=0.18\ \mathrm{mol \cdot L^{-1}}$$

因此,应加入固体 NH_4Cl 的质量为

$$m=c(NH_4Cl) \times \frac{V}{M(NH_4Cl)}=0.18\ \mathrm{mol \cdot L^{-1}} \times \frac{500\ mL}{1\,000\ \mathrm{mL \cdot L^{-1}}} \times 53.5\ \mathrm{g \cdot mol^{-1}}=4.8\ g$$

制备方法:应在 500 mL $0.10\ \mathrm{mol \cdot L^{-1}}$ $NH_3 \cdot H_2O$ 溶液中加入固体 NH_4Cl 4.8 g。

（3）在一定量的弱酸或弱碱中加入一定量的强碱（或强酸）,通过酸碱反应生成的共轭碱（或共轭酸）和剩余的弱酸（或弱碱）组成缓冲溶液。

例 7.3　欲配制 pH=5.00 的缓冲溶液,需在 100 mL 0.10 mol·L⁻¹ HAc 溶液中加入 0.10 mol·L⁻¹ NaOH 溶液多少毫升?

解：设应加入 NaOH 溶液 x mL,则溶液的总体积为(100+x)mL。

$$HAc \ + \ NaOH == NaAc \ + \ H_2O$$

反应前的物质的量 /mmol：100×0.10　　　　0.10x　　　　0

反应后的物质的量 /mmol：100×0.10−0.10x　　　0　　　　0.10x

所以　$c(HAc) = \dfrac{(100 \times 0.10 - 0.10x)\,mmol}{V_{总}} = \dfrac{(10 - 0.10x)\,mmol}{V_{总}}$

$$c(HAc) = \dfrac{(0.10x)\,mmol}{V_{总}}$$

根据 $pH = pK_a - \lg \dfrac{c(HAc)}{c(NaAc)}$,将各个值带入后,得

$$5.00 = 4.74 - \lg \dfrac{10 - 0.10x}{0.10x}$$
$$x = 64.5$$

制备方法：在 100 mL 0.10 mol·L⁻¹ HAc 溶液中加入 64.5 mL 0.10 mol·L⁻¹ NaOH 溶液,便可得到 pH=5.00 的缓冲溶液。

2. 标准缓冲溶液的制备

（1）pH 标准缓冲溶液的制备　用 pH 工作基准试剂,经干燥处理,采用超纯水,在(20±5)℃条件下制备而成。其组成标度用溶质 B 的质量摩尔浓度 b_B 表示。可用于仪器的校正、定位。

（2）pH 测定用缓冲溶液的制备　可用优级纯或分析纯试剂,实验室三级纯水制备,其组成标度用物质的量浓度 c_B 表示。主要用于电位法测定化学试剂水溶液的 pH。测定范围 pH=1~12。定量分析中常用普通缓冲溶液的制备方法见附录 12。常用标准缓冲溶液的制备方法见附录 13。

习题

第7章习题答案

一、填空题

1. 下列操作各选用什么玻璃仪器,写出其名称。

（1）量取 9 mL 浓盐酸以制备 0.1 mol·L⁻¹ 的 HCl 溶液,用_____；

（2）量取纯水以制备 1 000 mL NaOH 标准溶液,用_____；

（3）移取 25 mL 醋酸试液（用 NaOH 标准溶液滴定其含量）,用_____。

2. 欲制备 0.100 0 mol·L⁻¹ NaOH 溶液 500 mL,应称取固体氢氧化钠_____g。

3. 制备标准溶液的方法一般有_____和_____两种。

4. 如用 KHP 测定 NaOH 标准滴定溶液的浓度,这种确定溶液准确浓度的操作,称为_____。而此处 KHP 称为_____物质。

5. 准确称取金属锌 0.325 0 g,溶解后,稀释定容至 250 mL 容量瓶中,则此 Zn^{2+} 溶液的物质的量浓度为_____mol·L⁻¹。

6. $T_{NaOH/HCl}$=0.003 000 g·mL⁻¹,表示每毫升_____相当于 0.003 000 g_____。

7. 浓盐酸的相对密度为 1.19（20 ℃），HCl 含量为 37%。今欲配制 0.2 mol·L^{-1} 的 HCl 溶液 500 mL 应取浓盐酸约_____mL。

二、选择题

1. 现需配制 0.2 mol·L^{-1} 的某标准溶液，通过标定后，得到该溶液的准确浓度如下，则浓度为（　　）mol·L^{-1} 说明该标准溶液的配制是合理的。

A. 0.187 5　　　B. 0.194 7　　　C. 0.211 0　　　D. 0.230 6

2. 直接法制备标准溶液必须使用（　　）。

A. 基准试剂　　　B. 化学纯试剂　　　C. 分析纯试剂　　　D. 优级纯试剂

3. 现需要制备 0.100 0 mol·L^{-1} K$_2$Cr$_2$O$_7$ 溶液，下列量器中最合适的是（　　）。

A. 容量瓶　　　B. 量筒　　　C. 刻度烧杯　　　D. 酸式滴定管

4. 可用于直接制备标准溶液的是（　　）。

A. KMnO$_4$　　　　　　　　　B. K$_2$Cr$_2$O$_7$

C. Na$_2$S$_2$O$_3$·5H$_2$O　　　　　D. NaOH

5. 欲制备 1 000 mL 0.1 mol·L^{-1} HCl 溶液，应取浓盐酸（12 mol·L^{-1} HCl）（　　）mL。

A. 0.84　　　B. 8.4　　　C. 1.2　　　D. 12

6. 下列容量瓶的使用不正确的是（　　）。

A. 使用前应检查是否漏水　　　　　　B. 瓶塞与瓶应配套使用

C. 使用前在烘箱中烘干　　　　　　　D. 容量瓶不宜代替试剂瓶使用

7. 已知 T_{NaOH/H_2SO_4} = 0.004 904 g·mL^{-1}，则氢氧化钠溶液物质的量浓度为（　　）mol·L^{-1}。

A. 0.000 100 0　　　B. 0.005 000　　　C. 0.500 0　　　D. 0.100 0

8. 用于制备标准溶液的水最低要求为（　　）。

A. 一级水　　　B. 二级水　　　C. 三级水　　　D. 四级水

三、判断题

1. 在分析化学实验中常用化学纯的试剂。　　　　　　　　　　（　　）
2. 凡是优级纯的物质都可用于直接法制备标准溶液。　　　　　（　　）
3. 欲使用不含二氧化碳的水，可将蒸馏水煮沸后冷却制得。　　（　　）
4. 分析用水应选用纯度最高的蒸馏水。　　　　　　　　　　　（　　）
5. 测量的准确度要求较高时，容量瓶应在使用前进行体积校准。（　　）
6. 直接法配制标准溶液必须使用基准试剂。　　　　　　　　　（　　）
7. 用浓溶液配制稀溶液的计算依据是稀释前后溶质的物质的量不变。（　　）
8. 制备硫酸、盐酸和硝酸时都应将酸注入水中。　　　　　　　（　　）
9. 基准物质可用于直接配制标准溶液，也可用于标定溶液的浓度。（　　）
10. 用来直接配制标准溶液的物质称为基准物质，KMnO$_4$ 是基准物质。（　　）

四、简答题

1. 基准物质应该具备什么条件？标定碱标准溶液时，邻苯二甲酸氢钾（KHC$_8$H$_4$O$_4$，M=204.23 g·mol^{-1}）和二水合草酸（H$_2$C$_2$O$_4$·2H$_2$O，M=126.07 g·mol^{-1}）都可以作为基准物质，你认为选择哪一种更好？为什么？

2. 为什么在滴定时一般都从零刻度开始？

3. 简述制备标准滴定溶液的两种方法。下列物质中哪些可用直接法配制标准滴定溶液？哪些只能用间接法配制？

NaOH、H$_2$SO$_4$、HCl、KMnO$_4$、K$_2$Cr$_2$O$_7$、AgNO$_3$、NaCl、Na$_2$S$_2$O$_3$。

4. 除了用 KHP 作为基准物质外,还可以采用哪些物质标定氢氧化钠溶液?

5. 标定 HCl 标准滴定溶液时,溶解碳酸钠基准试剂所用的蒸馏水体积是否需要准确量取? 为什么?

6. 用于标定的锥形瓶,其内壁是否要预先干燥? 是否要用待装溶液洗? 为什么?

7. 称取 NaOH 和 $KHC_8H_4O_4$ 各用什么天平? 为什么?

五、计算题

1. 将 10 mg NaCl 溶于 100 mL 水中,请用 c, w, ρ 表示该溶液的浓度。

2. 标定 HCl 溶液(约 0.1 mol·L^{-1})消耗体积 20~30 mL 时,需称取碳酸钠基准物质多少克?

3. 有 0.089 2 mol·L^{-1} 的 H_2SO_4 溶液 480 mL,现欲使其浓度增至 0.100 0 mol·L^{-1}。试计算应加入 0.500 0 mol·L^{-1} 的 H_2SO_4 溶液多少毫升?

4. 市售盐酸的密度为 1.19 g·mL^{-1},其中 HCl 的含量为 36%~38%,欲用此 HCl 制备 500 mL 0.1 mol·L^{-1} 的 HCl 溶液,应取浓盐酸多少毫升?

5. 某铁厂化验室要经常分析铁矿石中铁的含量。若使用的 $K_2Cr_2O_7$ 溶液的浓度为 0.020 00 mol·L^{-1}。为避免计算,直接从所消耗的 $K_2Cr_2O_7$ 溶液中的体积表示出铁含量,应当称取铁矿石多少克?

6. 称取已烘干的基准试剂碳酸钠 0.600 0 g,溶解后以甲基橙为指示剂,用 HCl 标准溶液滴定消耗 22.60 mL,计算 HCl 标准溶液的物质的量浓度。

六、案例分析

1. 某同学要制备 20% KOH 溶液,他在托盘天平上用称量纸称取 20 g KOH,置于 250 mL 烧杯中,用量筒取 100 mL 蒸馏水加入其中,用玻璃棒不断搅拌,待 KOH 全部溶解后,自然冷却至室温,转移至试剂瓶中。

试利用所学知识,对上述操作进行分析和点评。该同学的做法是否正确? 如不正确,应如何改正。

2. 某同学按如下操作配制 0.02 mol·L^{-1} KMnO$_4$ 溶液,请指出其操作中的错误之处。

准确称取 1.581 g 固体 KMnO$_4$,用煮沸过的蒸馏水溶解,转移至 500 mL 容量瓶,稀释至刻度,然后用干燥的滤纸过滤。

3. 某同学用容量瓶配制一定物质的量浓度的溶液,加水时不慎超过了刻度线。他倒出了一些溶液,又重新加水至刻度线。请问:这位同学的做法正确吗? 如果不正确,会引起什么误差?

第 8 章
样品的采集与制备技术

进行定量化学分析时，一般称取的试样量均为几克或零点几克。也就是说在分析测试中，不可能将"整体"拿来做分析测定，也不能任意抽取一部分来做分析。这就要求相关的分析测试结果能够充分代表整批物料的平均组成，所采取的化验室样品就必须要具备较高的代表性。否则，无论分析工作者在测试中做得多么认真、准确，其所得结果仍然是毫无意义的，甚至可能导致错误的结论，从而给实际工作造成严重混乱。

因此，在分析测试前慎重审查试样来源，正确采取化验室样品极为重要！而且通常采样要比分析操作本身更重要。

 **知识目标**

- ☐ 学习并理解样品采集与制备的分析意义。
- ☐ 学习固体样品的采集及制备方法。
- ☐ 掌握固体试样的分解方法及相关要求。

 **能力目标**

- ☐ 能按照要求正确采集固体样品。
- ☐ 能按照要求制备固体试样。
- ☐ 能按照要求制备符合分析要求的试样溶液。

 **素养目标**

- ☐ 树立正确的科学态度和勇于探索的工匠精神。

知识结构框图

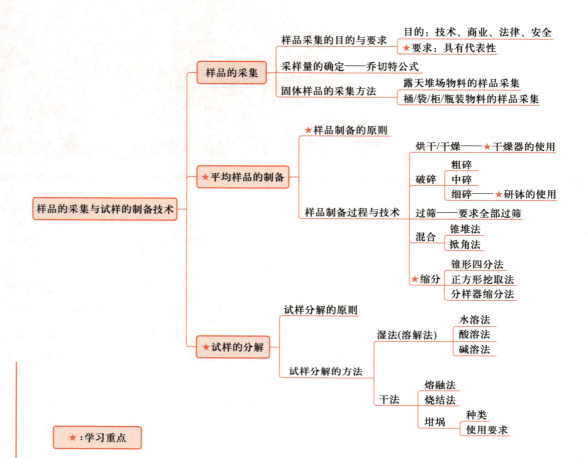

样品的采集与试样的制备技术

样品的采集
- 样品采集的目的与要求
  - 目的：技术、商业、法律、安全
  - ★要求：具有代表性
- 采样量的确定——乔切特公式
- 固体样品的采集方法
  - 露天堆场物料的样品采集
  - 桶/袋/柜/瓶装物料的样品采集

★平均样品的制备
- ★样品制备的原则
- 样品制备过程与技术
  - 烘干/干燥——★干燥器的使用
  - 破碎
    - 粗碎
    - 中碎
    - 细碎——★研钵的使用
  - 过筛——要求全部过筛
  - 混合
    - 锥堆法
    - 掀角法
  - ★缩分
    - 锥形四分法
    - 正方形挖取法
    - 分样器缩分法

★试样的分解
- 试样分解的原则
- 试样分解的方法
  - 湿法(溶解法)
    - 水溶法
    - 酸溶法
    - 碱溶法
  - 干法
    - 熔融法
    - 烧结法
    - 坩埚
      - 种类
      - 使用要求

★：学习重点

8.1　样品采集的目的与要求

样品是从大量物质中选取的一部分物质。确切地说它是采用一定的科学方法从整体抽出可代表整体平均组成状况的少量物料,这一操作过程称为"取样"。样品的组成和整体物料的平均组成相符合的程度,称为"代表性"。符合程度越大,代表性就越好。

在任何分析过程中,取样是最为关键的步骤。取样的关键是要有代表性!

在取样过程中,应严格控制样品的必要量。样品的多少取决于所要求的精密度、材料的不均匀性和颗粒的大小等。

采样的基本目的是从待检测的总体物料中取得有代表性的样品。通过对样品的检测,得到在允许误差范围内的数据,从而求得待检测物料的某一或某些特性平均值及其变异性。

微课

样品采集的目的与要求

一、采样的具体目的

采样的具体目的可以分为技术目的、商业目的、法律目的和安全目的四个方面。

1. 技术目的

确定原材料、半成品及成品的质量,控制生产工艺过程,确定未知物,确定被污染物的性质、程度和来源,验证物料的特性,测定物料随时间和环境的变化,鉴定物料的来源等。

2. 商业目的

确定销售价格,验证是否符合合同的规定,保证产品销售质量满足用户的要求。

3. 法律目的

检查物料是否符合法律要求,检查生产过程中泄漏的有害物质是否超过允许极限,为了进行法庭调查、确定法律责任、进行仲裁等。

4. 安全目的

确定物料是否安全或物料的危险程度,分析发生事故的原因,按危险性进行物料的分类等。

二、采样原则

在明确了采样的具体目的后,就可以根据不同的目的和要求,以及所掌握的被采集物料的所有信息,设计具体的采样方案。但无论什么目的,采用什么方案采样,都必须遵循一个基本原则,那就是采得的样品必须具有充分的代表性,即它能代表总体物料的特性。

特性是指可确定的物料性质,可分为定性和定量两种。

三、常用术语

1. 采样批

采样批指待检测物料总体的范围。在实际采样工作中,常根据物料状况或生产过程采用不同的采样批。常用的有以下三种。

（1）生产批　指一定量的物料。它可以是一个采样单元或是按相同生产条件制得的堆放在一起的若干个采样单元。

（2）交货批　指由特定的交货或装货单据所指明的一定数量的物料。

（3）商品批　按一定采样方案进行采样的物料总量，它可由几个交货批、生产批或采样单元组成。

2. 采样单元

采样单元指具有界限的一定数量的物料。其界限可以是有形的，如一个容器，也可以是设想的，如物料流的某一时刻或时间间隔。

3. 份样

份样是指用采样器从一个采样单元中一次取得的一定量物料。

份样应该是代表样，即与被采物料具有相同组成的样品。

4. 样品

样品是从数量较大的采样单元中取得的一个或几个采样单元，或从一个采样单元中取得的一个或几个份样。在某些情况下，样品也称为"样本"。

由于从物料中采集时选择的部位不同，又可对样品分别赋予不同的名称。如部位样品、表面样品、底部样品、上部样品、中部样品、下部样品、连续样品、间断样品等。

5. 原始样品

原始样品是指采集的保持其个体本性的一组样品。

6. 缩分样品

缩分样品是指将采集的样品经过缩分，缩减了数量，但不改变其组成所得的样品。

7. 实验室样品

实验室样品是指送往实验室供检验或测试而制备的样品。

8. 备份样品

备份样品是指与实验室样品同时、同样制备的样品。一般用于在对检验结果有争议时，可为有关方面接受作为实验室样品。

9. 存样

存样是与实验室样品同时、同样制得的样品，以备以后有可能用作实验室样品。

10. 试样

试样是由实验室样品制得的样品，并从它取得试料。通常，试样常与实验室样品相同。

11. 试料

试料是从试样中取得的一定量的物料，用以进行检验或观察。

8.2　固体样品的采集与制备

一、采样工具

采集固体样品,应根据固体物料的不同种类和不同状态而采用不同的方法,采样的方法不同所使用的采样工具也不同。

采集固体样品的工具有试样桶、试样瓶、舌形铲、采样探子、采样钻、气动和真空采样探针,以及自动采样器等。

二、采样量的确定(乔切特公式)

微课

固体样品的采集

对不均匀固体物料,其采取的样品数量与物料性质、不均匀程度、颗粒大小和待测组分含量等有关。为此,人们总结出一个平均样品最小质量的经验公式(即乔切特公式),也称缩分公式:

$$m=Kd^2 \qquad (8.1)$$

式中,m——样品的最低可靠质量(即平均试样的最小质量),kg;

d——样品中最大颗粒的直径,mm。

K——根据物料特性确定的缩分系数,一般为 0.02~1;样品越不均匀,K 值越大。

样品的颗粒越大,采样量应越多;样品越不均匀,应采集的样品就越多。

> **例 8.1**　在采取矿石的平均样品时,若此矿石最大颗粒的直径为 20 mm,矿石的 K 值为 0.06,则应采取的样品最低质量是多少?
>
> **解:**根据式(8.1)计算得
>
> $$m=0.06 \times 20^2=24 (kg)$$
>
> 若将上述样品最大颗粒破碎至 4 mm,则
>
> $$m=0.06 \times 4^2=0.96 (kg) \approx 1 (kg)$$

三、样品的采集方法

分析检测用的固体样品通常分为均匀样品和不均匀样品两大类。其中不均匀样品还可再细分为随机不均匀样品和非随机不均匀样品。

均匀样品的采集,原则上可以在物料的任何部位进行。但需注意,在采样过程中不得带进杂质,以防引起样品变化(如氧化、吸水等)。

对不均匀样品的采集,通常采用随机取样的方法。对随机采集的样品分别进行测定,再汇总所有的检测结果,可以得到总体物料的特性平均值和变异性的估计值。对随机不均匀样品(指总体物料中任意部分的特性平均值与相邻部分的特性平均值无关的物料)的采集可以随机选取也可以非随机选取。

1. 原料、矿石、煤炭等露天堆放的物料

由于密度不同的物料容易出现分层，因此，根据物料量的大小和均匀程度，用勺、铲或采样探子从物料的一定部位或沿一定方向进行采样。

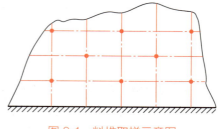

图 8.1 料堆取样示意图

首先从料堆的周围，从地面起每隔 0.5 m 左右用铁铲划一条横线。再每隔 1~2 m 从上到下划一条竖线，间隔选取横竖线的交叉点处作取样点，如图 8.1 所示。

在取样点处用铁铲深入 0.3~0.5 m 挖取 100~200 g。如果遇到块状物料，取出用铁锤砸取一小块。

2. 桶、袋、柜和瓶装固体物料

一般用采样探子或其他合适工具。在采样单元中按一定方向、插入一定深度进行。在每个采样单元中采集样品的方向和数量依容器中物料的均匀程度确定。

在捆包、盒子和类似容器中采样，要使用裂口取样器。方法是将管道插入容器中心，反复旋转以获得中心部分的物料。

3. 传送带或斜道上的物料

用手铲在流动的物料横截面取样。或用自动采样器、勺或其他合适的工具从皮带运输机或物料流中随机或按一定时间间隔采集样品。

4. 车厢或小车中取样

先将物料铲平，按照图 8.2 所示选取取样点。

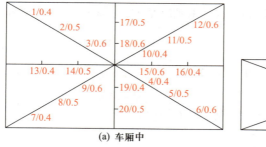
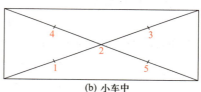

(a) 车厢中　　　　　　　　　(b) 小车中

图 8.2 取样点分布示意图

8.3 平均样品的制备

由于固体物料采样量较大，其粒度与组成也不甚均匀，因此采集的原始平均样品是不可以直接用于分析测试的。从大量的原始平均样品中取出少部分能够代表总体物料特性，且能用于分析测定的试样，就必须要将原始平均样品进行处理，这个处理的过程就是平均样品的制备。

一、平均样品制备的目的和原则

1. 目的

从大量的原始样品中获取最佳量的、能满足检验要求的、待测性质能代表总体物料特性的样品。这个样品也叫平均试样。

2. 原则

（1）原始样品的各部位应有相同的概率进入最终样品。

（2）在制备过程中，不破坏样品的代表性。

（3）为了不加大采样误差，在检验允许的情况下，应在缩减样品的同时缩减粒度。

（4）应根据待测特性、原始样品的量和粒度，以及待采物料的性质确定样品制备的步骤和技术。

二、固体平均试样的制备过程与技术

固体平均试样的制备通常要经过：(烘干、干燥）—破碎、研磨—过筛—混合—缩分等步骤。试样的制备可用手工或机械方式完成。

微课

固体平均试样的制备

1. 烘干

若样品过于潮湿（如煤、黏土等），会使研细、过筛发生困难，因此在破碎前必须要首先烘干。少量样品的烘干可在烘箱中进行，通常温度为 105~110 ℃下烘干 2 h，对易分解样品则应在 55~60 ℃下烘干 2 h。大量样品的烘干可在空气中进行。

2. 干燥

若固体物质的熔点高于 110 ℃且在这一温度下不分解，则可加热到 110 ℃或更高的温度来干燥试样。此操作旨在除去与固体表面结合的水分。

（1）干燥方法

① 在称量瓶中装入不超过一半容量的待干燥试样。

② 将称量瓶的瓶盖打开，放入烘箱（也称干燥箱）中，在所需温度下干燥 2 h。

③ 从烘箱中取出称量瓶，稍冷后盖上称量瓶瓶盖，放入干燥器中。

（2）干燥器的使用

① 干燥器。干燥器是具有磨口盖子的密闭厚壁玻璃器皿，常用以保存坩埚、称量瓶、试样等物。它的磨口边缘涂一薄层凡士林，使之能与盖子密合，如图 8.3 所示。

(a) 干燥器示意图　　(b) 干燥器的开启与关闭　　(c) 干燥器的搬移方法

图 8.3　干燥器的使用

动画

玻璃干燥器的使用

147

干燥器底部盛放干燥剂,最常用的干燥剂是变色硅胶和无水氯化钙,其上搁置洁净的带孔瓷板,坩埚等即可放在瓷板孔内。

使用干燥器时应注意下列事项。

（i）干燥剂不可放得太多,以免玷污坩埚底部。

（ii）搬移干燥器时,要用双手拿着,用大拇指压紧盖边,以防盖子滑落打碎 [图 8.3（c）]。

（iii）打开干燥器时,不能往上掀盖,应用左手按住干燥器,右手小心地把盖子稍微推开,等冷空气徐徐进入后,才能完全推开,打开干燥器后,盖子必须仰放在桌面上 [图 8.3（b）]。

（iv）不可将太热的物体放入干燥器中。

（v）有时较热的物体放入干燥器中后,空气受热膨胀会把盖子顶起来,为了防止盖子被打翻,应当用手按住,不时把盖子稍微推开（不到 1 s）,以放出热空气。

（vi）灼烧或烘干后的坩埚和沉淀,在干燥器内不宜放置过久,否则会因吸收一些水分而使质量略有增加。

（vii）变色硅胶干燥时为蓝色（含无水 Co^{2+} 色）,受潮后变粉红色（水合 Co^{2+} 色）。可以在 120 ℃烘受潮的硅胶,待其变蓝后反复使用,直至破碎不能用为止。

小贴士

需要指出:干燥器中干燥剂吸收水分的能力都是有一定限度的。干燥器中的空气并不是绝对干燥的,只是湿度较低而已。

② 真空干燥器。真空干燥器是一种盖子上带有磨口旋塞的干燥器（如图 8.4 所示）。它装有侧臂以便与真空连接。

这类干燥器通常用于干燥被有机溶剂润湿的晶体,不适用于干燥易升华的物质。

使用时应将干燥器内的气体抽出,减压到 $1.33 \times 10 \sim 1.33 \times 10^3$ Pa。

3. 破碎和研磨

将原始试样破碎并研磨成精细粉末是处理固体试样的首要步骤（注意:在破碎过程中要防止试样组成的改变）。破碎包括:粗碎、中碎、细碎和粉磨四个环节。

图 8.4　真空干燥器

粗碎:是用颚式破碎机将样品碎至 $d < 4$ mm;

中碎:采用磨盘式破碎机或辊式破碎机将样品碎至 $d < 0.8$ mm;

细碎:用磨盘式破碎机将样品碎至 $d < 0.2$ mm;

粉磨:用球磨机或密封式化验用碎样机将样品碎至 $d < 0.08$ mm。

破碎 / 研磨过程需注意的问题如下。

（1）防止水分含量的变化（如煤的水分测定）;

（2）破碎机表面的磨损量引入杂质（铁含量的测定）;

（3）研磨过程中发热,使易挥发组分逸去（钢中硫含量的测定）,或由于空气氧化使组分改变;

（4）坚硬组分易飞溅，软组分成粉末易损失。

因此，粉碎的粒度要能保证组分均匀并易分解，不必过分研细。

4. 过筛

在样品破碎过程中，每次碎后都要过筛，未通过筛孔的粗粒物料应再次破碎，直到样品全部通过指定的筛子为止。如图 8.5、图 8.6 和图 8.7 所示。

图 8.5　金属丝编织网试验筛

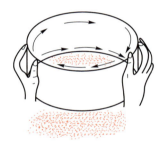

图 8.6　将物料铲入试验筛　　　　图 8.7　筛分操作示意图

 小贴士

不能强制过筛或丢弃筛余。总试样筛分时不应产生灰尘。

5. 混合

混合样品的方法一般有：锥堆法和掀角法。

（1）锥堆法　此法适用于大量物料。方法是：将样品在干净、光滑的地板上堆成一个圆锥体，用平铲交互地从样品堆相对的两边贴底铲起，堆成另一个圆锥体。操作时要注意使每铲铲起的样品不应过多，并且要撒在新堆锥体的顶部。如此反复，来回翻到数次，即可混合均匀。

（2）掀角法　此法用于少量细碎样品的混匀。方法是：将样品放在光滑的塑料布上，先提起塑料布的两个对角，使样品沿塑料布的对角线来回翻滚，再掀起塑料布的另外两个对角进行翻滚，如此调换，翻滚多次，直至样品混合均匀。

6. 缩分

缩分是在不改变物料平均组成的情况下，逐步缩小试样量的过程。缩分是整个样品制备过程中非常重要的一个环节，应严格按照规定方法进行。

149

常用的缩分方法有：锥形四分法、正方形挖取法和分样器缩分法。

（1）锥形四分法　将混匀的样品物料堆成圆锥体，然后用铲子或木板将锥体顶部压平，使其成为圆锥台，通过圆心将圆锥台分为四等份。去掉任意的相对两等份，剩下的两等份再混匀成圆锥体，如此反复进行，直至达到规定的试样数量为止（如图 8.8 所示）

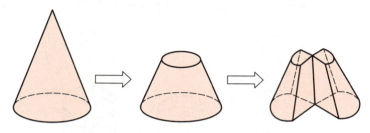

图 8.8　锥形四分法示意图

（2）正方形挖取法　将混匀的样品物料铺成正方形的均匀薄层，用铲子划成若干个小正方形，如图 8.9 所示，将每一间隔的小正方形中的物料全部取出（图中的阴影部分或无阴影部分），剩下的部分按上述方法反复进行，直到获得所需的试样量为止。

（3）分样器缩分法　分样器是一种不改变物料的平均组成，而将试样量缩小的制样设备。分样器的种类很多，最简单的是格槽式分样器，如图 8.10 所示。分样器中有若干左右交替的用隔板分开的小槽（一般不少于 10 个，且必须是偶数个），在下面两侧分别放有承接试样的样槽，当样品倒入分样器后，即从两侧流入两边的样槽内，于是把物料均匀地分成两等份，达到缩分的目的（见图 8.11，图 8.12）。

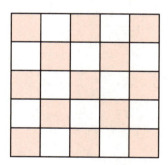

图 8.9　正方形挖取法

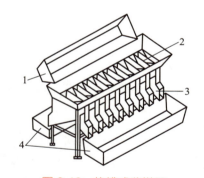

图 8.10　格槽式分样器

1—加料斗；2—进料口；3—格槽；4—收集槽

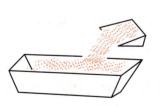

图 8.11　将试样铲入加料斗

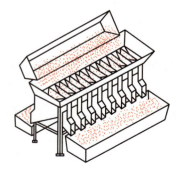

图 8.12　试样流入收集槽

用分样器缩分样品,可不必预先将样品混匀而直接进行缩分。样品的最大直径不应大于格槽宽度的 1/3~1/2。

 练一练

 a. 以煤粉作样品,练习"锥形四分法"缩分样品的操作。

 b. 以煤粉作样品,练习"正方形挖取法"缩分样品的操作。

 c. 以煤粉作样品,练习"分样器缩分法"缩分样品的操作。

三、样品制备过程中应注意的问题

样品制备过程中应注意如下问题。

（1）在破碎、磨细样品前,对每一件设备和用品,如药碾子、磨盘、乳钵、颚板、铁锤等都要用刷子刷净,不应有其他样品粉末残留,最好用少量待磨细的样品清洗 2~3 次后再使用。

（2）应尽量防止样品小块和粉末飞散。

（3）磨细过筛后的筛余一律不许弃去,需继续进行粉碎,直至全部样品通过筛子为止。

（4）避免试样在制备过程中被玷污,因此要避免机械、器皿污染,试样和试样之间的交叉污染。

（5）制备好的合格试样应及时封存保管,要贴上试样标签,以便识别。标签应注明试样名称、检验项目、取样日期、制样人等项目。试样交实验者时应有签收手续。

四、制备分析试样的要求

供化学分析用的试样必须要求颗粒细而均匀,在制备过程中除严格遵守上述规则外,还需做到以下几点。

（1）试样必须全部通过 80 μm 方孔筛,并充分均匀,装入带有磨口塞的试剂瓶中。

（2）在分析前,试样需在 105~110 ℃的电热烘箱中烘干 2 h 左右,以除去附着水分。

（3）采用锰钢磨盘研磨的试样,必须要用磁铁将其引入的铁尽量吸掉,以减少玷污。

五、制备供测定化学成分及工业分析用的煤样时应注意的事项

评价煤炭质量是以煤样的分析结果为依据的。采样、制样和分析是获得可靠结果的三个重要环节。任何一环造成的差错,都将会得到错误的结果。制备供测定化学成分及工业分析的煤样时应达到下列几点要求。

（1）采样应严格按照前述的方法进行。

（2）将在 70~80 ℃下测定外在水分的煤样磨碎至全部通过筛孔为 0.2 mm 的筛子。

（3）过筛的试样应放在盘中置于 40~45 ℃的烘箱中烘干。

8.4　试样的分解

试样的分解是定量分析工作的重要步骤之一。它不仅直接关系到待测组分是否转变为适合的测定形态,也关系到以后的分离和测定。在定量分析测定中,除了干法分析(如光谱分析、差热分析等)外,通常是用湿法分析,也就是说在溶液中对待测组分进行测定。

对可溶性试样进行溶解,对难溶性试样要进行分解,使在试样中以各种形态存在的待测组分都转入溶液并成为某一可测定的状态。

试样经溶解或分解后所得的溶液称为"试液"(亦称待测液)。

在溶解或分解试样时,应根据试样的化学性质与测定方法的不同采用适当的分解方法。对无机物的试样分解常采用湿法(酸溶或碱溶)及熔融法(酸性物质熔融或烧结)。

微课

试样溶液的制备

一、试样分解的一般要求

试样分解的一般要求如下。

(1)溶解或分解应完全,使待测组分全部转入溶液。即分解后所得试液中不得残留原试样的细屑或粉末。

(2)在溶解或分解过程中,待测组分不能有损失。

(3)不能从外部混进预测定组分,并尽可能避免引进干扰物质。

(4)所用试剂及反应物不应对后续测定产生干扰。

二、分解方法

1. 湿法(溶解法)

湿法分解时将试样与溶剂相互作用,试样中待测组分转变为可供分析测定的离子或分子存在于溶液中,它是一种直接分解法。

在分解试样时总希望尽量少引入盐类,以免给测定带来困难和误差。因此,分解试样尽量采用湿法,即溶解法。

在湿法中选择溶剂的原则:能溶于水的先用水溶解,不溶于水的酸性物质选用碱性溶剂;碱性物质选用酸性溶剂;还原性物质选用氧化性溶剂,氧化性物质选用还原性溶剂。

(1)水溶法　以水作溶剂,只能用于溶解一般可溶性盐类。

(2)酸溶法　酸溶法是利用酸的氢离子效应、氧化还原性及配位性使试样中的待测组分转入溶液中。常用作溶剂的酸有:盐酸、硝酸、硫酸、氢氟酸、高氯酸和磷酸及它们的混合酸等。

① 盐酸(HCl)。浓盐酸(约 $12 \ mol \cdot L^{-1}$)是众多金属氧化物和电动势在氢以下的金属的极好溶剂。它能溶解大多数常见金属的磷酸盐(铌、钽、钛、锆的磷酸盐除外),并能分解含高比例的强碱或中等强度碱的硅酸盐,但对酸性硅酸盐无能为力。它还能溶解锑、镉、铟、铁、铅、锰、锡、锌、铋的硫化物,部分溶解钴和镍的硫化物。

② 氢氟酸（HF）。氢氟酸的主要应用是为了测定除二氧化硅以外的硅酸盐样品中的其他组成。

硅以四氟化硅的形式逸出，分解完全后，过量的氢氟酸再与硫酸一起蒸发至冒烟或与硝酸一起蒸发近干被赶去。

 小贴士

（1）加入硫酸的作用是防止试样中的钛、锆、铌等元素与氟形成挥发性化合物而损失，同时利用硫酸的沸点（338 ℃）高于氢氟酸（120 ℃）的特点，加热除去剩余的氢氟酸，以防止铁、铝等形成稳定的氟配合物而导致无法对相关组分进行测定。

（2）氢氟酸与皮肤接触会造成严重伤害，带来伤痛。氢氟酸可渗入皮肤或手指甲下，有极强的腐蚀作用。

（3）由于氢氟酸能与玻璃作用，因此当用氢氟酸处理试样时，不能在玻璃器皿中进行，应选用铂皿或聚四氟乙烯器皿。

③ 硝酸（HNO_3）。硝酸是具有强氧化性的酸。作为溶剂，硝酸兼具酸的作用和氧化作用，溶解能力强而且快。

浓硝酸是广泛用于分解金属的氧化性溶剂，它能溶解大多数常见金属元素。铝、铬、镓、铟、钍因形成保护性氧化物膜而溶解十分缓慢。硝酸不能溶解金、钽、锆和铂族金属（钯除外）。硝酸一般用于单项测定中的溶样，在系统分析中很少采用硝酸，其主要原因是由于硝酸在加热蒸发过程中易形成难溶性的碱式盐而干扰测定。

硝酸和盐酸的混合物能很好地溶解铌、钽、锆，也溶解锑、锡和钨、钽、钛和锆的碳化物、氮化物和硼化物。

④ 硫酸（H_2SO_4）。热的浓硫酸经常用作溶剂，其有效作用主要归因于硫酸的高沸点（338 ℃），在这一温度下物质的分解和溶解都进行得相当迅速，且大多数有机物也在这样的条件下脱氢被氧化。热硫酸能溶解多数金属与合金。浓硫酸的强氧化性和脱水性在硅酸盐分析中也应用得比较多。

⑤ 高氯酸（$HClO_4$）。热的浓高氯酸（72%）具有强氧化性和脱水性，也是极有效的溶剂。它能溶解其他无机酸无法溶解的许多铁合金和不锈钢，事实上，它是不锈钢的最佳溶剂，能将铬和钒分别氧化至Ⅵ价、Ⅴ价，可以无损失地完全氧化普通钢铁中的磷，氧化硫和硫化物至硫酸盐，二氧化硅依旧无法溶解。高氯酸不能溶解铌、钽、锆和铂族金属。

 小贴士

所有用高氯酸对试样的处理多在加热条件下进行，高氯酸遇到有机物时会发生爆炸，因此操作时应特别小心，操作者在进行相关操作时应佩戴防爆头盔，在防爆屏后进行。

⑥ 磷酸（H_3PO_4）。磷酸是无氧化性的不挥发性酸，具有较强的配位能力，它能与许多金属离子形成可溶性的配合物。在高温下磷酸的分解能力很强，可以溶解一般不被盐酸分解的铌铁矿、铬铁矿、钛铁矿、金红石等矿物。钨、钼、铁等在酸性介质中都能与磷酸形成无色配合物。因此，磷酸又常常用作合金钢的溶剂。

⑦ 混合酸。使用混合酸或在无机酸中加入氧化剂可以获得更加快速的溶解作用。最常用的混合酸是王水（浓盐酸和浓硝酸以 3∶1 的比例混合而成）。逆王水（浓盐酸和浓硝酸以 1∶3 比例混合），主要用于分解硫化物矿石。此外，还有硫酸和磷酸、硫酸和氢氟酸、盐酸与高氯酸、盐酸与双氧水等混合溶剂。

（3）碱溶法　一般用 20%~30%（300~400 $g·L^{-1}$）的 NaOH 溶液作溶剂，主要溶解铝和铝合金及某些酸性为主的两性氧化物（如 Al_2O_3）。

湿法尤其是酸分解法的优点表现在：酸容易提纯，分解时不致引入除氢以外的阳离子；除了磷酸外，过量的酸也较易采用加热的方法除去；一般的酸分解法温度低，对容器的腐蚀小；操作简便，便于成批生产。

但该方法的不足之处则表现为：分解能力有限，对某些试样分解不完全；有些易挥发组分在加热分解试样时可能会挥发损失。

2. 干法（熔融法）

干法是对那些不能完全被溶剂所分解的试样，将它们与熔剂混匀在高温下作用使之转变为易被水或酸溶解的新化合物。然后以水或酸溶液浸取，使试样中待测组分转变为可供分析测定的离子或分子进入溶液中。因此，干法分解是一种间接分解法。

干法按照熔融的程度不同分为熔融法（全熔法）和烧结法（半熔法）两大类。

（1）熔融法（全熔法）　熔融法是指在高于熔剂熔点的温度下熔融分解，熔剂与试样之间的反应（复分解反应）在液相或固－液两相之间进行，反应完全之后形成均匀熔融体。

（2）烧结法（半熔法）　烧结法是指在低于熔剂熔点的温度下烧结分解，熔剂与试样之间的反应发生在固相之间。

此外，也可按照使用的熔剂性质不同，分为碱熔法和酸熔法两种。

常用的碱性熔剂主要有无水碳酸钠、碳酸钾、氢氧化钠、氢氧化钾、过氧化钠等；而常用的酸性熔剂主要有焦硫酸钾、硼砂、偏硼酸锂等。

选择熔剂的基本原则：酸性试样用碱性熔剂，碱性试样用酸性熔剂。使用时还可加入氧化剂、还原剂助熔。

能够与试样完全反应的最低熔点的熔剂，通常都是最佳熔剂。

表 8.1 所示为常用熔剂的使用范围及使用条件。

表 8.1　常 用 熔 剂

熔剂	熔融温度 / ℃	所用的坩埚类型	被分析物质的类型
Na_2CO_3（mp 851 ℃）	1 000~1 200	Pt	硅酸盐（黏土、玻璃、矿物、岩石、炉渣）；含 Al_2O_3/BeO 和 ZrO_2 的试样，石英、难溶性磷酸盐和硫酸盐

熔剂	熔融温度 / ℃	所用的坩埚类型	被分析物质的类型
K_2CO_3（mp 901 ℃）	1 000	Pt	氧化铌
$Na_2CO_3+Na_2O_2$		Pt, Ni, Zr, Al_2O_3 陶瓷	需要氧化剂的试样（硫化物,铁合金,钼基、钨基材料,一些硅酸盐和氧化物,蜡、污泥、Cr_3C_2）
NaOH 或 KOH（mp 320~380 ℃）		Au（最佳）, Ag, Ni（<500 ℃）	硅酸盐、碳化硅
Na_2O_2	600	Ni, Ag, Au, Zr	硫化物,不溶于酸的 Fe, Ni, Cr, Mn, W, Li 合金;Pt 合金,Cr, Sn, Zn 矿物
$K_2S_2O_7$（mp 300 ℃）	至红热	Pt,瓷	难溶氧化物和含氧化物,特别是含铝、铍、钼和钛氧化物试样
KHF_2（mp 239 ℃）	900	Pt	硅酸盐和含铌、钽和锆的矿物,形成氟配合物
B_2O_3（mp 239 ℃）	1 000~1 100	Pt	硅酸盐、氧化物和难溶矿物
$CaCO_3+NH_4Cl$	—	Ni	所有硅酸盐矿物,主要用于测定碱金属
$LiBO_2$（mp 845 ℃）	1 000~1 100	Pt	除硫化物和金属外所有物质
$Li_2B_4O_7$（mp 920 ℃）	1 000~1 100	Pt	与 $LiBO_2$ 相同

注：mp 指熔点。

　　干法尤其是熔融法的最大优点在于：只要熔剂及处理方法选择适当,许多难分解的试样均可完全分解。但此法的局限性在于：熔融温度高,操作不如湿法方便;器皿腐蚀及其对分析结果可能带来的影响往往不可忽视。

　　在使用熔融法中,为使试样能够被完全熔融并分解,固体试样通常应研磨成精细粉末,以得到较大的比表面积,然后将试样与熔剂以适当比例（1∶2~1∶20）充分混合,必要时还需加入非浸润试剂以防熔剂在坩埚壁上黏接。

　　熔融操作应在坩埚中进行,但熔剂用量一般不宜过多,以免引起坩埚的损耗。

　　坩埚是用来进行高温灼烧的器皿［图 8.13（a）］,分析工作中常用坩埚来灼烧沉淀或熔融试样。坩埚的材质不尽相同,实验室常用瓷质材质的坩埚。为了便于识别瓷坩埚,可在干燥的坩埚上书写编号。

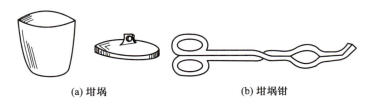

(a) 坩埚　　　　　　　　　(b) 坩埚钳

图 8.13　坩埚和坩埚钳

　　坩埚钳常用铜合金或不锈钢制作，表面镀以镍和铬等，用来移取热的坩埚。用坩埚钳［（图 8.13（b）］夹持或托拿灼热坩埚时，应将坩埚钳前部预热，以免坩埚因局部受热不均而破裂。钳尖用于夹持坩埚盖，曲面部分用于托住坩埚本体。

　　化学分析中常用坩埚的使用及维护如表 8.2 所示。常用熔剂所适用的坩埚见表 8.3。

表 8.2　坩埚的使用与维护

坩埚类型	使用与维护
瓷坩埚	耐热温度在 1 200 ℃左右；适用于以焦硫酸钾（$K_2S_2O_7$）等酸性物质作熔剂熔融试样；一般不能用于以 NaOH，Na_2O_2，Na_2CO_3 等碱性物质作熔剂熔融，以免腐蚀坩埚，不能与 HF 接触。 一般用稀盐酸煮沸清洗
聚四氟乙烯坩埚	耐热温度接近 400 ℃，但通常控制在 200 ℃左右使用，最高不超过 280 ℃；能耐酸、碱，不受 HF 侵蚀，主要用于含 HF 的熔剂熔样；突出优点是熔样中不会带入金属杂质
银坩埚	由纯银加工而成，常以此坩埚代替铂、镍坩埚，但不适于作灼烧沉淀用；使用时要严格控制温度，使用温度不得超过 700 ℃；银坩埚一经加热，其表面会形成一层氧化膜，可以用 NaOH，Na_2O_2，Na_2CO_3 等作熔剂以烧结法分解样品，但熔融时间不宜过长（一般不超过 30 min）；不得在其中分解或灼烧含硫的物质，也不可在其中使用碱性硫化物熔剂；在熔融状态下，铝、锌、锡、铅、汞等金属盐都能使银坩埚变脆，对于硼砂等也不能在银坩埚中灼烧或熔融；刚从火焰或电炉上取下的热坩埚，不得立即用水冷却，以免产生裂纹；银易溶于酸，在浸取熔融物时，应尽量少用酸，尤其不可接触浓硝酸
铁坩埚	使用前应先进行钝化处理，即先用稀盐酸清洗，后用细砂纸将坩埚擦净，再用热水清洗，然后放入 5%H_2SO_4 和 1%HNO_3 混合液中浸泡数分钟，再用水洗净，烘干后，在 300~400 ℃高温炉内灼烧 10 min；价廉。 在铁的存在不影响分析测试时，建议尽量使用铁坩埚；清洗时用冷的稀盐酸即可
镍坩埚	使用纯镍加工而成，使用时应严格控制温度，不得超过 800 ℃；由于镍在高温下已被氧化，因此不能用于沉淀的灼烧或称量，但对各种碱性熔剂有良好的耐蚀性。 使用前应先在水中煮沸数分钟，以除去其污物，必要时可加入少量盐酸煮沸片刻，新坩埚使用前应先在高温炉内烧 2~3 min，以除去油污，并使其表面氧化，延长使用寿命；镍易溶于酸，故浸取熔融物时，不得使用酸；铝、锌、锡、铅、汞等金属盐都能使镍坩埚变脆，硼砂也不能在镍坩埚中灼烧熔融
铂坩埚	由纯铂加工制成，质软，导热性能好；使用时不能用手捏，更不能用玻璃棒捣（或刮）坩埚内壁，以免变形和损伤。 加热和灼烧时，应在垫有石棉板或陶瓷板的电炉或电热板上进行，也可在煤气灯的氧化焰上进行，不能与电炉丝、电热板或还原焰接触。 热的坩埚要用包有铂尖的坩埚钳夹取，红热的铂坩埚不可放入冷水中骤冷；组分不明的试样不能使用铂坩埚加热或熔融，对铂坩埚有侵蚀、损坏作用及与铂能形成合金的物质不能在铂坩埚内灼烧或熔融；坩埚内外壁应经常保持清洁和光亮，使用过的铂坩埚可用盐酸（1:1）煮沸清洗。 坩埚变形时，可放在木板上，一边滚动，一边用牛角匙压坩埚壁整形

表 8.3　常用熔剂所适用的坩埚

熔剂名称	适用坩埚						
	铂坩埚	铁坩埚	镍坩埚	银坩埚	瓷坩埚	刚玉坩埚	石英坩埚
碳酸钠	+	+	+	−	−	+	−
碳酸氢钠 碳酸钠－碳酸钾（1:1）	+	+	+	−	−	+	−
碳酸钾－硝酸钾（6:0.5）	+	+	+	−	−	+	−
碳酸钠－硼酸钠（3:2）	+	−	−	−	+	+	+
碳酸钠－氧化镁（2:2）	+	+	+	−	+	+	+
碳酸钠－氧化锌（2:1）	+	+	+	−	+	+	+
碳酸钠钾－酒石酸钾钠（4:1）	+	−	−	−	−	−	−
过氧化钠	−	+	+	−	−	+	−
过氧化钠－碳酸钠（4:1）	−	+	+	+	−	+	−
氢氧化钠（钾）	−	+	+	+	−	−	−
氢氧化钠（钾）－硝酸钠（6:0.5）	−	+	+	+	−	−	−
碳酸钠－硫黄（1:1）	−	−	−	−	+	−	+
硫酸氢钾	+	−	−	−	+	−	+
焦硫酸钾	+	−	−	−	+	−	+
焦硫酸钾－氟化钾（10:1）	+	−	−	−	−	−	+
氧化硼	+	−	−	−	−	−	−
硫代硫酸钠（212 ℃烘干）	−	−	−	−	+	−	+

注:（ⅰ）"+"表示可以使用;"−"表示不宜使用;（ⅱ）碳酸钠、碳酸钾均为无水。

习题

一、填空题

1. 在定量化学分析中取样的关键是要具有_____,即分析试样的组成应能代表整批物料的平均组成。欲获得准确、可靠的分析结果,样品的_____是至关重要的第一步。

2. 每次样品粉碎后都要通过相应的筛子,未通过筛孔的粗粒不可抛弃,需要_____以保证所得样品能代表整个待测物料的平均组成。

3. 分样器是一种不改变物料的_____而将试样量缩小的制样设备。

4. 在试样进行分解的过程中,待测组分_____,也不能引入待测组分和干扰物质。

5. 对试样进行分解时,分解要完全,处理后的溶液中不得残留原试样的_____。

6. 实际工作中,应根据试样的性质与_____的不同选择合适的分解方法。

二、判断题

1. 要分析某工厂排放的废水对小溪的影响,分析人员直接到小溪采一烧杯的水回化验室分析,给出数据即可。　　　　　　　　　　　　　　　　　　　　　　（　　）

第 8 章习题
解答

2. 对同一样品的分析,为了得到准确的分析结果,应由一个分析工作者采用几种不同的分析法进行分析,取平均值报告。　　　　　　　　　　　　　　　　　　　　　　　　　　　　　　　(　　)

3. 制备试样中磨细过筛后的筛余试样可以弃去。　　　　　　　　　　　　　　(　　)

4. 无论均匀物料和不均匀物料的采样,都要求不能带入杂质和避免引起物料变化。(　　)

5. 对某一种组分的分析,只有一种方法是正确的。　　　　　　　　　　　　　　(　　)

6. 分析工作者对某一批样本进行采样,为了节约,采样量应尽可能的小,够进行实验所需即可。

　　　　　　　　　　　　　　　　　　　　　　　　　　　　　　　　　　　　(　　)

7. 在进行试样的破碎时,试样破碎得越细,过的筛目数越大,分析结果越准确。　(　　)

8. 在进行试样的破碎时,要求过筛的目数越小,试样破碎得越细。　　　　　　　(　　)

9. 分析工作者在选择分析方法时,主要应遵循节约的原则,分析的成本越低越好。(　　)

10. 某物质或某一化学组分的定量测定,有时可用多种分析方法完成。　　　　　(　　)

三、简答题

1. 采样的基本原则是什么?

2. 采样后,通常使用的缩分方法是哪种?

3. 试样的分解方法有哪两种? 应首先使用什么方法分解试样?

4. 溶解试样时加入蒸馏水的体积是否一定要很准确? 为什么?

5. 熔融法中常用的酸性熔剂有哪些? 氧化铁矿石常用什么熔剂来分解? 写出反应式。

6. 熔融法分解样品,为什么要对坩埚进行选择?

四、案例分析

采取熔融法制备水泥试液,甲同学的操作如下:称取 0.5 g 试样,精确至 0.000 1 g,置于银坩埚中,加入 7 g NaOH,放入高温炉中在 650~750 ℃的高温下熔融 20 min,取出冷却,将坩埚放入已盛有 100 mL 热水的烧杯中,盖上表面皿,于电炉上适当加热。待熔块完全浸出后,取出坩埚,先用水洗坩埚和盖,在搅拌下加入 25 mL 盐酸,再加入 1 mL HNO_3。用热盐酸(1∶5)洗净坩埚和盖,将溶液加热至沸,冷却 5 min,转移至 250 mL 容量瓶中。

试分析:甲同学的做法是否正确? 如不正确,该如何改正。该做法会影响哪个玻璃仪器的精密性?

第 9 章
物质的分离与提纯技术

在定量分析中,当分析的对象比较简单时,可以直接进行测定。但在实际分析中,由于样品中组分的多样性与组分形式的复杂性,常常要对样品进行必要的分离和提纯。

物质的分离与提纯是制备纯净物质的重要实验方法,随着现代分析化学的发展,分离和提纯的技术将显得更加重要。因此,对于分析工作者来说,熟练掌握物质分离与提纯的常规技术是非常必要的。

 **知识目标**

☐ 理解物质分离与提纯在分析测试中的意义和作用。

☐ 理解沉淀分离法的基本原理及方法。

☐ 理解并掌握沉淀分离所需仪器的用途及使用、维护等要求。

 **能力目标**

☐ 能根据物质的性质正确判断并选择适当的分离方法。

☐ 能按照分离的要求正确选择相关仪器进行相应的分离操作。

☐ 能正确使用并维护相关仪器。

 **素养目标**

☐ 有严谨的科学态度与科学的行为规范。

知识结构框图

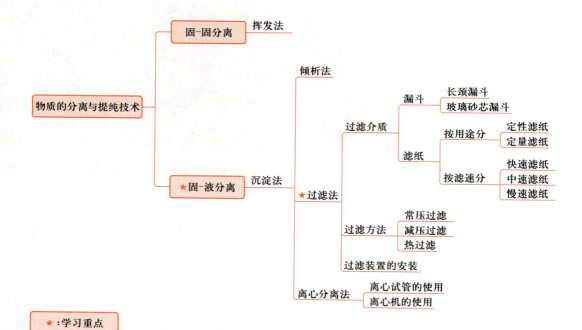

★:学习重点

分离的目的是使待测组分直接或间接成为可测量的状态。分离的对象可以是待测组分也可以是干扰组分。物质分离的方法主要是依据被分离对象的物理和化学性质上的差异,通过适当的物理和化学过程有效地将它们分离开来。提纯,实际上也是分离,只是多数情况下是指将杂质分离除去,而使主体成分的含量提高的过程。

化验室中,常采用的分离或提纯的方法有:挥发法、沉淀法、萃取法和色谱法等。本书中着重介绍固 – 固分离和固 – 液分离中的挥发法和沉淀法两种分离方法。

9.1　固 – 固分离

固 – 固分离常采用挥发法。挥发法的原理是基于不同物质具有不同的挥发性,利用加热的方法,将待测组分或干扰组分从试样中分离出去。

有时,所谓挥发分离的过程也是某组分的测定过程。比如,煤质工业分析中水分、灰分及挥发分的测定,水泥烧失量的测定等。

9.2　固 – 液分离

固 – 液分离通常采用沉淀分离法进行。沉淀分离法是利用沉淀反应进行的分离方法,它是在试液中加入沉淀剂以达到分离的目的。沉淀分离法的应用通常有:倾析法、过滤法和离心分离法。

一、倾析法

倾析法又称"倾泻法"。当沉淀的相对密度较大或晶体的颗粒较大,静止后能很快沉降到容器底部时,常用倾析法进行分离和洗涤。

倾析法操作如图 9.1 所示。将沉淀上部的清液倾入另一容器中而使沉淀与溶液分离。如需洗涤沉淀时,只要向盛有沉淀的容器内加入少量洗涤液,将沉淀和洗涤溶液充分搅拌均匀。待沉淀沉降到容器底部后,再用倾析法,倾去溶液,如此反复操作 2~3 次,即能将沉淀洗净。

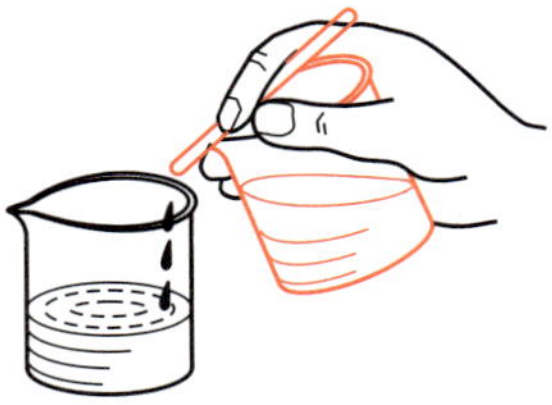

图 9.1　倾析法

二、过滤法

分离悬浮在液体中固体颗粒的操作称为"过滤"。

过滤法是最常用的沉淀分离方法之一。当沉淀经过过滤器时,沉淀留在过滤器上,溶液通过过滤器而进入容器中,所得溶液称为"滤液"。

1. 过滤介质

过滤时采用的过滤介质应选择恰当,所选择过滤介质的孔径应正好小于过滤沉淀中最小颗粒的直径,可起到拦阻颗粒的作用。

化验室中常用的过滤介质有漏斗、滤纸和膜材料等。

（1）漏斗

① 砂芯漏斗。砂芯漏斗又称"玻璃烧结漏斗"。它是由玻璃粉末烧结制成多孔性滤片,再焊接在相同或相似膨胀系数的玻璃壳或玻璃上所形成的一种过滤容器（见图9.2）。

如果滤液呈碱性,或者有酸性物质、酸酐、氧化物存在,对普通滤纸有腐蚀作用,在过滤（或吸滤）时容易发生滤纸破损,使待滤物穿透滤纸产生泄漏,从而导致过滤失败。采用玻璃砂芯漏斗可代替普通漏斗,进行有效分离。

玻璃砂芯漏斗的规格见表9.1。

图9.2　砂芯漏斗（坩埚）

表9.1　玻璃砂芯漏斗的规格

滤板代号	滤板孔径/μm	一般用途
G1	20~30	过滤胶状沉淀
G2	10~15	滤除较大颗粒沉淀物
G3	4.5~9	滤除细小颗粒沉淀物
G4	3~4	滤除细小颗粒或较细颗粒沉淀物

（ⅰ）砂芯漏斗的使用要求。砂芯漏斗在使用前,应当用热盐酸或铬酸洗液进行抽滤,随即用蒸馏水洗净,除去砂芯漏斗中的尘埃等外来杂质。

砂芯漏斗不能过滤浓氢氟酸、热浓磷酸、热（或冷）浓碱液。因为这些试剂可以溶解砂芯中的微粒,有损于玻璃器皿,使滤孔增大,并有使芯片脱落的危险。

砂芯漏斗还不能过滤含有活性炭颗粒的溶液,因为细小颗粒的炭粒容易堵塞滤板的洞孔,使其过滤效率下降,甚至报废。

砂芯漏斗在减压（或受压）使用时其两面的压力差不允许超过101.3 kPa。在使用砂芯漏斗时,因其有熔接的边缘,温度环境相对要稳定些,防止温度急剧升降,以免容器破损。

（ⅱ）砂芯漏斗的洗涤。砂芯漏斗的洗涤工作非常重要。洗涤效果对砂芯漏斗的过滤效率和使用寿命有重要影响。

砂芯漏斗在每次使用完毕或使用一段时间后都会因沉淀物堵塞滤孔而影响过滤效率,因此要及时进行有效的洗涤。洗涤时,可将砂芯漏斗倒置,用水反复进行冲洗,以洗净沉淀物,之后进行烘干后即可使用。

此外,还可根据不同性质的沉淀物,有针对性地进行"化学洗涤"。例如,对于脂肪、脂膏、有机沉淀物等沉淀,可采用四氟化碳等有机溶剂进行洗涤。碳化物沉淀可采用重铬酸盐的温热浓硫酸浸泡过夜。经碱性沉淀物过滤后的砂芯漏斗,可用稀酸溶液洗涤。经酸性沉淀物过滤后的砂芯漏斗,可用稀碱溶液洗涤。

上述洗涤过程完成之后再用清水冲洗,烘干后备用。

基于砂芯漏斗的价格较贵,且难以彻底洗净滤板,同时还要防范强碱、氢氟酸等的腐蚀作用,故其使用范围有限。

② 长颈漏斗。长颈漏斗多用于重量分析。其颈长为 15~20 cm,颈口处磨成 45°,过滤用玻璃漏斗锥体角应为 60°,颈的直径一般为 3~5 mm,漏斗在使用前应洗涤干净(见图 9.3)。漏斗的大小应与滤纸的大小相适应,应使折叠后的滤纸上缘低于漏斗上沿 0.5~1 cm。

(2)滤纸　滤纸是化验室中最常用的过滤介质(有关滤纸的相关内容将在"常压过滤"部分系统介绍)。

(3)膜材料　化验室中常用到的膜材料有两种:高分子膜材料和无机陶瓷膜材料。

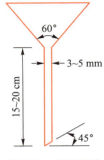

图 9.3　长颈漏斗

高分子膜材料是一种新型的过滤材料。通常有聚砜、聚醚砜、亲水性的三醋酸纤维素、聚丙烯腈等。这些高分子膜材料在溶剂脱水、饮用水处理、油水分离、工业水处理等行业已得到广泛应用。

无机陶瓷膜材料也是一种新型过滤材料,其耐酸碱、耐有机溶剂和耐大多数化学品腐蚀的能力较强,并且机械强度高,可经受蒸气、氧化剂消毒、易清洗再生,具有抗污染、易贮存、使用寿命长等特点。

(4)其他过滤材料

棉织布:质地致密,强度比滤纸高,可代替滤纸。

毛织物(或毛毡):可用于过滤强酸性溶液。

涤纶布、氯纶布:可用于强酸性或强碱性溶液的过滤。

玻璃棉:可用于过滤酸性介质。因其空隙大,所以只适用于分离颗粒较粗的试样。

2. 过滤方法

过滤时,溶液的温度、黏度、压力、沉淀状态和颗粒大小都会影响过滤速度。因此要根据不同的影响因素选用不同的过滤方法。

常用的过滤方法有:常压过滤(普通过滤)、减压过滤(抽/吸滤)和热过滤三种。

(1)常压过滤(普通过滤)　此法最为简单、常用。选用的漏斗大小应以能容纳沉淀为宜。

① 滤纸的类型与选择。

(ⅰ)滤纸的类型。

a)按照用途和需要的不同来划分。滤纸有定性滤纸和定量滤纸两种,应根据需要加以选择使用。在定量分析中常用定量滤纸。定量滤纸又称为无灰滤纸,在灼烧后其灰分的质量应小于或等于常量分析天平的感量(即 0.2 mg)。定量滤纸一般为圆形,按直径分有 11 cm、9 cm、7 cm 等几种。

b)按滤纸孔隙大小的不同划分。滤纸又可分为"快速"滤纸、"中速"滤纸和"慢速"滤纸三种。

(ⅱ)滤纸的选择。应根据需要选择使用滤纸。在无机定性分析中常选用定性滤纸,而在定量分析中则常选用定量滤纸。

应根据沉淀的性质选择滤纸的类型,如 $BaSO_4$、$CaC_2O_4 \cdot 2H_2O$ 等细晶形沉淀,因易穿透滤纸,所以应选最紧密的"慢速"滤纸过滤;K_4SiF_6为较粗大的晶形沉淀,应选用"中速"滤纸过滤;$Fe(OH)_3$、$Al(OH)_3$等无定形沉淀往往不易过滤,应选用"快速"滤纸过滤。

而滤纸的大小应根据沉淀量的多少来选择。一般要求沉淀的总体积不得超过滤纸锥体高度的 1/3。

表 9.2 和表 9.3 分别为国产定量滤纸的灰分质量及类型。

表 9.2　国产定量滤纸的灰分质量

直径 /cm	7	9	11	12.5
灰分 /($g \cdot 张^{-1}$)	3.5×10^{-5}	5.5×10^{-5}	8.5×10^{-5}	1.0×10^{-4}

表 9.3　国产定量滤纸的类型

类型	滤纸盒上色带标志	滤速 /$[s \cdot (100\ mL)^{-1}]$	适用范围
快速	白色	60~100	无定形沉淀,如 $Fe(OH)_3$
中速	蓝色	100~160	中等粒度沉淀,如 $MgNH_4PO_4$
慢速	红色	160~200	细粒状沉淀,如 $BaSO_4$、$CaC_2O_4 \cdot 2H_2O$

② 滤纸折叠与放置。折叠滤纸前应先把手洗净擦干,以免弄脏滤纸。按四折法折成圆锥形(见图 9.4)。若漏斗正好为 60° 角,则滤纸锥体角度应稍大于 60°。做法是先把滤纸对折,然后再对折。为保证滤纸与漏斗密合,第二次对折时不要折死,先把锥体打开,放入漏斗(漏斗应干净而且干燥)。如果上边缘不十分密合,可以稍微改变滤纸的折叠角度,直到与漏斗密合为止,此时可以把第二次的折边折死。

展开滤纸锥体一边为三层,另一边为一层,且三层的一边应放在漏斗出口短的一边。为了使滤纸和漏斗内壁贴紧而无气泡,常在三层厚的外层滤纸折角处撕下一小块,此小块滤纸保存在洁净干燥的表面皿上,以备擦拭烧杯中残留的沉淀用。

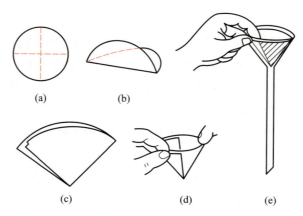

图 9.4　漏斗与滤纸的折叠方法[(a)→(b)→(c)→(d)→(e)]

滤纸应低于漏斗边缘 0.5~1 cm。滤纸放入漏斗后,用手按紧使之密合。然后用洗瓶加少量水润湿滤纸,轻压滤纸赶去气泡,加水至滤纸边缘。这时漏斗颈内应全部充满水,形成水柱。由于液体的重力可起抽滤作用,从而加快过滤速度。

若不能形成完整的水柱,可用手指堵住漏斗下口,稍掀起滤纸的一边,用洗瓶向滤纸和漏斗的空隙处加水,使漏斗充满水,压紧滤纸边,慢慢松开堵住下口的手指,此时应形成水柱。若仍不能形成水柱,则可能漏斗形状不规范。如果漏斗颈部不干净也会影响形成水柱,这时应重新清洗。

③ 过滤操作。过滤操作一般分三个阶段进行。第一阶段采用倾析法,尽可能过滤清液,如图 9.5 所示;第二阶段是将沉淀转移到漏斗中;第三阶段是清洗烧杯和洗涤漏斗中的沉淀。

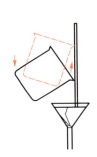

(a) 玻璃棒垂直紧靠烧杯嘴,
下端对着滤纸三层的一边,
但不能碰到滤纸

(b) 慢慢扶正烧杯,但杯嘴仍与玻璃棒贴紧,接住最后一滴溶液

(c) 玻璃棒远离烧杯嘴搁放

图 9.5　过滤法的操作

采用倾析法是为了避免沉淀堵塞滤纸上的孔隙,影响过滤的速度。等烧杯中沉淀下降后,将溶液倾入漏斗中,而不是一开始就将沉淀和溶液搅混后进行过滤。溶液应沿着玻璃棒流入漏斗中,而玻璃棒的下端应对着滤纸三层厚的一边,并尽可能接近滤纸,但不要接触滤纸。倾入的溶液的总体积一般不超过滤纸锥体高度的三分之二,或者离滤纸的上缘至少 0.5 cm,以免少量沉淀因毛细管作用越过滤纸上缘,造成损失,且不便洗涤。

暂停倾析溶液时,烧杯应沿玻璃棒使烧杯嘴向上提起,烧杯嘴不离开玻璃棒,至使烧杯直立,以免使烧杯上的液滴(混有沉淀)流失。

倾析完成后,在烧杯内将沉淀做初步洗涤,再用倾析法过滤,如此重复 3~4 次。

 小贴士

过滤和洗涤一定要一次完成,因此必须事先计划好时间,不能间断,特别是过滤胶状沉淀时。

④ 沉淀转移与洗涤。

（i）沉淀的转移。为了把沉淀转移到滤纸上,先用少量洗涤液把沉淀搅起,将悬浮

微视频

转移沉淀

液立即按上述方法转移到滤纸上,如此重复几次,一般可将绝大部分沉淀转移到滤纸上。

残留的少量沉淀,按图9.6(a)所示的方法可将沉淀全部转移干净。左手持烧杯倾斜着拿在漏斗上方,烧杯嘴向着漏斗。用食指将玻璃棒横架在烧杯口上,玻璃棒的下端向着滤纸的三层处,用洗瓶吹出洗液,冲洗烧杯内壁,沉淀连同溶液沿玻璃棒流入漏斗中。

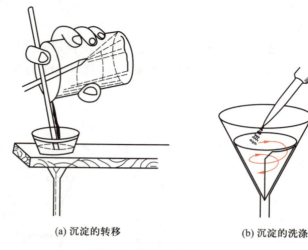

(a) 沉淀的转移　　　　　(b) 沉淀的洗涤

图 9.6　沉淀的转移与洗涤

微视频

洗涤沉淀

(ⅱ)沉淀的洗涤。沉淀全部转移到滤纸上以后,仍需在滤纸上洗涤沉淀,洗涤的目的是将沉淀表面吸附的杂质和残留的母液除去。其方法是:从滤纸边沿稍下部位的多层边缘开始,用洗瓶吹出的水流,按螺旋形向下移动,最后到多层部分停止,并借此将沉淀集中到滤纸锥体的下部。如图9.6(b)所示。洗涤时应注意,切勿使洗涤液突然冲在沉淀上,这样容易溅失。

为了提高洗涤效率,通常采用"少量多次"的洗涤原则:即用少量洗涤液,洗后尽量沥干,多洗几次。

过滤和洗涤沉淀的操作必须不间断的一气呵成。否则,搁置较久的沉淀干涸后,结成团块,就难以洗净了。

沉淀洗涤是否洗净,必须选择快速灵敏的定性反应来检验。方法是:用干净的试管接取几滴滤液,选择灵敏的定性反应来检验共存离子,判断洗涤是否完成。

微课

物质的分离——常压过滤

🔔 **小贴士**

常压过滤操作过程中应注意以下几点。

(1)形成水柱时,滤纸与漏斗之间不能有气泡;

(2)沉淀的过滤和洗涤过程中,要细心认真,防止溶液的溅失现象;

(3)过滤过程中,液面不应过高,否则沉淀会越过滤纸,造成损失;

(4)过滤过程中,漏斗颈末端不要和液面接触。

（2）减压过滤　减压过滤也称"吸滤或抽滤"，是指在与过滤漏斗密闭连接的接受器中造成真空，过滤表面的两面发生压力差，从而使过滤加速的过程。减压过滤是一种在化验室和企业生产中广泛应用的操作技术之一，其装置如图 9.7 所示。

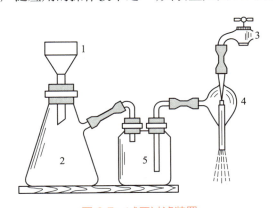

图 9.7　减压过滤装置

1—布氏漏斗；2—吸滤瓶；3—自来水龙头；4—水泵；5—安全瓶

　　减压过滤法可加速过滤，并使沉淀抽吸得较干燥。但不宜用于过滤胶状沉淀和颗粒太小的沉淀。因为胶状沉淀在快速过滤时易透过滤纸。颗粒太小的沉淀易在滤纸上形成一层密实的沉淀，溶液不易透过。

　　水泵起着带走空气使吸滤瓶内压力减小的作用。瓶内与布氏漏斗液面上的负压，加快了过滤速度，吸滤瓶用来承接滤液。

　　当要求保留溶液时，需要在吸滤瓶和抽气泵之间装上一个安全瓶，以防止关闭水泵或水的流量突然变小时使自来水回流入吸滤瓶内（此现象称为反吸或倒吸），把溶液弄脏。安装时应注意安全瓶长管和短管的连接顺序，不要连错。

　　减压过滤（吸滤）操作步骤如下。

　　（ⅰ）按图 9.7 组装好实验装置。

　　（ⅱ）滤纸放置。减压装置使用布氏漏斗，将滤纸放入漏斗内，其大小应以略小于漏斗内径又能将全部小孔盖住为宜。用蒸馏水润湿滤纸，微开水泵，抽气使滤纸紧贴在漏斗瓷板上。

　　（ⅲ）倾析法转移溶液。一是注意溶液量不应超过漏斗容量的 2/3，逐渐加大抽滤速度，待溶液快流尽时再转移沉淀。二是注意观察吸滤瓶内液面高度，当快达到支管口位置时，应拔掉吸滤瓶上的橡皮管，从吸滤瓶上口倒出溶液，不要从支管口倒出，以免弄脏溶液。

　　（ⅳ）洗涤沉淀。使用布氏漏斗洗涤沉淀时，应停止抽滤，让少量洗涤液缓慢通过沉淀物，然后抽滤。

　　（ⅴ）在抽滤过程中，不得突然关掉水泵。抽滤完毕或中间需停止抽滤时，应注意先拆掉连接水泵和吸滤瓶的橡皮管，然后关闭水龙头后再关闭循环水泵开关。以防反吸。

　　如果过滤的溶液具有强酸性或强氧化性，溶液会破坏滤纸，此时可用玻璃砂芯漏斗。

过滤强碱性溶液可使用玻璃纤维代替滤纸。过滤时应将洁净的玻璃纤维均匀铺在布氏漏斗内,然后与减压操作步骤相同。

由于过滤后,沉淀在玻璃纤维上,故此法只适用于弃去沉淀只要滤液的分离。

 小贴士

布氏漏斗上有许多小孔,漏斗颈插入单孔橡皮塞,与吸滤瓶连接,需注意:

(1)橡皮塞插入吸滤瓶内的部分不得超过塞子高度的 2/3。

(2)漏斗颈下方的斜口要对着吸滤瓶的支管口。

(3)**热过滤** 某些溶质在溶液温度降低时,易成晶体析出,为了滤除这类溶液中所含的其他难溶性杂质,通常使用热滤漏斗进行过滤。如图 9.8 所示。

过滤时,将玻璃漏斗置于铜质的热滤漏斗内,热滤漏斗内装有热水(热水不要太满,以免水加热至沸后溢出)以维持溶液的温度。也可以事先把玻璃漏斗在水浴上用蒸汽加热,再使用。

进行热过滤时,需注意以下几点。

(i)热过滤时,一般不用玻璃棒引流,以免加速降温。

(ii)接受滤液的容器内壁不要贴紧漏斗壁,以免滤液迅速冷却析出晶体,晶体沿器壁向上堆积,堵塞漏斗口,使之无法过滤。

(iii)热过滤操作要求准备充分,动作迅速。

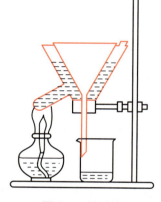

图 9.8 热过滤

想一想

热过滤选用的玻璃漏斗颈要求越短越好。为什么?

 ### 三、离心分离法

当被分离的沉淀量很少时,使用一般的方法过滤后,沉淀会粘在滤纸上,难以取下,这时可以用离心分离。这种方法的突出特点是:操作简单而迅速。

化验室中常用电动离心机进行分离。如图 9.9 所示。

操作时,把盛有混合物的离心管(或小试管)放入离心机的套管内,在该套管的相对位置上的空套管内放一同样大小的试管,内装与混合物等体积的水,以保持转动平衡。然后缓慢启动离心机,再逐渐加快,1~2 min 后,旋转按钮至停止位置,使离心机自然停下。

在任何情况下,启动离心机都不能太猛,也不能用外力强制停止,否则会使离心机损坏且易发生危险。

由于离心作用,沉淀紧密聚集于离心管的尖端,上方的溶液是澄清的,可按图 9.10 所示操作。

图 9.9　电动离心机

图 9.10　用滴管吸出上层清液

用滴管小心吸出上方清液,也可将其倾出。如果沉淀需要洗涤,可以加入少量的洗涤液,用玻璃棒充分搅动,再进行离心分离,如此重复操作 2~3 次即可。

习题

第 9 章习题
解答

一、填空题

1. 在分析化学中,常用的分离方法有 ＿＿＿＿＿ 分离法、＿＿＿＿＿ 分离法、＿＿＿＿＿ 分离法、＿＿＿＿＿ 分离法等。

2. 沉淀分离法是利用 ＿＿＿＿ 进行的分离法,它是在试液中加入 ＿＿＿＿ 以达到分离的。

3. 由于滤纸的致密程度不同,一般非晶形沉淀如 $Fe(OH)_3$ 等应选用 ＿＿＿＿ 滤纸过滤;粗晶形沉淀应选用 ＿＿＿＿ 滤纸过滤;较细小的晶形沉淀应选用 ＿＿＿＿ 滤纸过滤。

二、选择题

1. 粗晶形沉淀过滤应选用(　　)滤纸。

A. 快速　　　　　　　　　　　　B. 中速

C. 红色标志的慢速　　　　　　　D. 橙色标志的慢速

2. 需要烘干的沉淀应采用(　　)过滤。

A. 定性滤纸　　　B. 定量滤纸　　　C. 玻璃砂芯漏斗　　　D. 分液漏斗

3. 滤纸放入漏斗后,滤纸边缘与漏斗边缘的距离为(　　)。

A. 0~0.4 cm　　　B. 0.5~1.0 cm　　　C. 1.0~1.5 cm　　　D. 1.5~2.0 cm

4. 长颈漏斗多用于(　　)。

A. 定性分析　　　B. 定量分析　　　C. 重量分析

5. 通常要求倾入溶液的总体积不得超过滤纸椎体高度的(　　)。

A. 3/4　　　B. 1/2　　　C. 2/3　　　D. 1/3

6. 重量分析中使用的"定量滤纸",是指每张滤纸的灰分质量为(　　)。

A. 没有质量　　　B. 1 mg　　　C. <0.2 mg　　　D. >0.2 mg

三、判断题

1. 倾入漏斗中的溶液不应超过滤纸锥体高度的 2/3。　　　　　　　　　(　　　)

2. 洗涤沉淀的基本原则是"少量多次"。　　　　　　　　　　　　　　　(　　　)

3. 洗涤沉淀的目的是除去附着于结晶表面的母液。　　　　　　　　　　(　　　)

4. 称量分析中使用的"无灰滤纸",指每张滤纸的灰分质量小于 0.2 mg。　　(　　　)

5. 为了获得纯净的沉淀,洗涤沉淀时洗涤的次数越多,每次用的洗涤液越多,则杂质含量越少,结

果的准确度越高。　　　　　　　　　　　　　　　　　　　　　　（　　）

四、简答题

1. 常压过滤和减压过滤的区别有哪些？

2. 砂芯漏斗有哪些使用要求？

3. 洗涤沉淀常用的方法是什么？洗涤时遵循什么原则？

4. 减压过滤装置主要由哪几部分组成？其中安全瓶的作用是什么？

5. 常压过滤中如何选择滤纸？

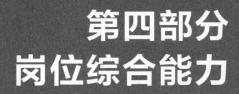

第四部分
岗位综合能力

 常量组分的定量分析操作

 综合实训

第 10 章
常量组分的定量分析操作

分析方法的类型就其分析任务而言,可分为定性分析和定量分析。定性分析的任务是确定物质的组成,即鉴定和检出物质是由哪些元素、原子团或化合物组成;而定量分析的任务则是确定物质中有关成分的含量。

根据测定方法的原理及操作方法的不同,定量分析法又可分为化学分析法和仪器分析法。

本章将着重讨论化学分析法的一般问题。

 **知识目标**

☐ 了解化学分析法的一般原理及特点。

☐ 初步学习并理解滴定分析法的特点及基本原理。

☐ 初步学习称量分析法的基本原理与方法特点。

☐ 熟练掌握标准滴定溶液的制备方法。

☐ 掌握化学分析结果的计算及表示方法。

 **能力目标**

☐ 能熟练掌握化学分析各项技术的综合应用。

☐ 能正确判断滴定终点并读取测量数据。

☐ 能正确记录测试数据并进行相应计算。

☐ 能正确表示分析结果并能独立完成实验报告的撰写。

 素养目标

☐ 培养积极进取、甘于奉献、精益求精的工匠精神,树立绿色环保意识。

知识结构框图

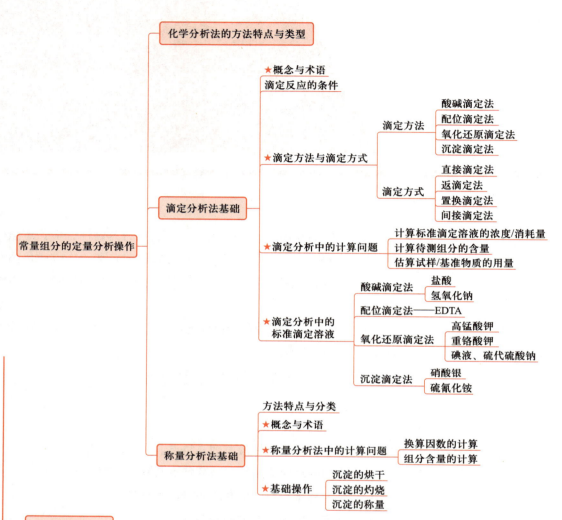

10.1　化学分析法概述

一、定量分析的一般过程

定量分析的任务是测定物质中待测组分的含量。由于所测试样的组成不同,有的组分多,组成复杂;有的组分少,组成简单。有的形态简单,有的形态复杂。因此即使测定同一待测组分,对于不同的试样所采取的分析方法及具体步骤也会有所不同。对于定量分析而言,所有的分析方法都是一个连续过程,一个定量分析全过程一般可分为如图 10.1 所示的几个步骤。

图 10.1　定量分析的过程

二、分析方法的选择

待测组分的分析测定过程是化学、定量分析、仪器分析等基础知识与技术的综合运用。

一个理想的测定方法应该是线性范围宽、灵敏度高、检出限低、精密度佳、准确度高及操作简便的。但在实际中往往很难同时满足这些要求,所以需要综合考虑各个指标,对选择的各方法进行综合分析。测定方法与测定技术是定量分析的中心环节。

测定方法的选择原则如下。

(1)测定的目的要求　包括需要测定的组分、准确度及完成测定的时间等。

(2)待测组分的含量范围　常量组分多采用化学分析法,微量组分多采用仪器分析法。

(3)待测组分的性质　了解待测组分的性质有助于测定方法的选择。

(4)共存组分的影响　必须考虑共存组分对测定的影响。

(5)实验室条件　要考虑实验室现有仪器、试剂及环境等是否符合测定要求。

三、化学分析法的特点

化学分析法历史悠久,是分析化学的基础,又称"经典分析法"。它是依赖于特定的化学反应及其计量关系来对物质进行分析的方法。化学分析法适用于测定"常量组分",即相对含量在 1% 以上的组分。

化学分析法的准确度较高(一般情况下,相对误差为 0.1%~0.2%)。所用玻璃器皿及设备较简单,是重要的例行测定手段之一,故在生产实践中有很高的使用价值。

四、化学分析法的类型

在当今生产生活的许多领域,化学分析法作为常规的分析方法,发挥着重要作用。按照操作方法的不同,化学分析法又分为滴定分析法和称量分析法两种。其中滴定分析法操作简便快速,所用天平、滴定管、移液管、容量瓶等仪器设备结构简单,操作简便易学,是解决常量组分分析问题的有效手段,使用价值很大。

10.2　滴定分析法基础

滴定分析法是化学分析法中最重要的分析方法。它利用滴定管将标准滴定溶液滴加到待测物质的溶液中,直到所加标准滴定溶液与待测物质按化学计量比定量反应完全为止,然后根据所消耗的标准滴定溶液的浓度和体积即可求得待测组分的含量。

滴定分析法广泛应用于常量组分的分析中,有时采用微量滴定管也能进行微量组分分析。该方法具有快速、准确,仪器设备简单、价廉,操作简便的特点。一般情况下,其滴定的相对误差为 ±0.1%,并且可应用多种化学反应类型进行广泛的分析测定。所以滴定分析法在生产和科研上具有很高的实用价值,常作为标准方法使用。

滴定分析法因其主要操作是滴定而得名,又因为它是以测量溶液体积为基础的分析方法,所以又被称为容量分析法。

滴定分析基本操作技术包括常用滴定仪器的使用、标准滴定溶液的制备及常量组分含量的测定。

一、滴定分析中的常用术语

1. 滴定与滴定剂

在滴定分析中,通过滴定管将滴定剂定量滴加到含待测组分试液中的过程称为"滴定"。而盛放在滴定管中的溶液称为"滴定剂"。通常滴定剂均为标准滴定溶液。

2. 化学计量点(sp)与滴定终点(ep)

当滴入的标准滴定溶液与待测定的物质定量反应完全时,即两者的物质的量正好符合化学反应式所表示的化学计量关系时,称反应达到了"化学计量点"(亦称计量点,以"sp"表示)。

在滴定分析中,化学计量点一般根据指示剂的变色来确定。实际上滴定是进行到溶液中的指示剂变色时停止的,停止滴定的这一点称为"滴定终点"(或简称终点,以"ep"表示)。

3. 终点误差

终点误差是指滴定终点与化学计量点不一致而带来的测定误差,以 E_t 表示。

终点误差属于系统误差。若所选指示剂的变色点恰为化学计量点,则终点误差为零。终点误差的大小,不仅取决于滴定反应的完全程度,还与指示剂使用是否恰当有关。

它是滴定分析中误差的主要来源之一。因此,必须选择适当的指示剂才能使滴定的终点尽可能地接近化学计量点。

 小贴士

终点误差只是从理论上定量地表示所选指示剂能否保证滴定准确度的一种方法,并不包括在滴定分析中可能产生的其他误差。因此,它不应理解为滴定分析的误差,因为后者除包括终点误差外,还有仪器误差、试剂纯度带来的试剂误差和操作误差等。

4. 滴定反应

滴定反应指的是滴定剂(即标准滴定溶液)与试液中的被滴定组分在滴定过程中所发生的反应。

按照滴定剂与被滴定组分间建立的化学平衡类型,滴定反应又分为酸碱反应、氧化还原反应、配位反应和沉淀反应四种。

5. 滴定曲线

滴定曲线是以滴定过程中加入的标准滴定溶液体积为横坐标,以反映滴定过程待测物质含量变化的特征参数为纵坐标所绘制的图形曲线。

按滴定反应类型的不同,作为滴定曲线纵坐标的特征参数也不同,可绘制出不同类型的滴定曲线。

滴定曲线可以由实验测得,也可以通过理论计算求得。

6. 滴定的突跃范围

滴定剂加入量在化学计量点前后产生相对误差为 ±0.1% 时,所引起的溶液待测物质含量特征参数变化的突跃范围称为"滴定的突跃范围"。在滴定分析中,要求滴定的突跃范围越宽越好。

7. 指示剂

在滴定分析中,指示剂属于一般试剂。其用途是:在不同的溶液条件下,通过其颜色的变化来指示滴定的终点。不同的滴定方法,其所采用指示剂的作用原理及类型也不同。但无论哪种滴定分析法,均要求指示剂的变色要敏锐且稳定。

二、滴定分析法对滴定反应的要求

在滴定分析中,并不是任何一个化学反应都能用于滴定分析,只有符合以下要求的反应才能成为滴定反应。

(1)反应要完全 待测物质与标准滴定溶液之间的反应要按一定的化学反应方程式进行,而且反应必须接近完全(通常要求达到 99.9% 以上)。这是定量计算的基础。

(2)反应速率要快 滴定反应要求在瞬间完成,对于速率较慢的反应,有时可通过加热或加入催化剂等方法来加快反应速率。

(3)要有简便、可靠的方法确定滴定的终点 如加入指示剂,利用溶液颜色的变化或采用物理化学的方法。

（4）反应要具有专一性　在滴定条件下,反应不受溶液中其他组分的影响,即没有干扰。当有干扰离子时,应事先除去或加入试剂消除其影响。

三、滴定分析方法与滴定方式

1. 滴定分析方法

按照滴定反应所依据的化学反应类型,滴定分析方法可分为四种,见表 10.1。

表 10.1　滴定分析方法分类

滴定分析方法	滴定反应类型与反应实质	应用范围
酸碱滴定法	酸碱反应 $H^+ + OH^- \rightleftharpoons H_2O$	可测定酸、碱、弱酸盐、弱碱盐等
配位滴定法	配位反应 $M^{n+} + Y^{4-} \rightleftharpoons MY^{(4-n)-}$	可用于对金属离子的测定
氧化还原滴定法	氧化还原反应 $Cr_2O_7^{2-} + 6Fe^{2+} + 14H^+ \rightleftharpoons 2Cr^{3+} + 6Fe^{3+} + 7H_2O$	用于测定具有氧化性或还原性的物质,尤其是有机物的测定
沉淀滴定法	沉淀反应 $Ag^+ + Cl^- \rightleftharpoons AgCl \downarrow$（白色） $Ag^+ + SCN^- \rightleftharpoons AgSCN \downarrow$（白色）	常用来测定卤素离子和银含量等

2. 滴定方式

滴定分析法中常采用的滴定方式有以下四种。

（1）直接滴定法　凡符合上述滴定分析条件的反应,都可以直接采用标准溶液对试样溶液进行滴定,称为直接滴定。这是最常见和最常用的滴定方式。其特点是:简便、快速、引入的误差较小。

若某些反应不能完全满足以上条件,在可能的条件下,还可以采用以下其他滴定方式进行测定。

（2）返滴定法　当滴定反应速率缓慢,滴定固体物质反应不能迅速完成或者没有合适的指示剂时,可采用返滴定法进行测定。

其原理是:先加入一定且过量的标准溶液,待其与待测物质反应完全后,再用另一种滴定剂滴定剩余的标准溶液,从而计算待测物质的量。

因此返滴定法又称"剩余量滴定法"或"回滴法"。例如,EDTA 滴定法测定 Al^{3+},酸碱滴定法测定固体试样中的 $CaCO_3$ 含量等。

（3）置换滴定法　当待测物质所参加的滴定反应不按一定的反应式进行,或没有确定的化学计量关系时,则不能用直接滴定法测定,可采用置换滴定法。

其原理是:先加入适当的试剂与待测组分定量反应,使它能被定量置换为另一种可被滴定的物质,再用标准溶液滴定该反应产物。这种方法称为"置换滴定法"。例如,采用氟硅酸钾法测定 SiO_2 的含量。

（4）间接滴定法　某些待测组分不能直接与滴定剂反应，但可通过其他化学反应间接测定其含量。例如，$K_2Cr_2O_7$ 标定 $Na_2S_2O_3$ 溶液的浓度。又如，没有氧化性的 Ca^{2+}，可用 $C_2O_4^{2-}$ 生成沉淀，过滤后加硫酸溶解沉淀，用 $KMnO_4$ 标准溶液滴定。

总之，合理采用以上各种滴定分析方法及滴定方式，将提高滴定分析的选择性，并扩展滴定分析法的应用范围。

四、滴定分析中的标准滴定溶液

在滴定分析中，为了使分析结果符合测试要求，就必须获得标准滴定溶液的准确浓度，并准确测量滴定过程中所消耗的标准滴定溶液的体积。

1. 酸碱滴定法中的标准滴定溶液

酸碱滴定法中常采用的标准滴定溶液有 HCl 标准滴定溶液和 NaOH 标准滴定溶液两种。

（1）HCl 标准滴定溶液［$c(\mathrm{HCl})=0.1\ \mathrm{mol \cdot L^{-1}}$］　盐酸价格低廉，易于得到，稀盐酸无氧化还原性，酸性强且稳定，因此应用较多。

因为市售的盐酸中 HCl 含量不稳定，且常含有杂质，应采用间接法制备，再用基准物质标定。常用的基准物质有无水碳酸钠和硼砂。

① 制备。量取 4.2 mL 盐酸，注入预先盛有少量水的试剂瓶中（在通风橱中进行！），加水稀释至 500 mL，摇匀。

② 标定。

（ⅰ）采用无水 Na_2CO_3。无水 Na_2CO_3 易吸收空气中的水分，故使用前应在 180~200 ℃下干燥 2~3 h，也可以用 $NaHCO_3$ 在 270~300 ℃下干燥 1 h。然后放在干燥器中保存。

滴定反应：$\qquad Na_2CO_3 + 2HCl \Longrightarrow 2NaCl + CO_2 \uparrow + H_2O$

标定方法：准确称取 0.15~0.2 g 已烘干的无水 Na_2CO_3 基准试剂，移入 250 mL 锥形瓶中，加入 50 mL 蒸馏水，使之溶解，加入 10 滴溴甲酚绿–甲基红混合指示剂，用待标定的盐酸滴定至溶液由绿色变为暗红色，煮沸 2 min，冷却后继续滴定至试液再呈暗红色，即为终点。平行测定三次。

结果计算：

$$c(\mathrm{HCl}) = \frac{2m(\mathrm{Na_2CO_3})}{M(\mathrm{Na_2CO_3})V(\mathrm{HCl})} \times 1\,000\ \mathrm{mL \cdot L^{-1}}$$

（ⅱ）采用硼砂（$Na_2B_4O_7 \cdot 10H_2O$）。硼砂不易吸收空气中的水分，但易失水，因而要求保存在相对湿度为 40%~60% 的环境中，实验室常采用在干燥器底部装入食盐和蔗糖的饱和水溶液的方法，使相对湿度维持在 60%。采用硼砂标定 HCl 标准滴定溶液时，用甲基红作指示剂。

滴定反应：$\qquad Na_2B_4O_7 + 5H_2O + 2HCl \Longrightarrow 4H_3BO_3 + 2NaCl$

硼砂因摩尔质量大，称量的相对误差小，优于 Na_2CO_3。

标定方法：采用减量法准确称取 0.36~0.47 g 硼砂基准试剂，置于 250 mL 锥形瓶中，加入约 30 mL 水，加热使其溶解后冷却至室温。加入 2 滴甲基红指示剂，用待标定的 HCl

微课

HCl 标准滴定溶液的制备

标准滴定溶液滴定至溶液由黄色变为橙色,即为终点。记录终点时消耗 HCl 标准滴定溶液的体积 V,计算其浓度。

平行测定三次,要求结果相对平均偏差不能超过 0.2%。

结果计算:

$$c(\text{HCl}) = \frac{2 \times m(\text{Na}_2\text{B}_4\text{O}_7) \times 1\,000\ \text{mL} \cdot \text{L}^{-1}}{M(\text{Na}_2\text{B}_4\text{O}_7) \times V(\text{HCl})}$$

（2）NaOH 标准滴定溶液的制备 $[c(\text{NaOH}) = 0.1\ \text{mol} \cdot \text{L}^{-1}]$ 　市售的 NaOH 试剂中常含有 1%~2% 的 Na_2CO_3,且碱溶液易吸收空气中的 CO_2 和水分,含有少量的硅酸盐、硫酸盐和氯化物等。应采用间接法制备,再用基准物质标定。常用邻苯二甲酸氢钾（KHP）基准物质标定。

微课

NaOH 标准滴定溶液的制备

① 制备。在托盘天平上迅速称取 2 g 固体 NaOH,置于烧杯中,加入新鲜的或新煮沸除去 CO_2 的冷蒸馏水,完全溶解后,转入带橡皮塞的硬质玻璃瓶或塑料瓶中,加水稀释至 500 mL,摇匀。

② 标定。标定 NaOH 标准滴定溶液最常用的基准物质是邻苯二甲酸氢钾（$KHC_8H_4O_4$,KHP）。

滴定反应:　　　$KHC_8H_4O_4 + NaOH \rightleftharpoons KNaC_8H_4O_4 + H_2O$

滴定到化学计量点时,溶液呈弱碱性,故采用酚酞作指示剂。

此外,还可用已知准确浓度的 HCl 标准溶液来标定 NaOH 标准滴定溶液。在化学计量点时溶液呈中性,pH 的突跃范围为 4~10,可选用甲基橙、甲基红等作指示剂。

标定方法:采用减量称量法称量 0.4~0.6 g KHP 基准物质,置于 250 mL 锥形瓶中,加入 40~50 mL 水,待试剂完全溶解后,加入 2~3 滴酚酞指示剂,用待标定的 NaOH 标准滴定溶液滴定至微红色并保持 30 s 不褪色即为终点,平行测定三次。

结果计算:

$$c(\text{NaOH}) = \frac{m(\text{KHP}) \times 1\,000\ \text{mL} \cdot \text{L}^{-1}}{V(\text{NaOH}) M(\text{KHP})}$$

🔔 **小贴士**

市售的 NaOH 试剂中常含有 1%~2% 的 Na_2CO_3,且碱溶液易吸收空气中的 CO_2,蒸馏水中也常含有 CO_2,它们参与酸碱滴定反应之后,将产生多方面而不可忽视的影响。因此在酸碱滴定中必须要注意 CO_2 的影响。

a. 若在标定 NaOH 标准滴定溶液前的溶液中含有 Na_2CO_3,用基准物质草酸标定（酚酞指示剂）后,用此 NaOH 标准滴定溶液滴定其他物质时,必然产生误差。

b. 若制备了不含 CO_3^{2-} 的溶液,如保存不当还会从空气中吸收 CO_2。用这样的碱液作滴定剂（酚酞指示剂）,其浓度与真实浓度不符。

c. 对于 NaOH 标准滴定溶液来说,无论 CO_2 的影响发生在浓度标定之前还是之后,只要采用甲基橙为指示剂进行标定和测定,其浓度都不会受影响。

d. 溶液中 CO_2 还会影响某些指示剂终点颜色的稳定性。

2. 氧化还原滴定法中的标准滴定溶液

（1）KMnO₄ 标准滴定溶液［$c(KMnO_4)$=0.1 mol·L⁻¹］　市售高锰酸钾常含有 MnO_2 及其他杂质，纯度一般为 99%～99.5%，达不到基准物质的要求，蒸馏水中也常含有少量的还原性物质，高锰酸钾会与之逐渐反应生成 $MnO(OH)_2$，从而促使高锰酸钾溶液进一步分解。所以 KMnO₄ 标准滴定溶液不能直接制备，通常先制备成近似浓度的溶液后再进行标定。

① 制备。称取 5.69 g KMnO₄，置于 400 mL 烧杯中，溶于约 250 mL 水，加热至沸并保持微沸数分钟，冷却至室温，用耐酸漏斗（G₄ 型）或垫有一层玻璃棉的漏斗将溶液过滤于 1 L 棕色瓶中，再用新煮沸过的冷水稀释至 1 L，摇匀，于暗处放置 2～3 天后标定。

② 标定。标定 KMnO₄ 的基准物质有很多，$Na_2C_2O_4$、$H_2C_2O_4 \cdot 2H_2O$、$(NH_4)_2Fe(SO_4)_2 \cdot 6H_2O$、$As_2O_3$ 和纯铁丝等。其中 $Na_2C_2O_4$ 最常用，因它易提纯，不含结晶水，性质稳定，在 105～110 ℃下烘干约 2 h，冷却后就可以取用。

在 H_2SO_4 介质中，MnO_4^- 与 $C_2O_4^{2-}$ 的反应为

$$2MnO_4^- + 5C_2O_4^{2-} + 16H^+ \rightleftharpoons 2Mn^{2+} + 10CO_2 + 8H_2O$$

标定方法：称取约 0.1 g 已于 105～110 ℃下烘干约 2 h 的草酸钠（$Na_2C_2O_4$，基准物质），精确至 0.000 1 g，置于 250 mL 锥形瓶中，加入约 100 mL 水，20 mL 硫酸（1∶1），加热至 70～80 ℃，用 KMnO₄ 标准滴定溶液滴定至微红色出现，并保持 30 s 不变色。平行测定三次。

结果计算：

$$c(KMnO_4) = \frac{\frac{2}{5}m(Na_2C_2O_4) \times 1\ 000\ mL \cdot L^{-1}}{V(KMnO_4) \times M(Na_2C_2O_4)}$$

🔔 **小贴士**

为使标定准确，要注意以下几个反应条件。

（1）温度　室温下，此反应速率极慢，需加热至 75～85 ℃，但不能超过 90 ℃，否则 $H_2C_2O_4$ 会部分分解，导致标定结果偏高。滴定结束时，介质温度不应低于 60 ℃。

$$H_2C_2O_4 \rightleftharpoons H_2O + CO_2 \uparrow + CO \uparrow$$

（2）酸度　应在硫酸介质中进行，滴定开始时，酸度应控制在 0.5～1 mol·L⁻¹。若酸度过低，会使部分 MnO_4^- 分解生成 MnO_2；而酸度过高，将促使 $H_2C_2O_4$ 分解。

（3）滴定速度　开始滴定时速度不能快，当第一滴高锰酸钾红色没有褪去之前，不要加第二滴，否则加入的高锰酸钾来不及与草酸根反应，即在热的酸性溶液中发生分解，使标定结果偏低，只有滴入的高锰酸钾反应生成 Mn^{2+} 作为催化剂时，滴定才可逐渐加快，滴至淡红色且在 30 s 不褪即为终点，若放久，则由于空气中的还原性气体和灰尘都能与高锰酸根作用而使红色消失。

（2）$K_2Cr_2O_7$ 标准滴定溶液 $\left[c\left(\dfrac{1}{6}K_2Cr_2O_7\right)=0.1\ mol\cdot L^{-1}\right]$　$K_2Cr_2O_7$ 本身就是基准物质，因此可直接制备成标准溶液（无需标定）。在企业，由于使用试剂量大，一般采用间接法制备，采用 $Na_2S_2O_3$ 标准溶液进行标定。

制备方法：准确称取（1.5 ± 0.20）g 已在（120 ± 2）℃下干燥至恒重的工作基准试剂 $K_2Cr_2O_7$，溶于水，移入 1 L 容量瓶中，稀释，定容，摇匀。

根据称取的 $K_2Cr_2O_7$ 准确质量及容量瓶的容积，计算该标准溶液的浓度。

（3）I_2 标准滴定溶液和 $Na_2S_2O_3$ 标准滴定溶液

① I_2 标准滴定溶液的制备 $\left[c(I_2)=0.1\ mol\cdot L^{-1}\right]$。市售碘不纯，用升华法可得到纯碘分子，用它可直接配成标准溶液，但由于 I_2 的挥发性及其对分析天平的腐蚀性，一般将市售碘制备成近似浓度，再标定。

（ⅰ）制备。称取 13 g I_2 及 35 g KI，置于研钵中，加少量水研磨，使 I_2 全部溶解，再用水稀释至 1 L，放入棕色瓶中，摇匀，暗处放置 3~5 天后标定。

（ⅱ）标定。I_2 标准滴定溶液的准确浓度可用已知准确浓度的 $Na_2S_2O_3$ 标准溶液标定而求得，也可以用基准物质 As_2O_3（砒霜，剧毒！）来标定。因此，本书推荐采用 $Na_2S_2O_3$ 标准滴定溶液标定。

滴定反应：
$$I_2+2S_2O_3^{2-}\rightleftharpoons 2I^-+S_4O_6^{2-}$$

标定方法：移取 25.00 mL $Na_2S_2O_3$ 标准滴定溶液，置于 250 mL 锥形瓶中，加 50 mL 水和 2 mL 淀粉溶液，用待标定的 I_2 标准滴定溶液滴定至稳定的蓝色 30 s 不褪色为终点，计算 I_2 标准滴定溶液的浓度。平行测定三次。

结果计算：

$$c(I_2)=\dfrac{\dfrac{1}{2}c(Na_2S_2O_3)\,V(Na_2S_2O_3)}{V(I_2)}$$

② $Na_2S_2O_3$ 标准滴定溶液 $\left[c(Na_2S_2O_3)=0.1\ mol\cdot L^{-1}\right]$。固体 $Na_2S_2O_3\cdot 5H_2O$ 容易风化，并含有少量 S、S^{2-}、SO_3^{2-}、CO_3^{2-} 和 Cl^- 等杂质，不能直接制备标准溶液，而且配好的 $Na_2S_2O_3$ 溶液也不稳定，易分解，其浓度发生变化的主要原因如下。

a. 溶于水中的 CO_2 使水呈弱酸性，而 $Na_2S_2O_3$ 在酸性溶液中会缓慢分解。
$$Na_2S_2O_3+H_2CO_3\rightleftharpoons NaHCO_3+NaHSO_3+S\downarrow$$

这个分解作用一般在制备成溶液后的最初几天内发生。必须注意：当一分子 $Na_2S_2O_3$ 分解后，生成一分子 HSO_3^-，但 HSO_3^- 与 I_2 的反应为
$$HSO_3^-+I_2+H_2O\rightleftharpoons HSO_4^-+2I^-+2H^+$$

由此可知，一分子的 $NaHSO_3$ 要消耗一分子的 I_2，而两分子的 $Na_2S_2O_3$ 才能和一分子的 I_2 作用，这样就影响 I_2 与 $Na_2S_2O_3$ 反应时的化学计量关系，导致 $Na_2S_2O_3$ 对 I_2 的滴定度增加，造成误差。

b. 水中的微生物会消耗 $Na_2S_2O_3$ 中的硫，使它变成 Na_2SO_3，这是 $Na_2S_2O_3$ 浓度变化的主要原因。加入少量 Na_2CO_3 使溶液保持微碱性，可抑制微生物的生长，防止 $Na_2S_2O_3$ 的分解。

微课

重铬酸钾标准溶液的配制

c. 空气中氧的氧化作用。

$$2Na_2S_2O_3+O_2 \Longrightarrow 2Na_2SO_4+2S \downarrow$$

此反应速率较慢,但水中的微量 Cu^{2+} 或 Fe^{3+} 等杂质能加速反应。

（ⅰ）制备。称取 16 g 无水 $Na_2S_2O_3$ 或 26 g $Na_2S_2O_3 \cdot 5H_2O$,加入 0.2 g 无水 Na_2CO_3,搅拌溶解后移入棕色试剂瓶中,再以新煮沸且冷却的蒸馏水稀释至 1 L,暗处放置 1 周后过滤,标定。

（ⅱ）标定。$Na_2S_2O_3$ 标准滴定溶液的准确浓度可用 $K_2Cr_2O_7$、KIO_3、$KBrO_3$ 等基准物质进行标定。通常采用 $K_2Cr_2O_7$ 基准物质以间接碘量法标定。在酸性溶液中 $K_2Cr_2O_7$ 与过量 KI 作用,析出相当量的 I_2,然后以淀粉为指示剂,用 $Na_2S_2O_3$ 标准滴定溶液滴定析出的 I_2,以溶液的深蓝色褪去为终点。其反应如下:

$$Cr_2O_7^{2-}+6I^-+14H^+ \Longrightarrow 2Cr^{3+}+3I_2+7H_2O$$

$$I_2+2S_2O_3^{2-} \Longrightarrow 2I^-+S_4O_6^{2-}$$

根据 $K_2Cr_2O_7$ 的质量及 $Na_2S_2O_3$ 标准滴定溶液滴定时的用量,可以计算出 $Na_2S_2O_3$ 标准滴定溶液的准确浓度。

标定方法:移取 25.00 mL $K_2Cr_2O_7$ 基准溶液（ 0.1 mol $\cdot$ L^{-1} ）于碘量瓶中,加 2 g KI 和 50 mL 水,溶解后加入 10 mL HCl 溶液（1∶1）,摇匀,于暗处放置约 10 min,加少量水冲洗瓶壁及瓶塞,以待标定的 $Na_2S_2O_3$ 标准滴定溶液滴定至淡黄色,加 2 mL 淀粉指示剂,继续滴定至蓝色消失。

结果计算:

$$c(Na_2S_2O_3) = \frac{6c(K_2Cr_2O_7) \times V(K_2Cr_2O_7)}{V(Na_2S_2O_3)}$$

🔔 小贴士

用 $K_2Cr_2O_7$ 为基准物质标定 $Na_2S_2O_3$ 标准滴定溶液时应注意以下几点。

a. $K_2Cr_2O_7$ 与 KI 反应时,溶液的酸度一般以 0.2~0.4 mol $\cdot$ L^{-1} 为宜。若酸度太大,则 I^- 易被空气中的 O_2 氧化;若酸度过低,则 $Cr_2O_7^{2-}$ 与 I^- 反应较慢。

b. 由于 $K_2Cr_2O_7$ 与 KI 的反应速率慢,应将溶液放置暗处 3~5 min,待反应完全后,再以 $Na_2S_2O_3$ 标准滴定溶液滴定。

c. 用 $Na_2S_2O_3$ 标准滴定溶液滴定前,应先用蒸馏水稀释。一是降低酸度可减少空气中 O_2 对 I^- 的氧化,二是使 Cr^{3+} 的绿色减弱,便于观察滴定终点。但若滴定至溶液从蓝色转变为无色后,又很快出现蓝色,这表明 $K_2Cr_2O_7$ 与 KI 的反应还不完全,应重新标定。如果滴定到终点后,经过几分钟,溶液才出现蓝色,那么这是由于空气中的 O_2 氧化 I^- 所引起的,不影响标定的结果。

3. 配位滴定法中的标准滴定溶液——EDTA 标准滴定溶液[c(EDTA)=0.015 mol $\cdot$ L^{-1}]

EDTA 是配位滴定法中常用的标准滴定溶液。由于 EDTA 在水中的溶解度小,不适于作滴定剂,通常采用它的二钠盐（ $Na_2H_2Y \cdot 2H_2O$ ）作滴定剂。EDTA 的二钠盐

（$Na_2H_2Y \cdot 2H_2O$）试剂常因吸附约 0.3% 的水分和其中含有少量的杂质,不能直接制备标准溶液,一般采用间接法制备。

为防止 EDTA 溶液溶解玻璃中的 Ca^{2+} 形成 CaY,EDTA 溶液应储存于聚乙烯塑料瓶或硬质玻璃瓶中。

标定 EDTA 的基准物质很多,如含量不低于 99.95% 的金属铜、锌、镍、铅等,以及它们的金属氧化物,或某些盐类,如 $ZnSO_4 \cdot 7H_2O$,$MgSO_4 \cdot 7H_2O$,$CaCO_3$ 等。

通常选用其中与被测金属相同的物质作基准物质,标定条件与测定条件尽量一致,可减少误差。

微课

EDTA 标准
溶液的配制
与标定

（1）制备　称取 5.6 g EDTA 二钠盐,置于烧杯中,加入约 200 mL 水,加热溶解,过滤,稀释至 1 L,转入聚乙烯塑料瓶中,摇匀。

（2）标定

① 以纯 Zn 为基准物质标定。

（ⅰ）Zn^{2+} 标准溶液的制备 $[c(Zn)=0.02 \text{ mol} \cdot L^{-1}]$。准确称取金属 Zn 0.3~0.4 g（精确至 0.000 1 g）,置于 250 mL 烧杯中,盖好表面皿,逐滴加入 10 mL HCl 溶液（1∶1）,必要时微热使之溶解,冷却后,定量转入 250 mL 容量瓶中,稀释,定容,摇匀。

（ⅱ）标定。标定方法:准确移取 25.00 mL Zn^{2+} 标准溶液,置于 250 mL 锥形瓶中,加水约 30 mL,加入二甲酚橙指示剂 1~2 滴,滴加 $NH_3 \cdot H_2O$ 溶液（1∶1）至溶液由黄色刚好变为橙色,然后加 5 mL 六亚甲基四胺缓冲溶液,用待标定的 EDTA 溶液滴定至溶液由紫红色恰变为亮黄色,即为终点。平行测定三次。

根据 Zn 的质量和消耗 EDTA 标准滴定溶液的体积即可求得 EDTA 标准滴定溶液的物质的量浓度。

结果计算:

$$c(EDTA) = \frac{m(Zn) \times 1\,000 \text{ mL} \cdot L^{-1} \times 25.00}{M(Zn) \times V(EDTA) \times 250.0} = \frac{m(Zn) \times 100 \text{ mL} \cdot L^{-1}}{M(Zn) \times V(EDTA)}$$

注:此条件下,除了金属 Zn,还可以采用 ZnO、$ZnCl_2$ 等基准物质标定 EDTA 标准滴定溶液。

② 以 $CaCO_3$ 基准物质标定。

（ⅰ）Ca^{2+} 标准溶液的制备 $[c(Ca^{2+})=0.024 \text{ mol} \cdot L^{-1}]$。准确称取已于 105~110 ℃烘过 2 h 的 $CaCO_3$ 基准物质 0.5~0.6 g,精确至 0.000 1 g,置于 400 mL 烧杯中,盖好表面皿,沿烧杯口逐滴加入 5~10 mL HCl 溶液（1∶1）,搅拌至 $CaCO_3$ 全部溶解,加热煮沸并微沸 1~2 min,冷却至室温后,定量转入 250 mL 容量瓶中,稀释,定容,摇匀。

（ⅱ）标定。

标定方法:准确移取 25.00 mL 上述 Ca^{2+} 标准溶液,置于 300 mL 烧杯中,加水稀释至 200 mL,加入适量的 CMP 混合指示剂,在搅拌下加入 KOH 溶液至出现绿色荧光后再过量 1~2 mL,用待标定的 EDTA 溶液滴定至绿色荧光消失并呈现红色,即为终点。平行测定三次。

结果计算:

$$c(Ca^{2+}) = \frac{m(CaCO_3) \times 1\,000\ mL \cdot L^{-1}}{M(CaCO_3) \times 250.0\ mL}$$

$$c(EDTA) = \frac{c(Ca^{2+})V(Ca^{2+})}{V(EDTA)}$$

4. 沉淀滴定法中的标准滴定溶液

（1）$AgNO_3$ 标准溶液 $[c(AgNO_3)=0.1\ mol \cdot L^{-1}]$。$AgNO_3$ 标准溶液可以用基准试剂硝酸银直接制备，也可用市售硝酸银普通试剂间接制备。因为市售硝酸银常含杂质如金属银、氧化银、游离硝酸、亚硝酸盐等，因此，$AgNO_3$ 标准溶液通常采用间接法制备，采用基准物质 NaCl 标定。

① 制备。称取 17.5 g $AgNO_3$，溶于 1 L 不含 Cl^- 的蒸馏水中，摇匀，贮存于棕色瓶中置于暗处，以免见光分解。

② 标定。标定 $AgNO_3$ 标准溶液的基准物质是 NaCl，可用莫尔法标定。需要指出的是：滴定时使用棕色酸式滴定管，$AgNO_3$ 具有腐蚀性，应注意不要使它接触到衣服和皮肤。

标定方法：称取 0.15 g（精确至 0.000 1 g），于 500~600 ℃马弗炉中灼烧至恒重的工作基准试剂 NaCl［记为 $m(NaCl)$］，加 50 mL 蒸馏水溶解，加 1 mL 5% K_2CrO_4 指示液，用待标定的 $AgNO_3$ 标准溶液滴定至试液呈砖红色，即为终点，记录消耗的 $AgNO_3$ 标准溶液体积为 $V(AgNO_3)$。同时做空白试验，记录空白值为 V_0。平行测定三次。

结果计算：

$$c(AgNO_3) = \frac{m(NaCl)}{M(NaCl) \times [V(AgNO_3) - V_0]}$$

（2）NH_4SCN 标准滴定溶液 $[c(NH_4SCN)=0.1\ mol \cdot L^{-1}]$　在硝酸中，以 $NH_4Fe(SO_4)_2$ 作指示剂，用待标定的 NH_4SCN 溶液滴定一定量的 $AgNO_3$ 标准溶液至呈现红色即为终点。有关反应如下：

滴定反应　　　　　　　$SCN^- + Ag^+ \rightleftharpoons AgSCN(s)$

终点反应　　　　　　　$SCN^- + Fe^{3+} \rightleftharpoons FeSCN^{2+}$（血红色）

根据 $AgNO_3$ 基准物质的质量和消耗 NH_4SCN 溶液的体积，计算 NH_4SCN 溶液的浓度。

① 制备。用托盘天平称取 8 g NH_4SCN，溶于 1 L 水中，转入试剂瓶中，摇匀备用。

② 标定。标定方法：用移液管移取 25.00 mL 上述 $AgNO_3$ 标准溶液于 250 mL 锥形瓶中，加 20% $NH_4Fe(SO_4)_2$ 指示剂 5 mL，用已制备好的 0.1 mol·L^{-1} NH_4SCN 标准溶液滴定至溶液呈现微红色即为终点，记录所消耗 NH_4SCN 溶液的体积，平行测定三次。

结果计算：

$$c(NH_4SCN) = \frac{c(AgNO_3) \times V(AgNO_3)}{V(NH_4SCN)}$$

五、滴定分析中的相关计算

滴定分析法中要涉及一系列的计算问题，如标准滴定溶液的制备和标定，标准滴定溶液和待测物质间的计算关系,以及测定结果的计算等。现分别讨论如下。

1. 计算依据

滴定分析就是用标准溶液去滴定待测物质的溶液,根据反应物之间是按化学计量关系相互作用的原理,当滴定到化学计量点,化学反应方程式中各物质的系数比就是反应中各物质相互作用的物质的量之比。

$$aA \quad + \quad bB \Longrightarrow P+Q$$
待测物质　　滴定剂　　　产物

$$n_A : n_B = a : b$$

设体积为 V_A 的被滴定物质溶液,其浓度为 c_A,在化学计量点时用去浓度为 c_B 的滴定剂,体积为 V_B。则

$$c_A V_A = \frac{a}{b} c_B V_B$$

若已知 c_B、V_B、V_A,则可求出 c_A:

$$c_A = \frac{\frac{a}{b} c_B \times V_B}{V_A}$$

通常在滴定时,体积以 mL 为单位来计量,运算时要换算为 L,即

$$m_A = \frac{c_B V_B \times M_A \times \frac{a}{b}}{1\,000\ \text{mL} \cdot \text{L}^{-1}} \tag{10.1}$$

2. 计算实例

（1）标准溶液的制备与溶液的稀释　溶液稀释或增浓时,溶液中所含溶质的物质的量总数不变。若 c_1、V_1 为溶液的初始浓度和体积,c_2 和 V_2 为稀释后溶液的浓度和体积,则

$$c_1 \cdot V_1 = c_2 \cdot V_2$$

> **例 10.1**　已知浓盐酸的密度为 $1.19\ \text{g} \cdot \text{mL}^{-1}$,其中 HCl 含量约为 37%。计算:
>
> （1）浓盐酸的物质的量浓度。
>
> （2）欲制备浓度为 $0.10\ \text{mol} \cdot \text{L}^{-1}$ 的稀盐酸 500 mL,需量取上述浓盐酸多少毫升?
>
> **解**:（1）设盐酸的体积为 1 000 mL,则
>
> $$n(\text{HCl}) = \frac{m}{M} = \frac{1.19\ \text{g} \cdot \text{mL}^{-1} \times 1\,000\ \text{mL} \times 0.37}{36.46\ \text{g} \cdot \text{mol}^{-1}} = 12\ \text{mol}$$
>
> $$c(\text{HCl}) = \frac{n(\text{HCl})}{V} = \frac{12\ \text{mol}}{1.0\ \text{L}} = 12\ \text{mol} \cdot \text{L}^{-1}$$
>
> （2）设 c_1、V_1 为浓盐酸的浓度和体积,c_2、V_2 为稀释后盐酸的浓度和体积,则根据
>
> $$c_1 \cdot V_1 = c_2 \cdot V_2$$
>
> 得
>
> $$V_2 = \frac{0.10\ \text{mol} \cdot \text{L}^{-1} \times 500\ \text{mL}}{12\ \text{mol} \cdot \text{L}^{-1}} = 4.2\ \text{mL}$$

练一练

在稀硫酸中,用 0.020 12 mol·L^{-1} KMnO$_4$ 溶液滴定某草酸钠溶液,如欲使两者消耗的体积相等,则草酸钠溶液的浓度为多少?若需制备该溶液 100.0 mL,则应称取草酸钠多少克?

（2）计算标准滴定溶液浓度

例 10.2　用 Na$_2$B$_4$O$_7$·10H$_2$O 标定 HCl 标准滴定溶液的浓度,称取 0.481 5 g 硼砂,滴定至终点时消耗 HCl 溶液 25.35 mL,计算该 HCl 标准滴定溶液的浓度。

解：
$$Na_2B_4O_7 + 2HCl + 5H_2O \rightleftharpoons 4H_3BO_3 + 2NaCl$$

$$n(Na_2B_4O_7) = \frac{n(HCl)}{2}, \quad \frac{m(Na_2B_4O_7)}{M(Na_2B_4O_7)} = \frac{c(HCl)V(HCl)}{2}$$

$$c(HCl) = \frac{2 \times 0.481\ 5\ g}{381.4\ g·mol^{-1} \times 25.35 \times 10^{-3}\ L} = 0.099\ 60\ mol·L^{-1}$$

练一练

采用邻苯二甲酸氢钾基准物质标定 NaOH 标准滴定溶液的浓度,要求在标定时用去 0.2 mol·L^{-1} NaOH 溶液 20~30 mL,问应称取基准试剂邻苯二甲酸氢钾多少克?

（3）物质的量浓度与滴定度间的换算

滴定度与物质的量浓度的关系为

$$T_{B/A} = \frac{c_A M_B \times \dfrac{b}{a}}{1\ 000\ mL·L^{-1}} \tag{10.2}$$

式（10.2）中,b 为滴定反应方程式中待测组分项的系数;a 为滴定剂项的系数。M_B 为待测组分的摩尔质量。

例 10.3　试计算 0.020 00 mol·L^{-1} K$_2$Cr$_2$O$_7$ 溶液对 Fe 和 Fe$_2$O$_3$ 的滴定度。

解：
$$Cr_2O_7^{2-} + 6Fe^{2+} + 14H^+ \rightleftharpoons 2Cr^{3+} + 6Fe^{3+} + 7H_2O$$

$$\frac{c(K_2Cr_2O_7)}{1\ 000\ mL·L^{-1}} = \frac{T_{Fe/K_2Cr_2O_7}}{6M(Fe)}$$

$$T_{K_2Cr_2O_7/Fe} = \frac{c(K_2Cr_2O_7) \times M(Fe) \times 6}{1\ 000\ mL·L^{-1}} = \frac{0.020\ 00\ mol·L^{-1} \times 55.85\ g·mol^{-1} \times 6}{1\ 000\ mL·L^{-1}}$$
$$= 0.006\ 702\ g·mL^{-1}$$

同理：

$$\frac{c(K_2Cr_2O_7)}{1\ 000\ mL·L^{-1}} = \frac{T_{Fe_2O_3/K_2Cr_2O_7}}{3M(Fe_2O_3)}$$

$$T_{Fe_2O_3/K_2Cr_2O_7}=\frac{c(K_2Cr_2O_7)\times M(Fe_2O_3)\times 3}{1\ 000\ mL\cdot L^{-1}}=\frac{0.020\ 00\ mol\cdot L^{-1}\times 159.69\ g\cdot mol^{-1}\times 3}{1\ 000\ mL\cdot L^{-1}}$$
$$=0.009\ 581\ g\cdot mL^{-1}$$

（4）待测组分质量分数的计算

例 10.4　称取不纯碳酸钠试样 0.264 8 g，加水溶解后，用 0.200 0 mol·L^{-1} 的 HCl 标准溶液滴定，消耗 HCl 标准溶液体积为 24.45 mL。求试样中 Na$_2$CO$_3$ 的质量分数。

解：根据滴定反应式

$$2HCl+Na_2CO_3 \rightleftharpoons 2NaCl+CO_2+H_2O$$

得

$$w(Na_2CO_3)=\frac{0.200\ 0\ mol\cdot L^{-1}\times 24.45\times 10^{-3}\ L\times 106.0\ g\cdot mol^{-1}}{2\times 0.264\ 8\ g}\times 100\%=97.87\%$$

即试样中 Na$_2$CO$_3$ 的质量分数为 97.87%。

10.3　称量分析法基础

称量分析法是将待测组分以某种形式与试样中其他组分分离，然后转化为一定的形式，用准确称量的方法确定待测组分含量的分析方法。此法又称重量分析法或质量分析法。

一、称量分析法的分类与特点

1. 方法分类
根据待测组分与试样中其他组分分离的方法不同，称量分析法一般分为以下三种。

（1）挥发法　此法是利用物质的挥发性，使其以气体形式与其他组分分离；

（2）沉淀法　此法是使待测组分以难溶化合物的形式与其他组分分离；

（3）电解法　此法则是利用电解原理，使待测金属离子在电极上析出而与其他组分分离。

上述三种方法中以沉淀分析法应用最广、最为重要。

2. 方法特点
由于称量分析法是通过直接称量试样及相关物质的质量来求得分析结果，无需采用基准物质和容量分析仪器，因此，引入误差机会少，准确度高。对于常量组分分析，相对误差为 0.1%~0.2%，所以称量分析法常用于仲裁分析或校准其他方法的准确度。

但称量分析操作比较繁琐，耗时较长，满足不了快速分析的要求，不适用于生产中的控制分析。同时，对于低含量组分的测定，误差较大，不适用于微量和痕量组分分析。

二、称量分析法中的常用术语

1. 恒重 / 量

在实际的称量分析工作中,通常认为将沉淀或坩埚反复烘干或灼烧,经冷却后称量,直至两次称量的质量相差不大于 0.2 mg,即为恒重。

实际上国家标准中对于不同的测定项目有不同的恒重要求。例如 GB/T 6284—2006《化工产品中水分测定的通用方法——干燥减量法》中规定:恒重即两次连续称量操作其结果之差不大于 0.000 3 g。取最后一次测量值作为测定结果。而 GB 3838—2002《地表水环境质量标准》中残渣项目的测定规定:两次称重相差不超出 0.000 5 g。GB/T 212—2008《煤的工业分析方法》中关于水分的测定则规定:进行检查性干燥,每次 30 min,直到连续两次干燥煤样的质量减少不超过 0.001 0 g 或质量增加为止。在后一种情况下,采用质量增加前一次的质量为计算依据。

2. 沉淀形式与称量形式

在沉淀称量分析法中,待测组分与沉淀剂生成的物质称为"沉淀形式";而沉淀形式经过滤、洗涤、烘干、灼烧后得到的物质组成形式称为沉淀的"称量形式"。

在沉淀称量分析法中,沉淀形式起着分离作用,而称量形式则承担称量作用。因此,称量分析法对上述二者的要求也不相同。

表 10.2 所示为沉淀称量分析法对沉淀形式和称量形式的要求。

表 10.2　沉淀称量分析法对沉淀形式和称量形式的要求

对沉淀形式的要求	对称量形式的要求
● 沉淀的溶解度要小 ——沉淀的溶解损失不能超过分析天平的称量误差	● 化学组成必须与化学式相符 ——这是定量分析计算的基本依据
● 沉淀必须纯净 ——沉淀的纯度是获得准确结果的重要因素之一	● 有足够的稳定性 ——称量时,不易被氧化;干燥、灼烧时不易被分解
● 沉淀易于过滤和洗涤,并易于转化为称量形式 ——这是保证沉淀纯度的一个重要方面	● 摩尔质量要大 ——旨在减小称量误差,提高分析结果准确度

3. 烘干和灼烧

烘干和灼烧是为了除去沉淀中的水分和挥发性物质,使沉淀形式转变为纯净、干燥、组成恒定的便于称量的称量形式。烘干和灼烧的温度与时间随着沉淀不同而不同。

以滤纸过滤的沉淀,常置于已恒重的瓷坩埚中进行烘干和灼烧。若沉淀需要加 HF 处理,则改用铂坩埚。

使用玻璃砂芯漏斗过滤的沉淀,应在电热烘箱内烘干。玻璃砂芯漏斗和坩埚及坩埚盖在使用前,均应预先烘干或灼烧至恒重,且温度、时间与沉淀烘干和灼烧时的温度、时间相同。

4. 沉淀剂

在称量分析法中,使用的沉淀剂有无机沉淀剂和有机沉淀剂。

无机沉淀剂:选择性差、有的沉淀溶解度较大和易引入杂质,须经灼烧才得到组成恒定的称量形式。

有机沉淀剂:溶解度小,选择性高,摩尔质量较大,所得沉淀大多数烘干后即可直接称量,简化了测定手续,因此有机沉淀剂在沉淀称量分析中获得了广泛的应用。

根据对沉淀形式和称量形式的要求,选择沉淀剂时应考虑以下几方面。

(1)沉淀剂与待测组分生成的难溶化合物溶解度要小。即得到溶解度小的沉淀形式,保证待测组分沉淀完全。

(2)沉淀剂具有较好的选择性。沉淀剂只能和待测组分生成沉淀,而与试液中其他组分不作用。这样既可以简化分析程序,又能够提高分析结果的准确度。

(3)沉淀剂具有挥发性。沉淀剂应易挥发或易灼烧除去,从而减少或避免由于沉淀剂掺入沉淀带来误差。

(4)沉淀剂本身具有较大的溶解度。沉淀剂本身应具有较大的溶解度,旨在减少沉淀对它的吸附,易得到纯净的沉淀。

5. 晶形沉淀与无定形沉淀

沉淀按其颗粒直径的大小,通常可粗略地分为两大类:一类是晶形沉淀,如 CaC_2O_4、$BaSO_4$ 等,其粒径为 $0.1 \sim 1\ \mu m$;另一类是无定形沉淀,又称非晶形沉淀,如 $Fe_2O_3 \cdot nH_2O$ 等,粒径通常小于 $0.02\ \mu m$。

微视频

晶形沉淀的形成

(1)晶形沉淀　晶形沉淀的颗粒直径比较大,比表面积小,吸附杂质较少,内部颗粒排列整齐、结构紧密,整个沉淀的体积较小,极易沉降于容器的底部,有利于过滤和洗涤。

(2)无定形沉淀　无定形沉淀的颗粒较小,由许多微小的沉淀颗粒疏松地聚集在一起组成,沉淀比表面积较大,吸附杂质较多,沉淀颗粒的排列杂乱无章,其中又包含大量数目不定的水分子,体积庞大疏松,难以沉降,不易过滤和洗涤。

在沉淀称量分析法中,最希望获得颗粒粗大的晶形沉淀。但是生成何种类型的沉淀,首先取决于沉淀的性质,同时也与沉淀形成的条件及沉淀后的处理有密切的关系。

6. 陈化

微视频

无定形沉淀的形成

在沉淀称量分析法中,当沉淀完全后,让初生成的沉淀与母液一起放置一段时间,这个过程称为"陈化"。"陈化"是称量分析法中晶形沉淀形成的重要条件之一。

7. 换算因数

换算因数又称"化学因数",它是待测组分的摩尔质量与称量形式摩尔质量的比值,常用 F 表示。

$$F = \frac{M_{待量组分}}{M_{称量形式}} \tag{10.3}$$

在称量分析法中,利用换算因数直接乘以称量形式的质量即可得出待测组分的质量。

 **小贴士**

在计算换算因数时,分子和分母中所含待测组分的原子数目必须相同。若不同, 则应在分子或分母上分别乘以适当的系数,使之相同。

例 10.5　计算将 $PbCrO_4$ 换算为 Cr_2O_3 和 PbO 的换算因数。

解: 将 $PbCrO_4$ 换算为 Cr_2O_3,则

$$F = \frac{M(Cr_2O_3)}{2M(PbCrO_4)} = \frac{152.0 \text{ g} \cdot \text{mol}^{-1}}{2 \times 323.2 \text{ g} \cdot \text{mol}^{-1}} = 0.235\ 1$$

将 $PbCrO_4$ 换算为 PbO,则

$$F = \frac{M(PbO)}{M(PbCrO_4)} = \frac{223.2 \text{ g} \cdot \text{mol}^{-1}}{323.2 \text{ g} \cdot \text{mol}^{-1}} = 0.690\ 6$$

三、称量分析法中的相关计算

关于称量分析法中分析结果的计算,通常可按式(10.4)进行。

$$w_{待测组分} = \frac{m_{待测组分}}{m_{试样}} \times 100\% \tag{10.4}$$

由于在称量分析中,最后得到的是沉淀称量形式的质量,因此,若称量形式与待测组分的表示形式一样,则待测组分的质量就等于称量形式的质量,即可按式(10.4)直接进行计算;若称量形式与待测组分的表示形式不一样,则需要利用换算因数(F)将称量形式的质量换算为待测组分的质量。

根据换算因数 F,即可方便地将称量形式的质量换算为待测组分的质量。

$$m_{待测组分} = F \times m_{称量形式}$$

因此,称量分析的结果可表示为

$$w_{待测组分} = \frac{m_{待测组分}}{m_{试样}} \times 100\%$$

$$w_{待测组分} = \frac{F \times m_{称量形式}}{m_{试样}} \times 100\% \tag{10.5}$$

例 10.6　测定某水泥试样中 SO_3 的含量,称取水泥试样 0.500 0 g,最后得到 $BaSO_4$ 沉淀的质量为 0.042 0 g,计算试样中 SO_3 的质量分数。

解: $BaSO_4$ 的摩尔质量为 233.4 g·mol^{-1};SO_3 的摩尔质量为 80.06 g·mol^{-1}。

换算因数(F)为

$$F = \frac{M(SO_3)}{M(BaSO_4)} = \frac{80.06 \text{ g} \cdot \text{mol}^{-1}}{233.4 \text{ g} \cdot \text{mol}^{-1}} = 0.343\ 0$$

则试样中的 SO_3 的质量分数为

$$w(SO_3) = \frac{F \times m(BaSO_4)}{m_{试样}} \times 100\%$$

$$= \frac{0.343\,0 \times 0.042\,0\ \text{g}}{0.500\,0\ \text{g}} \times 100\%$$

$$= 2.88\%$$

练一练

　　测定某铁矿石中铁的含量时，称取试样 0.250 0 g，经处理后，将铁沉淀为 $Fe(OH)_3$，然后灼烧得到 Fe_2O_3 0.249 0 g，计算试样中 Fe 的质量分数为多少？若以 Fe_3O_4 表示结果，其质量分数为多少？

四、称量分析法的基础操作

称量分析法的主要操作过程如图 10.2 所示。

图 10.2　称量分析法的主要操作过程

　　称量分析基本操作主要包括分离和称量两部分。其操作过程主要有沉淀的过滤、洗涤、烘干或灼烧及称量直至恒重。称量技术已在本书的第 6 章中进行了系统介绍。分离技术（常压过滤）已在本书第 9 章中进行了较详细介绍。本章将着重介绍沉淀的烘干与灼烧等。

1. 沉淀的烘干

　　（1）瓷坩埚的准备　　瓷坩埚在使用前先用热的稀盐酸或铬酸洗液浸泡十几分钟，然后用玻璃棒夹出，洗净并烤干，编号（可用含 Fe^{3+} 或 Co^{2+} 的蓝墨水或 $K_4Fe(CN)_3$ 在坩埚和盖上编号），然后在灼烧沉淀的温度下加热灼烧，灼烧可在高温炉内进行。由于温度骤升或骤降常使坩埚破裂，最好将坩埚放入冷的炉膛内逐渐升高温度，或将坩埚在已升至较高温度的炉膛口预热一下，再放入炉膛中。一般在 800~900 ℃下灼烧 40 min（新坩埚需烧 1 h）。

　　用坩埚钳取出坩埚，置于耐热板上稍冷，至红热褪去，再将坩埚移入干燥器中，将干燥器连同坩埚一起移至天平室，冷却至室温（约需 20 min），取出称量。随后进行第二次灼烧，时间 15~20 min，冷却，称量。如果前后两次称量结果之差不大于 0.2 mg，那么可认为坩埚已达"恒重"。否则还需再次灼烧，直至"恒重"为止。

　　灼烧空坩埚的温度和时间必须与以后灼烧沉淀的温度和时间保持一致。恒重的坩埚放在干燥器中备用。

（2）沉淀的灰化　坩埚准备好后即可开始沉淀的灰化。灰化是使滤纸灼烧成灰,灰化通常在高温电炉上进行。操作步骤如下。

从漏斗中取出沉淀和滤纸时,应用扁头玻璃棒将滤纸边挑起,向中间折叠,使其将沉淀盖住,如图 10.3 所示。再用玻璃棒轻轻转动滤纸包,以便擦净漏斗内壁可能沾有的沉淀。然后,将滤纸包转移至已恒重的干净坩埚中,滤纸包的顶端朝上。

将放有沉淀的坩埚盖上坩埚盖（留一缝隙）,置于电炉上加热干燥。当滤纸干燥后,开始慢慢"炭化"（呈黑色）,继续加热,直到不冒白烟为止,即"灰化"完毕（呈灰白色）。如灰化不好,其滤纸的炭粒会还原沉淀,影响称量结果。炭化和灰化的过程中不能着火,否则会使沉淀飞散而损失。如遇滤纸着火,应立即用坩埚盖盖上,使火焰熄灭。火焰熄灭后,重新将坩埚盖移开一缝隙,继续炭化和灰化。

2. 沉淀的灼烧

图 10.3　沉淀的包裹

将灰化好的沉淀与瓷坩埚一起,用长坩埚钳放入高温炉内,盖上坩埚盖,稍留一缝隙。在指定温度下灼烧 40~50 min,然后采取与灼烧空坩埚至恒重相同的操作,取出、稍冷、放入干燥器中,冷却至室温、称量。再依同样的方法进行第二次、第三次灼烧,时间为 15~20 min,直至恒重。

3. 沉淀的称量

通常沉淀都是在已恒重的坩埚中一起称量的,然后减去空坩埚的质量,即得沉淀的质量。需要强调的是,无论是空坩埚还是带沉淀的坩埚,在进行恒重处理时,灼烧、冷却的条件（温度、时间等）都应一致,还必须在同一台天平上称量。同时,还应注意称量的速度应尽可能快些。以保证得到较好的分析结果。

习题

一、填空题

1. 化学分析法常用于测定含量_____的组分。

2. 按照滴定反应的类型,滴定分析法包括_____法、_____法、_____法和_____法。

3. 标定 HCl 溶液时常采用_____为基准物质;标定 NaOH 溶液常采用_____为基准物质。

4. 测定双氧水中 H_2O_2 含量时,使用的标准溶液是_____,指示剂是_____。

5. $K_2Cr_2O_7$ 易于提纯,可以用作_____试剂直接配制标准溶液。欲配制 0.100 0 mol·L^{-1} $\left(\dfrac{1}{6}K_2Cr_2O_7\right)$ 标准溶液 1 L,应称取_____g $K_2Cr_2O_7$。

6. 高锰酸钾法是以_____为标准滴定溶液,_____为指示剂的氧化还原滴定分析。

7. 标定 EDTA 标准溶液的基准物质常见的有_____等。

8. 标定 $KMnO_4$ 溶液时,常采用_____作基准试剂,用_____作指示剂。

9. 配制 NaOH 标准溶液时,要用煮沸过的纯水的目的是_____,配制 $KMnO_4$ 标准溶液时,要煮沸新配制溶液的目的是_____,配制 $Na_2S_2O_3$ 的标准溶液时,要将水煮沸并冷却的目的是_____。

10. 恒重是指将沉淀或坩埚反复烘干或灼烧,并经冷却后,直至两次称量的质量相差不大于_____g。

11. 沉淀的洗涤应采用_____的原则。

二、选择题

1. 按待测组分含量来分,分析方法中常量组分分析指含量(　　)。

A. <0.1%　　　　　　B. >0.1%　　　　　　C. <1%　　　　　　D. >1%

2. 称量分析法对沉淀的处理流程主要是指(　　)。

A. 过滤、洗涤、烘干、灼烧　　　　　　　B. 称量、烘干、灼烧、恒重

C. 沉淀、陈化、过滤、烘干　　　　　　　D. 过滤、烘干、灼烧、称量

3. 在测定 Mg^{2+} 含量时,称量物为 $Mg_2P_2O_7$ 时,该换算因数为(　　)。

A. $F=\dfrac{M(Mg)}{M(Mg_2P_2O_7)}$ 　　　　　　B. $F=\dfrac{2M(Mg)}{M(Mg_2P_2O_7)}$

C. $F=\dfrac{M(Mg_2P_2O_7)}{M(Mg)}$ 　　　　　　D. $F=\dfrac{M(Mg_2P_2O_7)}{2M(Mg)}$

4. 测定水泥烧失量、煤中的水分,均采用了称量分析法中的(　　)进行。

A. 沉淀称量分析法

B. 挥发法

C. 电解法

5. 不需贮于棕色具磨口塞试剂瓶中的标准溶液为(　　)。

A. I_2 　　　　　　B. $Na_2S_2O_3$ 　　　　　　C. HCl 　　　　　　D. $AgNO_3$

6. 进行滴定分析时,事先不应该用所盛溶液润洗的仪器是(　　)。

A. 酸式滴定管　　　B. 碱式滴定管　　　C. 锥形瓶　　　　D. 移液管

7. 在容量分析中,由于存在副反应而产生的误差称为(　　)。

A. 公差　　　　　　B. 系统误差　　　　　C. 随机误差　　　　D. 相对误差

三、判断题

1. 制备 HCl 标准溶液时可直接使用市售浓盐酸配制。　　　　　　　　　　　(　　)

2. 在滴定接近终点时,要加强溶液的振荡。　　　　　　　　　　　　　　　(　　)

3. 根据等物质的量规则,只要两种物质完全反应,它们的物质的量就相等。　　(　　)

4. $BaSO_4$ 灼烧后,从高温电炉箱中取出,应立即加入干燥器中冷却到室温,防止灼烧物在冷却过程中吸收水分。　　　　　　　　　　　　　　　　　　　　　　　　　　　　(　　)

5. 水中的 Ca^{2+}、Mg^{2+} 含量测定中加入三乙醇胺是提高指示剂的灵敏度。　　(　　)

6. 在配位滴定中,通常 EDTA 溶液都是用酸式滴定管盛装。　　　　　　　　(　　)

7. $KMnO_4$、$AgNO_3$ 溶液作为滴定剂时,必须装在棕色酸式滴定管中。　　　(　　)

8. 用基准试剂 $Na_2C_2O_4$ 标定 $KMnO_4$ 溶液时,需将溶液加热至 75~85 ℃进行滴定,若超过此温度,则会使测定结果偏低。　　　　　　　　　　　　　　　　　　　　　　　　　(　　)

9. 对于沉淀的烘干,应从低温开始再逐渐升温。　　　　　　　　　　　　　(　　)

10. 标定硝酸银标准溶液可使用氯化钠基准物质。　　　　　　　　　　　　(　　)

四、简答题

1. 简要说明应用于滴定分析的化学反应应符合哪些要求。

2. 用于滴定分析的化学反应为什么必须有确定的化学计量关系? 什么是化学计量点? 什么是滴定终点?

3. 滴定分析方法的滴定方式有哪些?

4. 什么是称量分析法？称量分析法主要有哪些种类？

5. $KMnO_4$ 标准溶液为何不能用直接配制法配制？而 $K_2Cr_2O_7$ 标准滴定溶液却可以采用直接法配制，为什么？

6. 仔细阅读以下内容并回答问题：吸取 25.00 mL 已制备好的试样溶液于 300 mL 的烧杯中，用水稀释至 100 mL，以氨水（1∶1）调节 pH 至 1.8~2.0（用精密 pH 试纸检验），将溶液加热至 60~70 ℃，加入 10 滴磺基水杨酸钠溶液，在不断搅拌下，用 0.015 mol·L⁻¹ 的 EDTA 标准滴定溶液缓慢滴定至溶液呈亮黄色。

问题 1. 该待测组分采用了哪种滴定分析法进行？

问题 2. 该待测组分的滴定条件是什么？

问题 3. 上述测定分析方案中使用了哪些玻璃仪器和非玻璃仪器？

五、计算题

1. 称取分析煤样 1.100 0 g，测定水分后质量减少到 1.040 0 g，计算煤样中的水分含量。

2. 分析一铁矿石 0.579 2 g，得 Fe_2O_3 质量为 0.547 1 g，计算铁矿石中铁的质量分数。

3. 称取某混合碱试样 0.652 4 g，以酚酞为指示剂，用 0.199 2 mol·L⁻¹ HCl 标准溶液滴定至终点，消耗 HCl 标准溶液 V_1=21.76 mL，然后加甲基橙指示剂滴定至终点，消耗 HCl 标准溶液 V_2=27.15 mL，判断混合碱的组分，并计算试样中各组分的含量。

4. 称取 0.500 0 g 玻璃配合料，将其溶解过滤后，转入 250 mL 容量瓶中。摇匀后取出 50 mL，在适宜条件下，以 0.050 00 mol·L⁻¹ HCl 标准溶液滴定，消耗 21.45 mL，求试样中 Na_2CO_3 的质量分数。

5. 将 0.196 3 g $K_2Cr_2O_7$ 试剂溶于水，酸化后加入过量的 KI，析出的 I_2 用 33.61 mL $Na_2S_2O_3$ 溶液滴定，求 $Na_2S_2O_3$ 溶液的浓度。

6. 称取 0.200 0 g 草酸钠以标定 $KMnO_4$ 溶液，若消耗 $KMnO_4$ 溶液 29.76 mL，求 $KMnO_4$ 溶液的浓度。

7. 称取用来标定 EDTA 的基准物质 $CaCO_3$ 0.100 8 g，溶解后用容量瓶配成 100.00 mL，吸取 25.00 mL，在 pH>12 时，以 CMP 指示剂指示终点，用 EDTA 标准溶液滴定，用去 25.36 mL，试计算：（1）EDTA 标准溶液的浓度。（2）EDTA 对 ZnO 和 Fe_2O_3 的滴定度。

8. 用 0.010 60 mol·L⁻¹ EDTA 标准溶液滴定水中钙和镁的含量，取 100.00 mL 水样，以铬黑 T 为指示剂，在 pH=10 时滴定，消耗 EDTA 标准溶液 31.30 mL。另取一份 100.00 mL 水样，加入 NaOH 呈强碱性，使 Mg^{2+} 生成 $Mg(OH)_2$ 沉淀，以钙指示剂指示终点，用 EDTA 标准溶液滴定，用去 19.20 mL，试计算：

（1）水的总硬度［以 $CaCO_3$（mg·L⁻¹）表示］。

（2）水中钙和镁的含量［以 $CaCO_3$（mg·L⁻¹）和 $MgCO_3$（mg·L⁻¹）表示］。

9. 计算下列换算因数。

称量形式	测定形式	换算因数
Al_2O_3	Al	
$Al(C_9H_6ON)_3$	Al_2O_3	
$Mg_2P_2O_7$	MgO	
$Mg_2P_2O_7$	P_2O_5	
$BaSO_4$	S	

六、案例分析

1. 某实验小组采用沉淀称量分析法测定某试样中 MgO 的含量时，先将 Mg^{2+} 沉淀为 $MgNH_4PO_4$，再灼烧成 $Mg_2P_2O_7$，称量。若试样质量为 0.240 0 g，得到 $Mg_2P_2O_7$ 的质量为 0.193 0 g。

在进行数据处理计算中，甲同学进行了如下计算：

$$F = \frac{2M(MgO)}{M(Mg_2P_2O_7)} = \frac{2 \times 40.30 \text{ g} \cdot \text{mol}^{-1}}{222.6 \text{ g} \cdot \text{mol}^{-1}} = 0.362\ 1$$

甲同学计算所得试样中 MgO 的质量分数为

$$w(MgO) = \frac{m_{称} \times F}{m_s} \times 100\% = \frac{0.193\ 0 \text{ g} \times 0.362\ 1}{0.240\ 0 \text{ g}} \times 100\% = 29.119\%$$

而同组的乙同学则按如下方法进行了计算：

$$F = \frac{M(MgO)}{M(Mg_2P_2O_7)} = \frac{40.30 \text{ g} \cdot \text{mol}^{-1}}{222.6 \text{ g} \cdot \text{mol}^{-1}} = 0.181\ 0$$

乙同学计算所得试样中 MgO 的质量分数为

$$w(MgO) = \frac{m_{称} \times F}{m_s} \times 100\% = \frac{0.193\ 0 \text{ g} \times 0.181\ 0}{0.240\ 0 \text{ g}} \times 100\% = 14.56\%$$

根据以上两位同学的计算过程与结果，试分析：

（1）关于换算因数 F 的计算，上述计算结果哪个是正确的？为什么？

（2）关于 MgO 质量分数计算，两位同学在其结果计算中的有效数字位数是否正确？如不正确，试写出 MgO 质量分数的正确结果。

2. 某同学配制 0.02 $\text{mol} \cdot \text{L}^{-1}$ $Na_2S_2O_3$ 500 mL，方法如下：在分析天平上准确称取 $Na_2S_2O_3 \cdot 5H_2O$ 2.482 g，溶于蒸馏水中，加热煮沸，冷却，转移至 500 mL 容量瓶中，加蒸馏水定容摇匀，保存待用。试指出其错误。

第 11 章
综合实训

综合实训是在获得全面、系统且规范的化学分析操作技能训练的学习过程中,除了继续巩固相关的定量分析基本操作技术外,更重要的是要达到实训教学的最终目标——提高独立解决实际问题的能力。因此,综合实训的目的旨在对各种相关基础知识与分析技术的综合运用。在此期间学生必须要投入时间和精力,通过周密思考,灵活运用相关的知识、实验技术及分析方法,真正获得综合能力的提高。

 **知识目标**

- ☐ 熟练掌握化学分析中所需试剂及标准溶液的制备方法。
- ☐ 学习并掌握试样分解、水溶加热、过滤分离及沉淀洗涤、灰化、灼烧等操作技术。
- ☐ 熟练掌握控制溶液的酸度、温度及掩蔽剂和指示剂的选择等技术。
- ☐ 熟练掌握相关的计算方法并会正确评价分析结果。
- ☐ 掌握化学分析结果的计算及表示方法。

 **能力目标**

- ☐ 能按照任务要求正确选择测试仪器及辅助设备。
- ☐ 能正确并熟练使用所用的分析仪器。
- ☐ 能正确领会任务书中各项要求。
- ☐ 能按照实验室安全守则进行正确的安全防护,并懂得自救技术。
- ☐ 能独立完成并按时提交合格、完整的实训报告。

 **素养目标**

- ☐ 有较强的责任感、使命感以及团队协作精神。

综合实训以小组为单位,每个小组 2~3 名同学,指导教师负责指导实训全过程。

在综合实训的实施进程中要充分利用各种仪器设备,以具有典型工作过程特色的测定项目为载体,以人才培养目标为依据,体现教学过程的实践性和职业性。

教师要充分激发学生学习的主动性和积极性,对学生的安全操作规范、实验安全知识和实验测试技术及在分析检测中出现的"理–实"问题进行指导。该综合实训的实施过程通过本书实验 20 "水泥熟料中铁、铝、钙、镁、硅含量的测定"来达到各项学习目标,整个综合实训过程分为以下几个环节进行。

一、预习、准备

提前 2 周时间下达实训任务,教师负责引导、督促并有计划地组织学生为该综合实训任务的顺利开展做充分的准备工作。学生应认真学习考核内容及考核标准,对照各项基础操作规范要求,自检自练自身不足之处。

二、制订实施方案

按照任务要求和目标,针对每项实训内容写出合理、完整的实施计划,计划中要详细地体现实施此项任务的分析方法和实验步骤;所需试剂、仪器和设备的使用和注意事项;实训过程中可能出现的问题及其处理方案。

三、设备清查与准备

进入实训室后认真清点实训所需试剂的种类和仪器的数量,检查设备是否能正常运行。

四、方案实施

方案实施如下。

（1）按照拟定的计划实施方案,规范操作,认真观察实验现象并且如实记录实验数据。

（2）及时处理实验数据,针对数据中存在的问题和操作过程中出现的不确定处提出问题,进行互动探讨。

（3）将数据与所给的标准结果进行校核,计算出标准偏差。

（4）认真撰写实训报告,总结综合实训过程。

五、化学分析操作技术水平测试

对标职业技能大赛的规范要求对学生的技术 / 技能水平进行"理–实一体"考核评价。理论考核以抽签答辩方式进行。最终成绩以实际操作水平考核、理论知识答辩、实训报告质量及平时表现四部分组成。化学分析操作水平评价细则见表 11.1。

表 11.1　化学分析评分细则表

序号	作业项目	考核内容	配分	操作要求	考核记录	扣分说明	扣分	得分
一	称量基准物（7.5分）	称量操作	1	1. 检查天平		每错一项扣0.5分,扣完为止		
				2. 清扫天平				
				3. 敲样动作准确				
		基准物及试样的称量范围	6	1. 称量范围不超过±5%		在规定量±5%~±10%内每错一个扣1分,扣完为止		
				2. 称量范围不超过±10%		每错一个扣2分,扣完为止		
		结束工作	0.5	1. 复原天平		每错一个扣0.5分,扣完为止		
				2. 放回凳子				
二	试液的制备（3分）	容量瓶的洗涤	0.5	洗涤干净		洗涤不干净,扣0.5分		
		容量瓶试漏	0.5	正确试漏		不试漏,扣0.5分		
		定量转移	0.5	转移动作规范		转移动作不规范扣0.5分		
		定容	1.5	1. 三分之二处水平摇动		每错一个扣0.5分,扣完为止		
				2. 准确稀释至刻度线				
				3. 摇匀动作正确				
三	移取溶液（5分）	移液管洗涤	0.5	洗涤干净		洗涤不干净扣0.5分		
		移液管的润洗	1	润洗方法正确		从容量瓶或原瓶中直接移取溶液扣1分		
		吸溶液	1	1. 不吸空		错一个扣0.5分,扣完为止		
				2. 不重吸				
		调刻度线	1	1. 调刻度线前擦干外壁		错一个扣0.5分,扣完为止		
				2. 调节液面操作熟练				
		放溶液	1.5	1. 移液管竖直		错一个扣0.5分,扣完为止		
				2. 移液管尖靠壁				
				3. 放液后停留15 s				

续表

序号	作业项目	考核内容	配分	操作要求	考核记录	扣分说明	扣分	得分
四	滴定操作（5分）	滴定管的洗涤	0.5	洗涤干净		洗涤不干净，扣0.5分		
		滴定管的试漏	0.5	正确试漏		不试漏，扣0.5分		
		滴定管的润洗	0.5	润洗方法正确		润洗方法不正确，扣0.5分		
		滴定操作	2	1. 滴定速度适当 2. 终点控制熟练		每错一项扣0.5分，扣完为止		
		近终点体积确定	2	近终点体积≤5 mL		每错一个扣0.5分，扣完为止		
五	滴定终点（4分）	标定终点	2	终点判断正确		每错一个扣1分，扣完为止		
		测定终点	2	终点判断正确				
六	读数（2分）	读数	2	读数正确		以读数差在0.02 mL为正确，每错一个扣1分，扣完为止		
七	原始数据记录（2分）	原始数据记录	2	1. 原始数据记录不用其他纸张记录 2. 原始数据及时记录 3. 正确进行滴定管体积校正		每错一个扣1分，扣完为止		
八	文明操作（1分）	物品摆放仪器洗涤"三废"处理	1	1. 仪器摆放整齐 2. 废纸/废液不乱扔乱倒 3. 结束后清洗仪器		每错一项扣0.5分，扣完为止		
九	重大失误（本项最多扣10分）			基准物的称量		称量失败，每重称一次倒扣2分		
				试液的制备		溶液制备失败，重新制备的，每次倒扣5分		
				移取溶液		移取溶液后出现失误，重新移取，每次倒扣3分		
				滴定操作		重新滴定，每次倒扣5分		

续表

序号	作业项目	考核内容	配分	操作要求	考核记录	扣分说明	扣分	得分
十	数据记录与处理（5分）	记录	1	1. 规范改正数据		每错一项扣0.5分,扣完为止		
				2. 不缺项				
		计算	3	计算过程与结果正确（由于第一次错误影响到其他不再扣分）		每错一项扣0.5分,扣完为止		
		有效数字保留	1	有效数字位数保留正确或修约正确		每错一项扣0.5分,扣完为止		
十一	标定结果（35分）	精密度	20	相对极差≤0.15%		扣0分		
				0.15%＜相对极差≤0.25%		扣4分		
				0.25%＜相对极差≤0.35%		扣8分		
				0.35%＜相对极差≤0.45%		扣12分		
				0.45%＜相对极差≤0.55%		扣16分		
				相对极差＞0.55%		扣20分		
		准确度	15	｜相对误差｜≤0.10%		扣0分		
				0.10%＜｜相对误差｜≤0.20%		扣3分		
				0.20%＜｜相对误差｜≤0.30%		扣6分		
				0.30%＜｜相对误差｜≤0.40%		扣9分		
				0.40%＜｜相对误差｜≤0.50%		扣12分		
				｜相对误差｜＞0.50%		扣15分		

续表

序号	作业项目	考核内容	配分	操作要求	考核记录	扣分说明	扣分	得分
十二	测定结果（30分）	精密度	15	相对极差≤0.15%		扣0分		
				0.15%＜相对极差≤0.25%		扣4分		
				0.25%＜相对极差≤0.35%		扣8分		
				0.35%＜相对极差≤0.45%		扣12分		
				0.45%＜相对极差≤0.55%		扣16分		
				相对极差＞0.55%		扣20分		
		准确度	15	｜相对误差｜≤0.10%		扣0分		
				0.10%＜｜相对误差｜≤0.20%		扣3分		
				0.20%＜｜相对误差｜≤0.30%		扣6分		
				0.30%＜｜相对误差｜≤0.40%		扣9分		
				0.40%＜｜相对误差｜≤0.50%		扣12分		
				｜相对误差｜＞0.50%		扣15分		

第五部分
实验实训

实验 1　玻璃仪器的认领、洗涤和干燥

（一）实验目的

1. 熟悉化验室安全规则和要求。
2. 认识熟悉常用玻璃仪器，了解其规格与性能。
3. 掌握常用玻璃仪器的洗涤和干燥的方法。

（二）仪器与试剂

1. 仪器

烧杯、锥形瓶、试剂瓶、电炉、烘箱、毛刷、洗瓶。

2. 试剂

铬酸洗液、洗涤剂或洗衣粉。

（三）实验内容

1. 认领仪器

按照仪器清单向实验指导教师逐一领取并核实化学分析实验中常用的玻璃仪器。对照清单认识所领取仪器的名称与规格，检查其完好性，然后按照要求分类摆放整齐。

2. 玻璃仪器的洗涤

（1）选用合适的毛刷，蘸取少量的洗涤剂（或洗衣粉）刷洗一个烧杯和一个锥形瓶。用自来水冲洗干净后，再用少量蒸馏水淋洗 2~3 次。倒置仪器检查是否洗涤干净。若器壁不挂水珠而是形成了水膜，表明仪器已经洗涤干净。否则继续洗涤。

（2）用铬酸洗液洗涤一个容量瓶（100 mL 或 250 mL）。方法是：向容量瓶中倒入少量铬酸洗液，慢慢转动容量瓶，使铬酸洗液浸润整个瓶壁，将洗液倒回洗液瓶中。用自来水冲洗容量瓶，再用少量蒸馏水润洗 2~3 次，直至洗涤干净。

将洗涤干净的玻璃仪器交给教师检查。

3. 玻璃仪器的干燥

（1）将洗涤干净的烧杯和锥形瓶置于仪器架上晾干。

（2）将洗涤干净的烧杯和锥形瓶置于电炉上烤干。

（3）将洗涤干净的烧杯和锥形瓶放入烘箱中，于 105 ℃左右烘干（约 30 min）。

将烤干或烘干的烧杯和锥形瓶交给教师检查。

注释

[1] 玻璃仪器内如附有不溶于水的碱、碳酸盐、碱性氧化物等，可按照表 3.1 中所示的方法除去污迹。

〔2〕初次使用烘箱烘干仪器，务必要在教师的指导下进行。以免使用不当损坏烘箱或引发安全事故。

〔3〕铬酸洗液是铬酸钾的浓硫酸溶液，具有较强的氧化性并有毒，使用时一定要注意安全，防止其溅到皮肤和衣物上。铬酸洗液为红褐色，当其变为绿色时，即已失效，不能再用。

思考题

1. 洗涤过的锥形瓶壁上有水珠滚动说明什么问题？应如何处理？
2. 用铬酸洗液洗涤玻璃仪器时，应注意哪些问题？

实验 2　溶液酸度的测量与控制

（一）实验目的

1. 学习并掌握使用 pH 试纸测定溶液酸碱度的方法。
2. 初步学习酸度计的使用方法及使用要求。
3. 学习并理解缓冲溶液的作用及其意义。

（二）实验原理

测量溶液酸度的方法主要有试纸测量法和仪器测量法。试纸测量法又根据测量条件的要求不同分为采用广范 pH 试纸和精密 pH 试纸两种。仪器测量法（采用酸度计）则更多用于仪器分析。在化学分析法的测量实践中主要使用试纸测量法。

在定量分析中，缓冲溶液往往用来控制溶液酸度，以保持在定量分析过程中溶液的酸度在一定范围内基本稳定。

本实验着重练习采用 pH 试纸（广范 pH 试纸、精密 pH 试纸）测量溶液酸度的方法。同时考察在稀释或少量酸碱作用下，不同缓冲体系酸度的变化，进而进一步理解缓冲溶液缓冲能力的分析意义。

（三）仪器与试剂

1. 仪器

广范 pH 试纸、精密 pH 试纸、酸度计、烧杯（100 mL）、滴瓶、玻璃棒、表面皿。

2. 试剂

HCl、HAc、NH$_4$Cl、NaCl、NaAc、NH$_3$·H$_2$O、NaOH、HAc–NaAc 缓冲溶液、NH$_3$–NH$_4$Cl 缓冲溶液。

以上试剂均为分析纯试剂，溶液浓度均为 0.1 mol·L^{-1}。

（四）实验内容

1. 溶液酸度的测量

（1）采用广范 pH 试纸测量　截取一小块广范 pH 试纸，用玻璃棒蘸取待测溶液于试纸上,分别测定浓度为 0.1 mol·L^{-1} 的 HCl、HAc、NH$_4$Cl、NaCl、NaAc、NH$_3$·H$_2$O 和 NaOH 溶液的酸碱度,记录测量结果。

（2）采用精密 pH 试纸测量　截取一小块精密 pH 试纸,用玻璃棒蘸取待测溶液于试纸上,分别测定浓度为 0.1 mol·L^{-1} 的 HCl、HAc、NH$_4$Cl、NaCl 溶液的酸碱度,记录测量结果。

（3）采用酸度计测量（拓展内容）

① 酸度计校正

严格按照仪器说明书进行。

② 测量 pH

使用校正后的酸度计测量上述溶液的 pH,记录测量结果。

2. 溶液酸度的控制

采用广范 pH 试纸（或酸度计）测量 0.1 mol·L^{-1} HAc–NaAc 缓冲溶液和 0.1 mol·L^{-1} NH$_3$–NH$_4$Cl 缓冲溶液的 pH。然后向上述两种缓冲溶液中分别加入 1 mL H$_2$O、0.1 mL HCl 溶液（0.1 mol·L^{-1},约 2 滴）和 0.2 mL NaOH 溶液（0.1 mol·L^{-1},约 4 滴）,用酸度计或 pH 试纸测量其酸度值,并记录测量结果。

 想一想

将测量值与计算值和加入水和酸碱前的酸度值进行比较,可得出什么结论?

（五）数据记录与结果

上述测量数据均可记录于表 1、表 2 中。

表 1　溶液酸度的测量

溶液	H$_2$O	HCl	HAc	NH$_4$Cl	NaCl	NaAc	NH$_3$·H$_2$O	NaOH
pH（计算值）								
pH（广范 pH 试纸）								
pH（精密 pH 试纸）						—	—	—
pH（酸度计）								

表 2　溶液酸度的控制

pH	HAc–NaAc 缓冲溶液	NH$_3$–NH$_4$Cl 缓冲溶液
计算值/测量值		
加入 H$_2$O 1.0 mL		
加入 HCl 溶液 0.1 mL		
加入 NaOH 溶液 0.2 mL		

207

［1］酸度计的使用要严格按照仪器使用说明书要求并在教师的指导下进行。
［2］使用中的 pH 试纸应保存在密闭的容器中，以防受到污染影响测试结果。

思考题

1. 用试纸测量溶液 pH 和用酸度计测量有何不同？
2. 普通缓冲溶液的作用是什么？如何选择合适的缓冲溶液？
3. pH 试纸是根据什么原理测量溶液酸度的？

实验 3　熔点的测定

（一）实验目的

1. 了解水银温度计的基本构造。
2. 掌握水银温度计的使用方法。
3. 学习熔点的测定原理及方法。

（二）实验原理

熔点是指物质的固液两相在 101.325 kPa 下达到平衡的温度。对于纯净的物质，一般都有固定而敏锐的熔点，而且自初熔到全熔（此温度范围称为熔程）的温度一般不超过 0.5~1 ℃。若物质不纯，则其熔点下降，熔程变宽。因此，通过测定熔点，不但可以鉴别化合物，而且可以定性了解其纯度。

测定熔点通常采用毛细管法进行。此法一般都需要热浴加热，所用的仪器有双浴式熔点测定仪和提勒管式熔点测定仪。

1. 双浴式熔点测定仪

双浴式熔点测定仪由温度计、毛细管、大试管及短颈圆底烧瓶组成。

2. 提勒管式熔点测定仪

提勒管式熔点测定仪是由提勒管（b 形管）、温度计和毛细管组成。

提勒管内装热浴载体。这种装置使用方便，加热快，冷却也快，可节省时间，但在加热时管内温度不均匀，使得测得的熔点不够准确。

本实验采用毛细管熔点测定法，利用双浴式熔点测定仪进行。

动画
熔点的测定

（三）仪器与试剂

1. 仪器

温度计（0~150 ℃、0~100 ℃，1 ℃刻度。各 1 支）、圆底烧瓶、毛细管、表面皿、试管、玻璃管（30~40 cm）、电炉、橡胶塞等。

2. 试剂

一组不同熔点的标准物质。

（四）实验内容

1. 制备熔点管

取长 7~10 cm，内径 1 mm 左右的毛细管，用酒精灯熔封一端，熔封时将毛细管斜向上 45° 角，在小火边缘处一边加热，一边来回转动，使封口处厚薄均匀、圆滑美观。

2. 填装试样

（1）取少量（约 10 mg）干燥的试样，放在清洁又干燥的表面皿上，用玻璃钉的"钉头"将其研成细末后，聚拢堆成小堆，把熔点管的开口端垂直朝下，插入试样中，即有试样被装入熔点管中，见图 1（a）。

（2）把熔点管竖起来，开口端向上，封闭的一端向下，在桌面上轻轻墩几下（下落方向必须与桌面垂直，否则毛细管会折断），使试样落入管底，见图 1（b）。如此反复多次。

（3）将熔点管投入一个直立于方玻璃片上、干净且干燥的玻璃管（φ 8 mm × 400 mm）上方，使其向玻璃片上垂直落下。这时装有试样的熔点管会被玻璃片反弹起来，连续"蹦"起又落下。如此反复几次填装试样的操作，直至管内装有 2~3 mm 均匀而被墩紧的试样小柱为止。如图 2 所示。

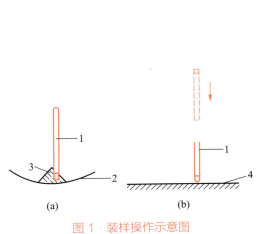

图 1　装样操作示意图　　　　　图 2　墩紧试样

1—熔点管；2—表面皿；3—试样；4—桌面

3. 安装熔点管

（1）将装好试样的毛细管用小橡胶圈固定于温度计上，使试样小柱的顶面与温度计水银球的中部在同一高度,见图3。

（2）将附有毛细管的温度计固定于熔点测定仪上（不可碰到器壁及底部！），如图4所示。

图3　熔点管的安装
1—温度计；2—熔点管

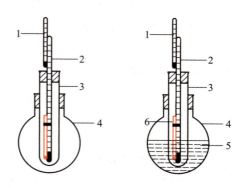

图4　熔点测定仪（双浴式）
1—熔点管；2—温度计；3—试管；4—圆底烧瓶；5—浴液；6—熔点管

图4为双浴式熔点测定仪,是由250 mL的圆底烧瓶、试管、温度计三部分组成。试管通过具侧或开口的塞子,装置在烧瓶中。试管下端应离瓶底1 cm,温度计也通过具有侧槽的塞子,插入试管中,温度计感温泡球的末端应离瓶底约0.5 cm。

烧瓶内盛占有其体积1/2左右的合适的浴液,试管内所加浴液高度与烧瓶内液面相平。欲妥善地将装好试样的熔点管安装在此仪器中,应先将熔点管的下端蘸一点浴液,使其润湿后,紧挨着温度计壁,让其粘附在温度计旁。

4. 熔点测定

选择一组不同熔点的标准物质,分别测定它们的熔点。

测定时,用电热套缓缓加热浴液。起初升温速度可较快些,至距离熔点10~15 ℃时,应调节电压高低,使温度以每分钟上升1~2 ℃,越接近熔点,升温的速度应越慢。

当熔点管中的试样开始塌落并有透亮液滴出现时,表明试样已开始熔化,此即初熔,记下此刻温度。

继续观察,待固体试样恰好完全熔化成透明液体即全熔时,再迅速记下温度。从试样初熔至全熔的温度范围即为试样化合物的熔程。

测定出的熔点至少要有两次重复的数据。每次测定都必须用新的熔点管,另装试样,不要把已测过熔点的熔点管在冷却后用作第二次测定。因为有的物质在熔点处会分解,有的则会转变为其他的结晶形式而具有与原物质不同的熔点。

测得未知物的熔点时,可在准备工作的过程中,同时填装3~4根熔点管。先用一根粗测其熔点的近似值,然后再用其余的熔点管做精细的测定。粗测化合物的熔点时,溶液升温的速度可稍快些。每次测定完熔点后,需待浴液温度下降30 ℃以后,方可进行下一次的平行测定。

5. 绘制温度计校正曲线

上述测定重复3次,取平均值。

以测得值（温度计读数）为纵坐标、以文献值为横坐标，绘制温度计校正曲线。在对温度计（校正温度计时常用的标准试剂见本实验后附表）进行校正后，得到试样的熔点。

（五）数据记录与处理

测量数据记录于表 3 中。

表 3　熔点测量结果

标准物					
熔点（理论值）/℃					
熔点（测量值）/℃					

注释

［1］为防止测定过程中，熔点管掉进浴液中，还可以将粗细合适的乳胶管剪下一个小细圈，用此小细圈套住熔点管和温度计，使熔点管中填装有试样的部分正靠在温度计感温泡的中部，然后将其小心插入试管中。

［2］要注意初熔时试样是否有萎缩、软化、放出气体或其他的分解现象。

例如，某试样在 120 ℃时开始萎缩，121 ℃时有透明液滴出现，在 122 ℃全部变成透明液体，应记为：熔点 121~122 ℃，120 ℃时萎缩。

思考题

1. 水银温度计在使用前应注意哪些事项？
2. 温度计和辅助温度计应安装在什么位置？
3. 测定熔点时，遇到下列情况，将会产生怎样的结果？
（1）熔点管内壁不洁净；
（2）熔点管底部未封严；
（3）试样未完全干燥或含有杂质；
（4）试样研得不细或装得不紧、不匀；
（5）测定时加热速度太快。

附表　熔点法校正温度计时常用的标准试样

试样名称	熔点 /℃	试样名称	熔点 /℃
水－冰	0	苯	80.6
萘胺	50	间二硝基苯	90
二苯胺	54~55	二苯乙二酮	95~96
对二氯苯胺	53	乙酸苯胺	114.3
苯甲酸苄酯	71	苯甲酸	122.4

续表

试样名称	熔点 /℃	试样名称	熔点 /℃
尿素	135	蒽	216.2~216.4
二苯基羟基乙酸	151	酚酞	262~263
水杨酸	159	蒽醌	286（升华）
对苯二酚	173~174	肉桂酸	133
3,5- 二硝基苯甲酸	205		

实验 4　固体物质的定量取用与计量

（一）实验目的

1. 熟悉电子分析天平的基本构造和使用规则。
2. 学习分析天平的使用方法。
3. 掌握正确的称量方法。
4. 学习在称量过程中正确运用有效数字。

（二）实验要点

分析天平是定量分析中最重要的仪器之一。其种类很多,常用的分析天平有半自动电光天平、全自动电光分析天平和单盘电光天平及电子分析天平。

本实验主要学习电子分析天平的使用。着重掌握直接称量法、固定质量称量法和减量称量法三种称量方法。

（三）仪器与试剂

1. 仪器

托盘天平（或普通电子天平）、电子分析天平、称量瓶、瓷坩埚、药匙、镊子、毛刷、小烧杯、表面皿。

2. 试剂

石灰石、黏土、水泥熟料试样等固体试剂。

（四）实验内容

1. 称量前的准备

（1）熟悉分析天平控制面板上各个功能键。
（2）检查天平是否水平。若天平不水平,则按照要求将天平调至水平状态。
（3）检查天平秤盘是否清洁,用毛刷刷净天平底座和秤盘。

（4）开机,预热,清零。

2. 直接称量法练习

分别测量 1 个瓷坩埚、1 个小烧杯、1 个称量瓶的准确质量,记录称量结果。

注意:每项测量均应重复两次,最后的测量结果以两次测量的平均值计。

3. 固定质量称量法练习

称取两份 0.500 0 g 的水泥试样或石灰石试样,并将所称试样转移至空坩埚(或小烧杯)中。

4. 减量称量法

称取 3 份 0.5 g 左右的黏土试样。

戴手套(或垫纸带)从干燥器中取出盛有黏土试样的称量瓶,称其质量 m_1,按照减量称量法的操作要领,将所需试样倒入干净的烧杯中,称取其剩余量 m_2,则倒出的第一份试样质量为 m_1-m_2。

训练至控制黏土试样的质量为(0.5 ± 0.05) g。

（五）数据记录和处理

参照表 4、表 5 和表 6 所示格式认真记录实验数据。

表 4　直接称量法记录

称量物品	小烧杯	称量瓶	瓷坩埚
m/g（托盘天平）			
m/g（分析天平）			
称量后天平零点 /mg			

表 5　减量称量法记录

项目	第一份	第二份	第三份
称量瓶 + 试样质量（倾出前）m_1/g			
称量瓶 + 试样质量（倾出后）m_2/g			
试样质量（m_1-m_2）/g			
称量后天平零点 /mg			

表 6　固定质量称量法记录

项目	第一份	第二份	第三份
试样质量 /g			
称量后天平零点 /mg			

注释

〔1〕使用天平时动作要轻,防止天平振动。用天平称量试样时,不要将试样洒落在天平底部或秤盘上。

〔2〕要求倒出的试样量大约为 0.5 g,允许波动的误差范围是（0.5±0.05）g,若称量质量不足,可按照上述操作继续称量,若倒出的试样量超出此范围,则应重新称量。若一次称量的质量达不到要求,可以再多进行两次相同的操作。

思考题

1. 开启分析天平前应做哪些准备工作?

2. 称量方法有几种? 在什么情况下选用减量称量法和固定质量称量法?

3. 在实验中,如何记录被称量物质的质量? 在记录称量数据时应准确至几位有效数字? 为什么?

4. 简述减量称量法的操作要点。

实验 5　液体物质的定量取用与计量

（一）实验目的

1. 理解移液管和滴定管的使用要求。

2. 学习移液管和滴定管的使用方法,初步学习滴定技术。

3. 初步学习滴定终点的判断方法,掌握正确的读数方法。

4. 学习数据记录过程中如何运用有效数字。

（二）实验要点

移液管、滴定管和容量瓶是滴定分析中最重要的仪器之一。在进行滴定分析时,一方面要掌握标准滴定溶液的制备技术,并能准确测定其浓度。另一方面则是要能准确测量滴定过程中所消耗滴定剂的体积。本实验主要学习移液管和滴定管的使用方法。

滴定终点的判断是否正确,是影响滴定分析结果准确度的重要因素。滴定终点是根据指示剂变色来判断的。绝大多数指示剂的变色是可逆的,这有利于练习判断滴定终点。

一定量的 HCl 溶液和 NaOH 溶液相互滴定,到达终点时,所消耗的两种溶液的体积之比应是一定的。因此,通过一定量酸碱标准滴定溶液的互滴练习,可以检验滴定操作技术及判断滴定终点的能力。

（三）仪器与试剂

1. 仪器

移液管（25.00 mL），滴定管（酸式、碱式），锥形瓶（300 mL），烧杯（300 mL），洗瓶，滤纸。

2. 试剂

HCl 溶液（0.1 mol·L^{-1}），NaOH 溶液（0.1 mol·L^{-1}），酚酞指示剂，甲基橙指示剂，凡士林油。

（四）实验内容

1. 滴定管、移液管使用前的准备

（1）酸式滴定管的准备　试漏→（涂油）→洗涤→装溶液→赶气泡→调"0.00 mL"。

（2）碱式滴定管的准备　试漏→洗涤→装溶液→赶气泡→调"0.00 mL"。

（3）移液管的使用　移液管洗净后，用待移取溶液润洗三次，置于管架上待用。

2. 酸碱溶液的互滴——测量酸碱溶液的体积比

（1）用 HCl 溶液滴定 NaOH 溶液，以甲基橙作指示剂。

① 方法一。从碱式滴定管中以 10 mL·min^{-1} 的流速放出 10~15 mL NaOH 溶液（记录 NaOH 溶液体积为 V_1）于 250 mL 锥形瓶中，加入 1 滴甲基橙指示剂，用 HCl 溶液滴定至溶液由黄色变为橙色。记录所消耗 HCl 溶液的体积（记录体积为 V_2）。

按上述操作平行滴定三次。

② 方法二。利用移液管从盛放 NaOH 溶液的试剂瓶中移取 25.00 mL NaOH 溶液于 250 mL 锥形瓶中，采用和方法一相同的步骤，当用 HCl 溶液滴定至溶液为橙色时，记录所消耗 HCl 溶液的体积。

按上述操作平行滴定三次。

比较上述两种方法中每次滴定所得的 HCl 溶液与 NaOH 溶液的体积比（V_1/V_2）。同时计算相对平均偏差，相对平均偏差不应超过 0.2%。

（2）用 NaOH 溶液滴定 HCl 溶液，以酚酞作指示剂。

① 方法一。从酸式滴定管中以 10 mL·min^{-1} 的流速放出 10~15 mL HCl 溶液于 250 mL 锥形瓶中（记录放出的 HCl 溶液体积为 V_1），加入 1 滴酚酞指示剂，用 NaOH 溶液滴定至溶液由无色变为浅粉色，30 s 不褪色即为终点。记录所消耗的 NaOH 溶液体积（V_2）。

按上述操作平行测定三次。

② 方法二。利用移液管从盛放 HCl 溶液的试剂瓶中移取 25.00 mL HCl 溶液于 250 mL 锥形瓶中，采用和方法一相同的步骤，当用 NaOH 溶液滴定至溶液为浅粉色时，记录所消耗 NaOH 溶液的体积。平行测定三次。

比较两种方法所得的 NaOH 溶液与 HCl 溶液的体积比（V_1/V_2）。同时计算相对平均偏差，相对平均偏差不应超过 0.2%。

微课

NaOH 溶液
滴定 HCl
溶液

（五）数据记录与处理

测量数据可记录于表 7 中。

表 7　实验数据记录表

n		用 HCl 溶液滴定 NaOH 溶液			用 NaOH 溶液滴定 HCl 溶液		
		V_1（NaOH）/mL	V_2（HCl）/mL	V_1/V_2	V_1（HCl）/mL	V_2（NaOH）/mL	V_1/V_2
1	方法一						
	方法二						
2	方法一						
	方法二						
3	方法一						
	方法二						

思考题

1. 滴定分析中,哪些仪器在使用中需要用操作溶液润洗,为什么?
2. 有学生在滴定时把锥形瓶用操作溶液润洗,将对测定结果有何影响?
3. 滴定管中存有气泡对滴定有何影响? 如何避免?
4. 滴定管和移液管都是滴定分析中量取溶液的准确量器,则在记录时应记录至小数点后第几位数字?

实验 6　容量仪器的校准

（一）实验目的

1. 理解容量仪器校准的意义。
2. 学习滴定管、移液管和容量瓶的校准方法。
3. 熟练掌握滴定管、移液管和容量瓶的使用方法。

（二）实验原理

滴定分析法使用的主要量器有三种:滴定管、移液管和容量瓶。由于温度的变化、试剂的侵蚀等原因,其容积与原标示的体积并非完全一致,甚至误差可能超出分析所允许的误差范围。因此,在准确性要求较高的分析工作中,使用前必须进行容量器皿的校准。

由于玻璃有热胀冷缩的特性,在不同温度下容量器皿的容积也有所不同。因此,校准玻璃容量器皿时,必须规定一个固定的温度值,这一规定温度称为"标准温度",国际上规定玻璃容量器皿的标准温度为 20 ℃，即在校准时，都将玻璃容量器皿的容积校准到 20 ℃时的实际容积。

容量器皿常采用以下两种校准方法：相对校准法和称量法（亦称"绝对校准法"）。

1. 相对校准法

要求两种容器容积之间有一定的比例关系时，常采用相对校准法，例如，25 mL 移液管量取液体的体积应等于 250 mL 容量瓶量取体积的 1/10。

2. 绝对校准法

用分析天平测得容量器皿容纳或放出纯水的质量，然后根据水的密度，计算出该容量器皿在标准温度 20 ℃时的实际体积。由质量换算成容积时，需考虑三方面的影响：温度对水密度的影响；温度对玻璃器皿容积的影响；在空气中称量时空气浮力对质量的影响。

为了方便计算，将上述三种因素综合考虑，即得到一个总校准值，见本实验后附表。

本实验中，要求学生重点掌握移液管和容量瓶间的相对校准。

（三）仪器与试剂

托盘天平或普通电子天平、分析天平、容量瓶（250 mL）、移液管（25 mL）、温度计、具塞锥形瓶、滤纸。

（四）实验内容

1. 滴定管的校准（绝对校准法）

（1）将 50 mL 具塞锥形瓶洗净烘干，准确称其质量。

（2）测量并记录与室温相平衡的水温。

（3）将水加入到待校准的滴定管（已洗净）中，赶走气泡，调节液面至 0.00 mL 刻度处。

（4）对滴定管进行分段校准：首先从滴定管中放出 10.00 mL 水于上述已称质量的具塞锥形瓶中，盖上瓶塞，称量。两次的质量差即为放出水的质量。

采用同样的方法测量滴定管 0.00~10.00 mL、0.00~25.00 mL、0.00~30.00 mL、0.00~50.00 mL 等间隔容积放出水的质量。

（5）根据公式 $V_{20}=\dfrac{m_1}{\rho_1}$ 计算出被校分度段对应的实际体积。再计算出相应的校准值。

每一支滴定管均应重复校准一次。且相同间隔的校准值之差不得超过 0.02 mL。

2. 容量瓶的校准（绝对校准法）

（1）用托盘天平（或普通电子天平）称取洁净而干燥的 250 mL 容量瓶的质量（准确至 0.1 g）。

（2）将 250 mL 烧杯内与室温平衡的蒸馏水沿玻璃棒移入该 250 mL 容量瓶中，直至弯液面下缘的最低点恰好与瓶颈标线相切，记录水温，用滤纸片吸干瓶颈内壁的水珠，随即盖紧瓶塞，瓶外壁不得有水，否则应小心擦干。用托盘天平称取容量瓶和纯水的质量，两次称量之差即为容量瓶所容纳纯水的质量。

（3）根据当天室内温度从附表中查出该温度时水的密度,将容量瓶所容纳纯水的质量除以该温度时水的密度,即可求出该容量瓶的真实体积。用钻石笔将校准的体积值刻在瓶壁上,供以后使用。平行测定两次,取其平均值。

容量瓶真实体积的计算:

$$V_{实} = \frac{m_{(瓶+水)} - m_{(瓶)}}{\rho_t}; \quad 标准值\ \Delta V = \frac{m_{(瓶+水)} - m_{(瓶)}}{\rho_t} - V$$

式中,V——容量瓶的标示体积,mL;

$V_{实}$——真实体积,mL;

ρ_t——校准温度时水的密度,$g \cdot mL^{-1}$。

容量瓶的绝对校准测量数据可按表8记录和计算。

表8　容量瓶校准表

（水的温度 =_____ ℃　　密度 =_____ $g \cdot mL^{-1}$）					
编号	容量瓶体积 / mL	空瓶质量 / g	（瓶 + 水） 质量 /g	水的质量 / g	实际体积 / mL	校准值 / mL
1					
2					

3. 移液管 / 吸量管的校准（绝对校准法）

用移液管或吸量管准确移取纯水至外壁干燥并已准确称量的 50 mL 具塞锥形瓶中,准确称量其质量。将所得纯水的质量除以该温度时水的密度,即得该移液管或吸量管的真实体积,用钻石笔将校准的体积值刻在瓶壁上,供以后使用。平行测定两次,取其平均值。

移液管真实体积的计算方法与容量瓶的绝对校准法相同。

4. 容量瓶和移液管的相对校准

用洁净的 25 mL 移液管吸取蒸馏水至标线,按滴定分析时的操作注入洁净干燥的 250 mL 容量瓶中,如此进行 10 次,观察瓶颈处水的弯液面下缘是否恰好与标线相切,若不相切,则可依据弯液面在瓶颈上重新刻一标线,此容量瓶和移液管配套使用时,应以新的标线为准。重复进行上述操作,观察每次结果是否一致。

测量数据记录和计算按表9进行。

表9　移液管和容量瓶的相对校准记录表

移液管体积 / mL	容量瓶体积 / mL	移取蒸馏水 次数	记号标线位置（与原标线比较）		
			高于	低于	重合
25	250.0				
25	500.0				
50	250.0				
50	500.0				

注释

从滴定管中向锥形瓶中放水时,切勿将水溅到磨口上。

思考题

1. 为什么要对滴定分析仪器进行校准?影响容量器皿体积刻度不准确的主要因素有哪些?
2. 分段校准滴定管时,为什么每次都要从 0.00 mL 开始?
3. 校准滴定管时为何用具塞锥形瓶且必须要烘干?
4. 影响滴定分析仪器校准的主要因素有哪些?

附表 不同温度下的 ρ_t 和 m_t

温度 /℃	ρ_t/ (10^{-3} g·mL^{-1})	m_t/ (10^{-3} g·mL^{-1})	温度 / ℃	ρ_t/ (10^{-3} g·mL^{-1})	m_t/ (10^{-3} g·mL^{-1})
10	999.70	998.39	23	997.36	996.60
11	999.60	998.31	24	997.32	996.38
12	999.49	998.23	25	997.07	996.17
13	999.38	998.14	26	996.81	995.93
14	999.26	998.04	27	996.54	995.69
15	999.13	997.93	28	996.26	995.44
16	998.97	997.80	29	995.97	995.18
17	998.80	997.65	30	995.67	994.91
18	998.62	997.51	31	995.37	994.64
19	998.43	997.34	32	995.05	994.34
20	998.23	997.18	33	994.72	994.06
21	998.02	997.00	34	994.40	993.75
22	997.80	996.80	35	994.06	993.45

实验 7　HCl 标准滴定溶液的制备

(一)实验目的

1. 学习并掌握间接法制备标准滴定溶液的原理与方法。
2. 初步学习滴定分析技术的综合应用。
3. 掌握标准滴定溶液浓度的计算方法与表示方法。

4. 掌握滴定终点的判断、测量数据的读取与记录方法。

5. 掌握有效数字的正确应用及分析数据的处理方法。

（二）实验原理

滴定分析用标准溶液在滴定分析中用于测定试样中的主要成分或常量成分。制备方法主要有两种。

（1）基准法　用基准试剂或纯度相当的其他物质直接制备；

（2）标定法　这是最普遍的制备标准溶液的方法。

市售的盐酸中 HCl 含量不稳定，且常含有杂质，应采用间接法配制，再用基准物质标定。常用的基准物质有无水碳酸钠和硼砂。

本实验采用无水碳酸钠基准物质进行标定。

滴定反应　　　　　$2\,HCl + Na_2CO_3 \rightleftharpoons 2\,NaCl + CO_2 + H_2O$

（三）仪器与试剂

1. 仪器准备

电子分析天平、量筒、移液管（25 mL）、细口试剂瓶（500 mL）、容量瓶（250 mL）、锥形瓶、烧杯、玻璃棒、电炉、滴定管。

2. 试剂准备

盐酸（市售，AR），Na_2CO_3 基准物质（GR），溴甲酚绿 – 甲基红混合指示剂、甲基橙指示剂。

（四）实验内容

微视频

HCl 标准溶液的配制

1. 制备 HCl 溶液（0.1 mol·L⁻¹，500 mL）

（1）计算　计算欲制备 $0.1\ mol \cdot L^{-1}$ HCl 溶液 500 mL 应量取的市售盐酸用量。

（2）制备　量取 4.2~4.5 mL 盐酸，注入预先盛有少量水的试剂瓶中（提示：此操作必须在通风橱中进行！），加水稀释至 500 mL，摇匀，贴标签。待标定。

2. 标定（采用基准法进行）

（1）制备 Na_2CO_3 基准溶液　准确称取 Na_2CO_3 基准物质 1.0~2.0 g，转移至 100 mL 小烧杯中，加入约 50 mL 蒸馏水使烧杯中的 Na_2CO_3 基准物质完全溶解后，定量转移至 250 mL 容量瓶中，稀释至刻度，摇匀，贴标签。

计算 Na_2CO_3 标准溶液的浓度（mol·L⁻¹）：

$$c\,(Na_2CO_3) = \dfrac{\dfrac{m\,(Na_2CO_3)}{M\,(Na_2CO_3)}}{250.0 \times 10^{-3}\ L}$$

（2）标定 HCl 标准滴定溶液

① 方法一：选用溴甲酚绿 – 甲基红混合指示剂。移取上述 Na_2CO_3 基准溶液 25.00 mL 于 250 mL 的锥形瓶中，加入 10 滴溴甲酚绿 – 甲基红混合指示剂，用待标定的

HCl 滴定溶液由绿色变为暗红色,煮沸 2 min,冷却后继续滴定至试液再呈暗红色,即为滴定终点。平行测定四次。

② 方法二:以甲基橙作指示剂。移取上述 Na_2CO_3 基准溶液 25.00 mL 于 250 mL 的锥形瓶中,加入 1~2 滴甲基橙指示剂,用待标定的 HCl 滴定溶液由黄色变为橙色,即为滴定终点。平行测定四次。

计算 HCl 标准溶液的准确浓度:

$$c(\text{HCl}) = \frac{2 \times c(\text{Na}_2\text{CO}_3)V(\text{Na}_2\text{CO}_3)}{V(\text{HCl})}$$

比较上述两种方法所测结果的差异。

3. 调整浓度

(1)经标定后,若所制备的 HCl 标准滴定溶液的浓度大于 $0.1\ \text{mol} \cdot \text{L}^{-1}$,则可按照式(1)计算应加水的体积 V_1(mL)。

$$V_1 = \frac{c_0 - c}{c} \times V \tag{1}$$

式中,c_0——调整前的标准滴定溶液的浓度,$\text{mol} \cdot \text{L}^{-1}$;

　　　c——所要求制备的标准滴定溶液的浓度,$\text{mol} \cdot \text{L}^{-1}$;

　　　V——调整前标准滴定溶液的体积,mL。

计算后用量筒量取 V_1(mL)的水,倒入盛有 HCl 标准滴定溶液的试剂瓶中,充分摇匀,然后按照标定的步骤进行第二次标定。再调整,直到达到要求的浓度为止。

(2)经标定后,若所标定的 HCl 标准滴定溶液浓度小于 $0.1\ \text{mol} \cdot \text{L}^{-1}$,则可按照式(2)计算应加水的体积 V_2(mL)。

$$V_2 = \frac{c - c_0}{c_1 - c} \times V \tag{2}$$

式中,c_1——需补加的浓溶液的浓度,$\text{mol} \cdot \text{L}^{-1}$。

计算后量取 V_2(mL)的浓 HCl 溶液倒入盛有 HCl 标准滴定溶液的试剂瓶中,充分摇匀,然后按照标定的步骤进行第二次标定。后续步骤同(1)。

注释

[1]由于 HCl 具有挥发性,因此在量取浓盐酸时可多取一些,以抵消 HCl 的挥发损失。

[2]对标准滴定溶液浓度进行调整时,应注意标准滴定溶液体积的变化。

思考题

1. 如何计算称取 Na_2CO_3 基准物质的质量范围? 太多或太少对标定有何影响?

2. 若滴定管、移液管、锥形瓶和容量瓶都有少量水分,是否都需要用标准溶液润洗? 为什么?

3. Na_2CO_3 基准物质使用前为什么要在 270~300 ℃进行干燥? 温度过高或过低对标定 HCl 溶液有何影响?

4. 为什么滴定时都要从 0.00 mL 开始?

5. 用两种方法标定 HCl 溶液：① 称取一份基准试剂（又叫做称大样），制备成基准溶液后，再取出一定体积溶液进行滴定；② 分别称取几份基准试剂（又叫做称小样），溶解后直接进行滴定。这两种方法各有什么优点和缺点？

6. 制备碳酸钠基准溶液所用的蒸馏水体积是否需要准确量取？为什么？

7. 标定 HCl 标准滴定溶液时，可能引入的主观误差有哪些？

实验 8　NaOH 标准滴定溶液的制备

（一）实验目的

1. 初步学习并理解滴定分析法的一般原理。
2. 熟练掌握托盘天平、分析天平的使用方法。
3. 熟练掌握碱式滴定管的使用方法。
4. 掌握滴定终点的判断方法。
5. 会正确记录相关的测量数据并能进行相关计算。

（二）实验原理

市售的 NaOH 试剂中常含有 1%~2% 的 Na_2CO_3，且碱溶液易吸收空气中的 CO_2 和水分，并含有少量的硅酸盐、硫酸盐和氯化物等。应采用间接法配制，再用基准物质标定。常用邻苯二甲酸氢钾（KHP）基准物质标定。

滴定反应：　　　　　　　　$NaOH+KHP \!\!=\!\!= KNaP+H_2O$

（三）仪器与试剂

1. 仪器

托盘天平、分析天平、滴定管（碱式）、锥形瓶。

2. 试剂

NaOH（固体，AR），邻苯二甲酸氢钾基准物质（KHP，GR），酚酞指示剂，HCl 标准滴定溶液。

（四）实验内容

1. 制备 NaOH 溶液（$0.1\ mol \cdot L^{-1}$，500 mL）

（1）计算　首先计算出欲制备 $0.1\ mol \cdot L^{-1}$ NaOH 溶液 500 mL，应称取市售固体 NaOH 的用量。

（2）制备　在托盘天平上迅速称取 2 g 固体 NaOH，置于烧杯中，加入新鲜的或新煮沸除去 CO_2 的冷蒸馏水，完全溶解后，转入带橡皮塞的硬质玻璃试剂瓶或塑料瓶中，加水稀释至 500 mL，摇匀。

2. 标定

（1）采用邻苯二甲酸氢钾基准物质标定（基准物质法） 采用减量称量法称量 0.4~0.6 g KHP 基准物质，置于 250 mL 锥形瓶中，加入约 50 mL 蒸馏水，待试剂完全溶解后，加入 2~3 滴酚酞指示剂，用待标定的 NaOH 标准溶液滴定至微红色，并保持 30 s 不褪色，即为终点，记录所消耗 NaOH 标准滴定溶液的体积。平行测定四次。

计算 NaOH 标准溶液浓度：

$$c\,(\text{NaOH}) = \frac{m\,(\text{KHP}) \times 1\,000}{V\,(\text{NaOH})\, M\,(\text{KHP})}$$

式中，m（KHP）——邻苯二甲酸氢钾基准物质的质量，g；

V（NaOH）——消耗 NaOH 标准溶液的体积，mL；

M（KHP）——邻苯二甲酸氢钾的摩尔质量，204.22 g·mol^{-1}。

（2）用已测得准确浓度的 HCl 标准滴定溶液标定（比较法） 从酸式滴定管中以 10 mL·min^{-1} 的流速放出 10~15 mL HCl 标准滴定溶液于 250 mL 锥形瓶中，加入约 50 mL 蒸馏水，再加入 2~3 滴酚酞指示剂，用待标定的 NaOH 标准溶液滴定至微红色，并保持 30 s 不褪色，即为终点，记录消耗 NaOH 标准滴定溶液的体积。平行测定四次。

计算 NaOH 标准溶液浓度：

$$c\,(\text{NaOH}) = \frac{c\,(\text{HCl})\, V\,(\text{HCl})}{V\,(\text{NaOH})}$$

3. 调整浓度

（1）经标定后，若所标定的 NaOH 标准溶液浓度大于 0.1 mol·L^{-1}，则需加水稀释。计算出应加水的体积 V_1，后续的操作步骤与 HCl 溶液的调整相同。

（2）经标定后，若所标定的 NaOH 溶液浓度小于 0.1 mol·L^{-1}，则需加 NaOH 溶液。预先制备出少量的浓度 1~2 mol·L^{-1} NaOH 溶液，计算出应补加的 NaOH 浓溶液的体积 V_2（mL），后续操作步骤与 HCl 溶液的调整相同。

注释

市售的 NaOH 试剂中常含有 1%~2% 的 Na_2CO_3，且碱溶液易吸收空气中的 CO_2，蒸馏水中也常含有 CO_2，它们参与酸碱滴定反应之后，将产生多方面而不可忽视的影响。因此在酸碱滴定中必须要注意 CO_2 的影响。

［1］若在标定 NaOH 溶液前的溶液中含有 Na_2CO_3，用基准物质草酸标定（酚酞指示剂）后，用此 NaOH 溶液滴定其他物质时，必然产生误差；

［2］若配制了不含 CO_3^{2-} 的溶液，如保存不当还会从空气中吸收 CO_2。用这样的碱液作滴定剂（酚酞指示剂）的浓度与真实浓度不符。

［3］对于 NaOH 标准溶液来说，无论 CO_2 的影响发生在浓度标定之前还是之后，只要采用甲基橙

为指示剂进行标定和测定,其浓度都不会受影响。

[4] 溶液中 CO_2 还会影响某些指示剂终点颜色的稳定性。

思考题

1. 称取 NaOH 固体时,要求"迅速"称量,为什么?
2. 制备 NaOH 溶液时,应选用何种天平称量 NaOH 固体? 为什么?
3. 滴定管在使用前,是否要用待装液润洗? 为什么? 如何润洗?
4. 怎样制备不含 CO_2 的纯水?
5. 为何不能采用直接法制备 NaOH 标准滴定溶液?

实验 9　试样溶液的制备

(一)实验目的

1. 理解分析试样的采取、制备和分解的意义。
2. 掌握固体试样分解的基本原理。
3. 学习采用酸溶法和熔融法制备试样溶液的方法要点。
4. 掌握常规的加热技术并初步学习高温炉的使用方法。

(二)实验原理

试样的采集、制备与分解是定量分析过程中非常重要的环节。采用正确的方法制备分析试样/试液,是分析技术人员必须要具备的基本功。固体试样的分解方法一般有两种,即酸溶法和熔融法。

本实验以水泥试样为例学习这两种方法的应用。

(三)仪器与试剂

1. 仪器
分析天平、烧杯、容量瓶、银坩埚、高温炉、电炉。

2. 试剂
盐酸(市售,AR)、HNO_3(市售,AR)、NaOH(固体,AR)、水泥熟料试样。

(四)实验内容

1. 酸溶法制备水泥熟料试液

准确称取 1.0 g 水泥熟料试样,精确至 0.000 1 g,置于 300 mL 烧杯中。加少量的水润湿,盖上表面皿,加 40 mL 盐酸(1∶1)和 1 mL 浓 HNO_3。电炉上微沸 5 min,冷却至室温后移入 500 mL 容量瓶中。用蒸馏水淋洗烧杯壁 2~3 次,并将洗液一起转入容量瓶中,用水稀释至刻度,摇匀。此液为试样溶液。

此试液可留待以后的组分含量测定。

2. 熔融法制备水泥熟料试液

称取 0.5 g 水泥熟料试样,精确至 0.000 1 g,置于银坩埚中,加入 6~7 g NaOH,盖上坩埚盖,放入高温炉中,在 650~700 ℃的高温下熔融 20 min,取出冷却,将坩埚放入已盛有 100 mL 热水的烧杯中,盖上表面皿,于电炉上适当加热,待熔块完全浸出后,取出坩埚,先用水洗坩埚和盖,在搅拌下一次加 25 mL 盐酸后,再加入 1 mL HNO_3 溶液。用热盐酸(1:5)洗净坩埚和盖,将溶液加热至沸,冷却至室温,然后移入 250 mL 容量瓶中。用水稀释至刻度,摇匀。

此试液可留待以后的组分含量测定。

注释

[1] 使用高温炉时,要在指导教师的指导下进行。防止烧伤事故的发生。

[2] 向银坩埚中加入强酸时,注意要将酸加到溶液中,不可将酸淋到坩埚表面,以免损伤银坩埚。

[3] 向银坩埚中加入氢氧化钠后,一定要使 NaOH 与坩埚中的试样充分混匀后,方可放入高温炉中,以保证试样在高温下的分解反应充分完全。

[4] 使用坩埚钳夹取坩埚时,注意钳头的方向。坩埚钳要保持清洁。

思考题

1. 使用高温炉时,应注意哪些问题?
2. 查阅银坩埚的熔点,试样的熔融温度可否高于坩埚材料的熔点?为什么?
3. 热溶液为何不能直接转移至容量瓶中?为什么?

实验 10　粗食盐的提纯

(一)实验目的

1. 了解粗食盐提纯的方法与原理。
2. 熟练掌握常压过滤技术,并初步学习减压过滤的方法。
3. 熟练掌握酸度的测量技术(试纸测量法)。
4. 掌握直接加热技术。

(二)实验原理

粗食盐中主要含有钙、镁、铁、钾的硫酸盐和氯化物等可溶性杂质及泥沙等不溶物杂质。将粗食盐溶解于水中,不溶性杂质经过滤便可除去。根据可溶性杂质的性质,在溶液中加入适当的化学试剂,使其转变成难溶性物质,即可分离除去。

(三)仪器与试剂

1. 仪器

托盘天平、布式漏斗、吸滤瓶、减压水泵、烧杯(300 mL)、蒸发皿(100 mL)、玻璃漏斗、玻璃棒、滤纸、pH 试纸、酒精灯、三脚架。

2. 试剂

粗食盐、HCl 溶液(2 mol·L^{-1})、NaOH 溶液(2 mol·L^{-1})、BaCl$_2$ 溶液(1 mol·L^{-1})、Na$_2$CO$_3$ 溶液(1 mol·L^{-1})。

(四)实验内容

1. 溶解粗食盐

在托盘天平上称取 10 g 粗食盐(m_0),置于 300 mL 烧杯中,加入 50 mL 水,在石棉网上用酒精灯加热并不断搅拌,使粗食盐全部溶解。

2. 除去 SO$_4^{2-}$ 和不溶性杂质

在搅拌下向上述溶液中滴加 BaCl$_2$ 溶液,直到溶液中的 SO$_4^{2-}$ 全部生成沉淀为止。再继续加热 10 min,取下烧杯稍加静置,用普通玻璃漏斗过滤,滤液收集到另一个洁净的烧杯中。用少量水洗涤沉淀,洗涤液并入滤液中。弃去滤渣,保留滤液。

3. 除去 Ca^{2+}、Mg^{2+}、Ba^{2+}、Fe^{3+} 等杂质离子

在搅拌下向上述滤液中加入 1 mL NaOH 溶液和 3 mL Na$_2$CO$_3$ 溶液,加热煮沸 10 min,取下烧杯静置,用 pH 试纸检验溶液是否呈碱性(pH=9~10,若在 9 以下,则应在上层清液中继续滴加 Na$_2$CO$_3$ 溶液至不再产生浑浊为止)。用普通玻璃漏斗过滤,弃去滤渣,保留滤液。

4. 中和过量的 NaOH 和 Na$_2$CO$_3$

向盛有滤液的烧杯中逐滴加入 HCl 溶液并不断搅拌同时测试 pH,直至溶液呈微酸性(pH=5~6)。

5. 蒸发结晶

将溶液转移至洁净的蒸发皿中,在石棉网上用酒精灯加热,蒸发浓缩至稀粥状稠液为止(不可蒸干!)。自然冷却使结晶析出完全。

 小贴士

> 在热源上取放蒸发皿时,必须使用坩埚钳,切不可用手去拿,以防造成烫伤!

6. 减压过滤

安装减压过滤装置,将冷却后的结晶及母液转移至布氏漏斗中,减压过滤。

7. 干燥、称量

将抽干后的结晶转移至洁净干燥的蒸发皿中,在石棉网上用小火缓慢烘干便得到精制食盐。冷却至室温后称量精制食盐的质量(m_1),计算产率。

（五）数据记录与处理

$$m_0 = \underline{\qquad} \text{g}, \quad m_1 = \underline{\qquad} \text{g}$$

$$产率 = \frac{m_1}{m_0} \times 100\%$$

注释

［1］可利用溶液静置或冷却时准备过滤装置、折叠滤纸等,以便节省实验时间。

［2］两次普通过滤都不必使溶液冷却,只要稍加静置使沉淀沉降完全即可。但减压过滤需使混合溶液充分冷却,以便使结晶析出完全。

［3］向漏斗中转移沉淀时,必须借助玻璃棒,不可直接倾倒,以免将溶液倒入滤纸和漏斗的夹层中造成透滤或洒在漏斗外造成损失。

［4］在热源上取放蒸发皿时,须使用坩埚钳,切不可直接用手拿取,以防造成烫伤!

［5］蒸发浓缩时,不可将溶液蒸干,因为此时 KCl 仍留在母液中,可在减压过滤中将其除去。

思考题

1. 本实验是根据哪些原理获得精制食盐的?
2. 粗食盐中的不溶物是何时除去的?
3. 影响精盐产率的因素有哪些?
4. 常压过滤和减压过滤的区别有哪些?
5. 本实验中涉及哪些基础操作? 需要注意的安全事项有哪些?

实验 11　食醋总酸值的测定

（一）实验目的

1. 熟练掌握移液管、容量瓶及滴定管的使用方法。
2. 初步学习并理解酸碱滴定法的基本原理。
3. 掌握食醋中总酸含量的测定原理及方法。
4. 学习并掌握滴定终点的判断方法。
5. 学习试样溶液的制备方法。

（二）实验原理

食醋的主要成分是醋酸(HAc),并含有少量其他弱酸(如乳酸等)。故本测定采用酸碱滴定法进行。利用 NaOH 标准滴定溶液滴定相应的酸,在化学计量点时的溶液体系呈弱碱性,故以酚酞作指示剂,滴定至微红色即为终点。

根据 NaOH 标准滴定溶液的浓度及用量,计算试样中的总酸含量,结果以醋酸的质量浓度（$g \cdot L^{-1}$）表示。

滴定反应如下:

$$NaOH + HAc \rightleftharpoons NaAc + H_2O$$

（三）仪器与试剂

1. 仪器

分析天平、锥形瓶、滴定管（碱式）、容量瓶（250 mL）、试剂瓶（500 mL）、移液管（10.00 mL, 25.00 mL）。

2. 试剂

NaOH 标准滴定溶液,酚酞指示剂,白醋样品（市售）。

（四）实验内容

1. NaOH 标准滴定溶液的制备（0.05 mol·L^{-1}）

NaOH 标准滴定溶液的制备采用间接制备法进行,并采用邻苯二甲酸氢钾基准物质标定。

制备步骤同实验 8。

2. 试液的制备

吸取 10.00 mL 醋样置于 250 mL 容量瓶中,用新煮沸后冷却的蒸馏水（不含 CO_2）稀释,定容,摇匀。

3. 测定

吸取上述食醋试样 25.00 mL 于 250 mL 锥形瓶中,加约 60 mL 水（应该用新煮沸后冷却的蒸馏水）,加 2~3 滴酚酞指示剂,用 0.05 mol·L^{-1} NaOH 标准滴定溶液滴定至溶液呈微红色,并在 30 s 内不褪色,即为终点。同时做空白试验,终点体积记为 V_0。

计算乙酸的质量浓度:

$$\rho(HAc) = \frac{c(NaOH)[V(NaOH) - V_0] \times M(HAc)}{10.00\ mL \times \dfrac{25.00}{250.0}}$$

注释

[1] 测定食醋中的总酸含量时,所用的蒸馏水中不能含有 CO_2,否则 CO_2 溶于水生成 H_2CO_3,将同时被 NaOH 标准滴定溶液滴定。

[2] 重复性条件下获得的两次独立测定结果的绝对差值不得超过算术平均值的 10%。

[3] 建议食醋样品最好选用白醋,若使用米醋和陈醋时,由于醋的颜色比较深,会影响滴定

终点颜色的观察,需要进行脱色。但陈醋经几次脱色后颜色仍然很重,不利于观察,滴定误差比较大。

思考题

1. 用 NaOH 标准滴定溶液滴定醋酸溶液,属于哪种滴定分析方法? 哪种滴定方式? 滴定的依据是什么?

2. 滴定食醋时为何采用酚酞作指示剂? 如采用甲基橙或甲基红作指示剂结果会怎样?

3. 实验中做空白试验的目的是什么? 如何做空白试验?

实验 12 工业纯碱中总碱含量的测定

(一)实验目的

1. 熟练掌握滴定管技术的综合运用。

2. 熟练掌握标准滴定溶液的制备技术。

3. 正确应用有效数字知识记录测量数据并表示测试结果。

4. 提交合格测定报告。

(二)实验原理

工业纯碱是不纯的碳酸钠,俗称苏打。它是玻璃的重要原料,纯碱中除含有 Na_2CO_3 外,还可能含有 NaCl、Na_2SO_4、NaOH、$NaHCO_3$ 等。用酸滴定时,除其中主要组分 Na_2CO_3 被中和外,其他碱性物质如 NaOH、$NaHCO_3$ 等也会被中和,因此这个测定的结果被称为总碱量。

纯碱主要成分为 Na_2CO_3,溶于水后溶液是碱性,以甲基红 – 溴甲酚绿混合指示剂作指示剂,滴定至溶液由绿色变为暗红色,即为终点。

用 HCl 标准溶液直接滴定。反应如下:

$$Na_2CO_3 + HCl \rightleftharpoons NaHCO_3 + NaCl$$
$$NaHCO_3 + HCl \rightleftharpoons NaCl + CO_2 + H_2O$$

(三)仪器与试剂

1. 仪器
滴定管(酸式),移液管(25 mL),电子分析天平,锥形瓶,烧杯,容量瓶(250 mL)。

2. 试剂
HCl 标准滴定溶液(0.1 mol·L^{-1}),Na_2CO_3 基准试剂(GR),纯碱试样,甲基红 – 溴甲酚绿混合指示剂(0.2%)。

（四）实验内容

1. HCl 标准滴定溶液的制备（0.1 mol·L⁻¹，500 mL）

HCl 标准滴定溶液的制备以间接法进行，并采用 Na_2CO_3 基准物质标定。

步骤同实验 7。

2. 纯碱含量测定

（1）试样溶液的制备　准确称取 0.5 g 工业纯碱试样，准确至 0.000 1 g 置于 300 mL 烧杯中，加入约 100 mL 煮沸并冷却后的蒸馏水使其溶解，必要时可加热促进溶解，冷却后，将溶液定量转入 250 mL 容量瓶中，加水稀释至刻度，充分摇匀。

（2）测定　吸取 25.00 mL 试液置于 250 mL 锥形瓶中，加 10 滴甲基红 – 溴甲酚绿混合指示剂，用 HCl 标准滴定溶液滴定至溶液由绿色变为暗红色，煮沸 2 min 冷却后继续滴定至暗红色即为终点。平行测定 2~3 次。同时做空白试验，终点体积记为 V_0。

计算纯碱含量：

$$w(\,Na_2CO_3\,) = \frac{\dfrac{1}{2}c(\,HCl\,) \times \left[\,V(\,HCl\,) - V_0\,\right] \times M(\,Na_2CO_3\,)}{m_s \times \dfrac{25.00}{250.0} \times 1\,000\ mL \cdot L^{-1}} \times 100\%$$

思考题

1. "总碱量"的测定应选用何种指示剂？终点如何控制？为什么？
2. 本实验中加入蒸馏水的体积是否一定要非常准确？为什么？

实验 13　双指示剂法测定混合碱的组成及含量

（一）实验目的

1. 理解并掌握采用双指示剂法测定混合碱中各组分含量的原理和方法。
2. 熟练掌握滴定分析操作技术的综合运用及滴定终点的判断。
3. 熟练掌握有效数字在定量测定中的应用。

（二）实验原理

混合碱是 Na_2CO_3 与 NaOH 或 Na_2CO_3 与 $NaHCO_3$ 的混合物，对于上述混合物中各组分的测定，通常有两种方法：（1）氯化钡法；（2）双指示剂法。这两种方法中，双指示剂法比较简单，但因其第一化学计量点酚酞变色不敏锐，误差较大。氯化钡法虽多几步操作，但较准确。

小贴士

这两种方法均是国际公认的对化工产品烧碱（NaOH）或纯碱（Na$_2$CO$_3$）进行质量检定的标准分析方法。

本实验以 NaOH 与 Na$_2$CO$_3$ 的混合物作为检测试样,采用双指示剂法进行测定。

所谓双指示剂法就是指在同一份试液中采用两种指示剂,利用其在不同化学计量点时的颜色变化来确定组分含量的方法。测定原理如下。

在混合碱的试液中加入酚酞指示剂,用 HCl 标准滴定溶液滴定至溶液红色褪去,为第一化学计量点,消耗 HCl 标准滴定溶液 V_1。此时试液中所含 NaOH 被完全中和,Na$_2$CO$_3$ 也被滴定成 NaHCO$_3$,反应如下:

$$NaOH+HCl{=\!\!=}NaCl+H_2O$$
$$Na_2CO_3+HCl{=\!\!=}NaCl+NaHCO_3$$

（酚酞,V_1）

再加入甲基橙指示剂,继续用 HCl 标准滴定溶液滴定至溶液由黄色变为橙色,为第二化学计量点,消耗 HCl 标准滴定溶液 V_2。此时 NaHCO$_3$ 被中和成 H$_2$CO$_3$,反应如下:

$$NaHCO_3+HCl \rightleftharpoons NaCl+H_2O+CO_2\uparrow$$ （甲基橙,V_2）

根据 V_1 和 V_2 的大小,可以判断出混合碱的组成,并能计算出混合碱中各组分的含量。

（1）若 $V_1>V_2$,则试液为 NaOH 和 Na$_2$CO$_3$ 的混合物。其中,用于中和 NaOH 的 HCl 标准滴定溶液体积为 V_1-V_2;而用于中和 Na$_2$CO$_3$ 的 HCl 标准滴定溶液体积为 $2V_2$。

（2）若 $V_1<V_2$,则试液为 Na$_2$CO$_3$ 和 NaHCO$_3$ 的混合物。其中,用于中和 Na$_2$CO$_3$ 的 HCl 标准滴定溶液体积为 $2V_1$;而用于中和 NaHCO$_3$ 的 HCl 标准滴定溶液体积则为 V_2-V_1。

（三）试剂和仪器

1. 仪器
滴定管（酸式）、锥形瓶、分析天平。

2. 试剂
HCl 标准滴定溶液（0.10 mol·L^{-1}）、无水 Na$_2$CO$_3$ 基准试剂、甲基橙指示剂、酚酞指示剂、混合碱试样（NaOH 和 Na$_2$CO$_3$ 混合物）

（四）测定步骤

1. 0.10 mol·L^{-1} HCl 标准滴定溶液的制备
HCl 标准滴定溶液的制备方法同实验 7。

2. 试样溶液的制备

准确迅速称取混合碱试样 1.0 g,准确至 0.000 1 g,置于 250 mL 烧杯中,加入少量无 CO_2 的蒸馏水,搅拌使其充分溶解,定量转移至 250 mL 容量瓶中,稀释,定容,摇匀。

3. 测定

准确移取 25.00 mL 混合碱液于 250 mL 锥形瓶中,加 2~3 滴酚酞指示剂,以 0.10 mol·L^{-1} HCl 标准滴定溶液滴定至由红色刚好变为无色,为第一终点,记下所消耗 HCl 标准滴定溶液的体积 V_1;然后再加入 2 滴甲基橙指示剂,继续用 HCl 标准滴定溶液滴定至溶液由黄色恰变为橙色,为第二终点,记下所消耗 HCl 标准滴定溶液的体积 V_2。平行测定三次,根据 V_1、V_2 计算出各组分的含量。

计算混合碱中各组分的含量:

$$w(\text{NaOH}) = \frac{c(\text{HCl})(V_1-V_2)M(\text{NaOH})}{m_s \times \dfrac{25.00}{250.0} \times 1\,000\,\text{mL}\cdot\text{L}^{-1}} \times 100\%$$

$$w(\text{Na}_2\text{CO}_3) = \frac{\dfrac{1}{2}c(\text{HCl}) \times 2V_2 M(\text{Na}_2\text{CO}_3)}{m_s \times \dfrac{25.00}{250.0} \times 1\,000\,\text{mL}\cdot\text{L}^{-1}} \times 100\%$$

注释

本实验的滴定速度不宜过快!

[1] 第一终点的滴定速度不能过快,以防 HCl 溶液发生局部过浓现象,导致 Na_2CO_3 直接被滴定至 CO_2。

[2] 当滴定接近第二终点时,一定要充分摇动,以防形成 CO_2 的过饱和溶液,颜色变化缓慢而使终点提前到达。

思考题

1. 双指示剂法测定混合碱组成的方法原理是什么?

2. 采用双指示剂法测定混合碱,试判断下列情况下混合碱的组成。

$$V_1>V_2;\ V_1<V_2;\ V_1=0,\ V_2>0;\ V_2=0,\ V_1>0;\ V_1=V_2$$

3. 采用 Na_2CO_3 作基准物质标定 HCl 标准滴定溶液时,如何烘干?如何计算基准物质的称取量?

实验 14　水硬度的测定

（一）实验目的

1. 初步了解配位滴定法测定水硬度的基本原理与方法。
2. 学习使用三乙醇胺掩蔽干扰离子的方法和条件。
3. 学习金属指示剂的使用和判断终点的方法。
4. 学会计算水硬度的方法及表示方法。

（二）实验原理

水硬度的测定分为水的总硬度和钙镁硬度两种，前者是测定钙镁总量，后者是分别测定钙和镁的含量。

本实验着重测定水的总硬度，即测定钙镁总量。

测定水中钙镁总量时，在 pH=10.0 的氨缓冲溶液中，用 K-B 作指示剂，以 EDTA 标准滴定溶液滴定溶液中的 Ca^{2+}、Mg^{2+}，滴至蓝色为终点，根据消耗 EDTA 标准溶液的体积，即可计算出水的总硬度。

水中若含有 Fe^{3+}、Al^{3+}，可加入三乙醇胺掩蔽。

（三）仪器与试剂

1. 仪器

分析天平、容量瓶（250 mL）、移液管（25 mL）、滴定管（酸式）、锥形瓶、烧杯、量筒、试剂瓶。

2. 试剂

EDTA（AR）、NH_3-NH_4Cl 缓冲溶液（pH10）、K-B 指示剂（s）、$CaCO_3$（GR）、HCl（1∶1）、CMP 指示剂（s）、KOH 溶液（20%）。

（四）实验内容

1. EDTA 标准滴定溶液的制备（c（EDTA）= 0.015 mol·L^{-1}）

按照第 10 章 10.2 中相关叙述方法进行。

本实验中，EDTA 标准滴定溶液采用 $CaCO_3$ 基准物质标定，应平行滴定三次，其体积极差应小于 0.05 mL，以其平均体积计算 EDTA 标准滴定溶液的浓度。

2. 水硬度的测定

准确吸取 100.00 mL 透明水样（或自来水样）置于 250 mL 锥形瓶中，加 3~5 mL NH_3-NH_4Cl 缓冲溶液及适量 K-B 指示剂，在不断摇动下，用 EDTA 标准滴定溶液滴定至由紫红色变为蓝色即为终点，记录 EDTA 标准滴定溶液所消耗的体积。平行测定三次。

同时做空白试验，所消耗的 EDTA 标准滴定溶液体积记为 V_0。

计算水硬度：

$$\rho(\text{CaCO}_3) = \frac{c(\text{EDTA})[V(\text{EDTA}) - V_0]M(\text{CaCO}_3)}{V_s} \times 1\,000 \text{ mg} \cdot \text{g}^{-1}$$

水的总硬度以 $\text{CaCO}_3(\text{mg} \cdot \text{L}^{-1})$ 表示。可用各种硬度单位表示测试结果，如附表所示。

附表　采用各种硬度单位表示测试结果

硬度单位	$\text{mol} \cdot \text{L}^{-1}$	$\text{mg} \cdot \text{L}^{-1}$	德国硬度	法国硬度	英国硬度	美国硬度
硬度						

注释

[1] 水样的采集方法：采集给水、锅炉水样时，原则上应是连续流动的水，采集其他水样时，应先将管道中的积水放尽并冲洗后方可取样。

盛水样的容器（采样瓶）必须是硬质玻璃或塑料制品（测定成分分析的试样必须使用塑料容器），采样前，应先将采样容器彻底清洗干净。采样时再用水样冲洗三次（除方法中另有规定外）以后才能采集水样，采样后应迅速加盖封存。

[2] 空白试验：在一般测定中，为提高分析结果的准确性，以空白水代替水样，用测定水样的方法和步骤进行测定，其测定值称为空白值，然后对水样测定结果进行空白值校正。

本方法中"空白水"是指用来制备试剂和做空白试验用的水，如蒸馏水、除盐水、高纯水等。

[3] 滴定时，反应速率比较慢，在接近终点时 EDTA 应缓慢加入，并充分摇动。

思考题

1. 查阅资料，了解什么是硬水和水的硬度？水硬度的表示方法有哪些？

2. 在测定水的总硬度时，先于三个锥形瓶中加水样，加氨缓冲溶液等，然后再一份一份地滴定，这样做好不好？为什么？

3. 使用 CMP 和 K-B 指示剂时应注意些什么？

实验 15　双氧水含量的测定

（一）实验目的

1. 初步学习 KMnO_4 法测定 H_2O_2 含量的原理及方法。

2. 学习并掌握 KMnO_4 法滴定操作技术及终点的判断方法。

（二）实验原理

商品双氧水中的 H_2O_2 可用 $KMnO_4$ 标准滴定溶液直接滴定，在稀硫酸中 H_2O_2 与 $KMnO_4$ 的反应如下：

$$5H_2O_2+2MnO_4^-+6H^+ \rightleftharpoons 2Mn^{2+}+5O_2+8H_2O$$

滴定开始时，反应速率较慢，但当 Mn^{2+} 生成后，由于 Mn^{2+} 的催化作用，使反应速率加快。

（三）仪器与试剂

1. 仪器

分析天平，滴定管（棕色、酸式），移液管，锥形瓶，电炉，棕色试剂瓶。

2. 试剂

H_2SO_4（1:3）、$KMnO_4$ 标准滴定溶液、$Na_2C_2O_4$（优级纯）。

（四）实验内容

1. $KMnO_4$ 标准滴定溶液的制备（0.02 mol·L^{-1}）

$KMnO_4$ 标准滴定溶液的制备以间接法进行，采用 $Na_2C_2O_4$ 基准物质标定。

方法步骤参见第 10 章 10.2 中相关叙述。

2. 试液的制备

用吸量管吸取 1.00 mL 工业品双氧水于 250 mL 容量瓶中，用蒸馏水稀释至刻度，摇匀。

3. 测定

准确移取 25.00 mL 上述试液于 250 mL 锥形瓶中，加 25 mL 水和 10 mL H_2SO_4（1:3），用 $KMnO_4$ 标准滴定溶液滴定呈粉红色，且 30 s 内不褪色，即为终点。平行测定三次。

计算双氧水含量：

$$w(H_2O_2) = \frac{\dfrac{5}{2} c(KMnO_4) V(KMnO_4) \times M(H_2O_2)}{1.00 \text{ mL} \times \rho \times \dfrac{25.00}{250.0} \times 1\,000 \text{ mL} \cdot L^{-1}} \times 100\%$$

式中，ρ 为 H_2O_2 的密度。

注释

［1］$KMnO_4$ 标准滴定溶液应现用现标定（思考：为什么？）。

［2］使用吸量管时，若使用 5 mL 容量的吸量管，应将试液调至 5 mL 后再放出 1 mL，而不是直接吸至 1 mL 处放出。

［3］$KMnO_4$ 标准滴定溶液除了作为滴定剂，其自身还可以作为指示剂，因此，滴定终点的颜色由无色变为浅紫色。

1. 制备 $KMnO_4$ 标准滴定溶液时应注意哪些问题？

2. 为何 $KMnO_4$ 标准滴定溶液应现用现标定？

3. 用 $Na_2C_2O_4$ 标定 $KMnO_4$ 溶液时，为什么开始滴入的 $KMnO_4$ 溶液紫红色消失缓慢，后来却越来越快，直至滴定终点出现稳定的紫红色？

4. 用 $KMnO_4$ 法测定 H_2O_2 时，能否用 HNO_3 和 HCl 控制酸度？为什么？

5. H_2O_2 有哪些重要性质？使用时应注意些什么？

实验 16　胆矾中铜含量的测定

（一）实验目的

1. 掌握 $Na_2S_2O_3$ 标准溶液的制备方法及标定其浓度的原理和方法。

2. 初步掌握用碘量法测定硫酸铜含量的基本原理与方法。

3. 学习并掌握碘量法终点的判断方法。

（二）实验原理

在弱酸性条件下，I^- 与 Cu^{2+} 作用生成 CuI 沉淀，同时析出与铜量相当的 I_2（实际上以 I_3^- 形式存在），析出的 I_2 以淀粉为指示剂，用 $Na_2S_2O_3$ 标准溶液滴定，其反应式为

$$2Cu^{2+}+4I^- \Longrightarrow 2CuI\downarrow+I_2$$
$$I_2+2S_2O_3^{2-} \Longrightarrow 2I^-+S_4O_6^{2-}$$

（三）仪器与试剂

1. 仪器

容量瓶，分析天平，滴定管（棕色，酸式），碘量瓶，烧杯。

2. 试剂

$K_2Cr_2O_7$ 基准物质（GR）、$Na_2S_2O_3$（AR）、KI、$CuSO_4$（AR）、淀粉指示剂、H_2SO_4（1∶1）、无水 Na_2CO_3（AR）

（四）实验内容

1. 制备 $Na_2S_2O_3$ 标准溶液（$c(Na_2S_2O_3)=0.1\ mol \cdot L^{-1}$）

称取 16 g 无水 $Na_2S_2O_3$ 或 26 g $Na_2S_2O_3 \cdot 5H_2O$，加入 0.2 g 无水 Na_2CO_3，搅拌溶解后移入棕色试剂瓶中，再以新煮沸且冷却的蒸馏水稀释至 1 L，暗处放置 1 周后过滤，标定。

2. 标定 $Na_2S_2O_3$ 标准溶液

（1）制备 $K_2Cr_2O_7$ 基准溶液（$0.1\ mol \cdot L^{-1}$）　准确称取（1.225 ± 0.20）g 已在（120 ± 2）℃下干燥至恒重的工作基准试剂 $K_2Cr_2O_7$，溶于水，移入 250 mL 容量瓶中，稀释，定容，摇匀。

根据称取的 $K_2Cr_2O_7$ 准确质量及容量瓶的容积，计算 $K_2Cr_2O_7$ 基准溶液的浓度。

（2）标定　移取 25.00 mL $K_2Cr_2O_7$ 基准溶液（$0.1\ mol \cdot L^{-1}$）于碘量瓶中，加入 2 g KCl 和 50 mL 水，溶解后加入 10 mL 硫酸（1∶1），摇匀，于暗处放置 5~10 min，加少量水冲洗瓶壁及瓶塞（此处用水约 5 mL），以待标定的 $Na_2S_2O_3$ 标准滴定溶液滴定至淡黄色，加 2 mL 淀粉指示剂，继续滴定至蓝色消失。

计算 $Na_2S_2O_3$ 标准滴定溶液的浓度：

$$c\left(Na_2S_2O_3\right) = \frac{6c\left(K_2Cr_2O_7\right) \times V\left(K_2Cr_2O_7\right)}{V\left(Na_2S_2O_3\right)}$$

3. 硫酸铜含量的测定

准确称取 0.25 g $CuSO_4$ 于碘量瓶中，加入约 20 mL 水和 2 mL HAc，分别加入 1 g KI 溶液，呈土黄色，加入少量水冲洗瓶壁，以 $Na_2S_2O_3$ 溶液滴定至浅黄色。加入 1 mL 淀粉指示剂，此时溶液呈蓝灰色。继续以 $Na_2S_2O_3$ 溶液滴定至深蓝色消失（呈肉粉色）。平行测定三次。

计算铜的含量：

$$w\left(Cu\right) = \frac{c\left(Na_2S_2O_3\right)V\left(Na_2S_2O_3\right) \times M\left(Cu\right)}{m_s \times 1\ 000\ mL \cdot L^{-1}} \times 100\%$$

注释

[1] 用 $K_2Cr_2O_7$ 为基准物质标定 $Na_2S_2O_3$ 溶液时应注意以下几点。

a. $K_2Cr_2O_7$ 与 KI 反应时，溶液的酸度一般以 0.2~0.4 $mol \cdot L^{-1}$ 为宜。若酸度太大，则 I⁻ 易被空气中的 O_2 氧化；若酸度过低，则 $Cr_2O_7^{2-}$ 与 I⁻ 反应较慢。

b. 由于 $K_2Cr_2O_7$ 与 KI 的反应速率慢，应将溶液放置暗处 3~5 min，待反应完全后，再以 $Na_2S_2O_3$ 溶液滴定。

c. 用 $Na_2S_2O_3$ 溶液滴定前，应先用蒸馏水稀释。一是降低酸度可减少空气中 O_2 对 I⁻ 的氧化，二是使 Cr^{3+} 的绿色减弱，便于观察滴定终点。但若滴定至溶液从蓝色转变为无色后，又很快出现蓝色，这表明 $K_2Cr_2O_7$ 与 KI 的反应还不完全，应重新标定。如果滴定至终点后，经过几分钟，溶液才出现蓝色，那么这是由于空气中的 O_2 氧化 I⁻ 所引起的，不影响标定的结果。

[2] 本实验所用试剂较多，加入的先后顺序不可颠倒，故每种试剂应配备专用量杯。

[3] 在合适的酸度条件下 $K_2Cr_2O_7$ 与 KI 的定量反应大约需 5 min 才能完全，因此要注意：加入指示剂前应快滴慢摇，防止碘的挥发造成终点提前；加入指示剂后应慢滴快摇，防止反应不充分造成终点滞后。

[4] 切勿过早加入淀粉，以防 I_2 对淀粉产生严重吸附造成终点滞后。

[5] 为防止 I_2 挥发，溶液不可加热，表面皿取下后应用水将其表面附着物冲洗到瓶内。

1. 制备、标定及保存 $Na_2S_2O_3$ 溶液应注意哪些问题？为什么？
2. 碘量法中的误差主要有哪些？如何消除这些误差？
3. 淀粉指示剂为何要在临近终点时才加入？过早加入淀粉指示剂对测定结果有何影响？

实验 17　水中（或食盐中）氯离子含量的测定

（一）实验目的

1. 初步学习莫尔法的基本原理。
2. 掌握水中氯离子含量的测定方法。
3. 掌握用莫尔法进行沉淀滴定的方法和实验操作技术。

（二）实验原理

莫尔法是在中性或弱碱性溶液中，以 K_2CrO_4 为指示剂，以 $AgNO_3$ 标准溶液进行滴定。由于 $AgCl$ 沉淀的溶解度比 Ag_2CrO_4 小，所以 $AgCl$ 定量沉淀后，稍过量的 Ag^+ 就会与 CrO_4^{2-} 生成 Ag_2CrO_4 砖红色沉淀，从而指示终点。

滴定反应：　　　　　　$Ag^+ + Cl^- \rightleftharpoons AgCl(s)（白色）$

滴定终点：　　　　　　$2Ag^+ + CrO_4^{2-} \rightleftharpoons Ag_2CrO_4(s)$

（三）仪器与试剂

1. 仪器
分析天平，滴定管（棕色，酸式），锥形瓶。
2. 试剂
$AgNO_3$ 溶液（$0.02\ mol\cdot L^{-1}$，现配现标定），K_2CrO_4 指示剂（$50\ g\cdot L^{-1}$）。

（四）实验内容

1. $AgNO_3$ 标准滴定溶液的制备
$AgNO_3$ 标准滴定溶液的配制以间接配制法进行，采用 NaCl 基准物质标定。
方法步骤参见第 10 章 10.2 中相关叙述。
2. 测定
准确吸取水样 100.0 mL 于 250 mL 锥形瓶中，加入 2 mL K_2CrO_4 指示液（$50\ g\cdot L^{-1}$），在充分摇动下，用 $AgNO_3$ 标准滴定溶液滴定至溶液呈砖红色即为终点，记下消耗的 $AgNO_3$ 标准滴定溶液体积。

平行测定三次。同时做空白试验,记录消耗的体积 V_0。

水中氯离子的质量浓度 ρ_{Cl},单位为 $g \cdot L^{-1}$,按下式计算:

$$\rho(Cl) = \frac{[V(AgNO_3) - V_0]c(AgNO_3)M(Cl)}{V_{水样}}$$

注释

[1] 滴定应在中性或弱碱性介质中进行。若溶液的碱性太强,将析出 Ag_2O 沉淀。而在酸性溶液中,CrO_4^{2-} 转变为 $Cr_2O_7^{2-}$,导致指示剂的灵敏度降低,使滴定终点推迟出现。因此,莫尔法适宜的酸度条件是 pH=6.5~10.5。

[2] 莫尔法同样不能在氨性溶液中进行,因为易生成 $Ag(NH_3)_2^+$,使 AgCl 沉淀溶解。

[3] 准确分析时,需做空白试验。

思考题

1. 采用莫尔法测 Cl^- 含量时,为什么溶液的 pH 要控制在 6.5~10.5?
2. 以 K_2CrO_4 作指示剂时,指示剂的浓度过大或过小对测定结果有何影响?
3. 若空白值太大,会影响测定结果吗?为什么?
4. 滴定过程中,为什么要充分摇动溶液?

实验 18 胆矾中结晶水含量的测定

(一)实验目的

1. 掌握 $CuSO_4 \cdot 5H_2O$ 结晶水含量的测定方法与原理。
2. 掌握分析天平及烘箱等设备的使用及维护方法。
3. 掌握恒重(量)的基本条件。
4. 理解并掌握挥发称量法的原理及特点。

(二)实验原理

存在于物质中的水分一般有两种形式:一种是吸湿水,另一种是结晶水。吸湿水是物质从空气中吸收的水分,其含量随空气中的湿度而改变,一般在不太高的温度下即能除掉。结晶水是水合物内部的水,它有固定的质量,可以在化学式中表示出来。例如,$Na_2CO_3 \cdot 10H_2O$、$CuSO_4 \cdot 5H_2O$、$BaCl_2 \cdot 2H_2O$ 等,均可测定其中结晶水的含量。

$CuSO_4 \cdot 5H_2O$ 中的结晶水,在 218 ℃时能完全挥发失去。

48 ℃时 $\qquad CuSO_4 \cdot 5H_2O \longrightarrow CuSO_4 \cdot 3H_2O + 2H_2O$

99 ℃时　　　　　　　$CuSO_4 \cdot 3H_2O \longrightarrow CuSO_4 \cdot H_2O + 2H_2O$

218 ℃时　　　　　　$CuSO_4 \cdot H_2O \longrightarrow CuSO_4 + H_2O$

其中,无水胆矾不挥发,故可根据加热后质量的减少,测得胆矾中结晶水的含量。

（三）仪器与试剂

1. 仪器

扁型称量瓶、干燥器、电热烘箱。

2. 试剂

$CuSO_4 \cdot 5H_2O$ 试样。

（四）实验内容

（1）取两只洗净的称量瓶,在干燥箱中于 105 ℃开盖烘干 1 h,取出稍冷放入干燥器中冷却 30 min,在分析天平上称量其质量。然后再放入烘箱中于 105 ℃烘干 1 h,冷却、称量,直至恒重为止。两次称量之差不超过 0.2 mg 即为恒量,记为 m_1。

（2）称取胆矾试样 1.0 g,准确至 0.000 1 g,平铺在上述恒重的称量瓶中。试样质量记为 m_2。

（3）将盛有 $CuSO_4 \cdot 5H_2O$ 试样的称量瓶开盖,将盖斜靠瓶口放入烘箱内逐渐升温,于 218 ℃烘干 2 h,从烘箱中取出称量瓶,立即盖上盖,放入干燥器中冷却至室温（约 30 min）后称量。

重复上述操作,直至恒重为止,记为 m_3。由加热前称量瓶和试样的质量,减去加热后称量瓶和无水胆矾的质量,即为失去水分的质量。

计算结晶水的质量分数:

$$w_{结晶水} = \frac{m_2 - m_3}{m_2 - m_1} \times 100\%$$

式中,m_1——干燥恒重后称量瓶的质量,g;

　　　m_2——干燥前胆矾试样的质量,g;

　　　m_3——干燥恒重后胆矾试样的质量,g。

注释

[1] 温度不要高于 280 ℃,否则 $CuSO_4$ 可能会部分挥发。

[2] 在加热的情况下,称量瓶盖子不要盖严,以防冷却后盖子打不开。

[3] 加热脱水一定要完全,晶体一定要变为灰白色,不能是浅蓝色。

思考题

1. 什么是恒量？称量分析中为什么一定要恒量？

2. 加热后的称量瓶能否未冷却至室温就去称量？加热后的称量瓶为什么要放在干燥器内冷却？

实验 19　水合氯化钡中钡含量的测定

（一）实验目的

1. 掌握常压过滤技术。

2. 初步掌握晶形沉淀的制备、过滤、洗涤、灼烧及恒重等称量分析法的基本操作技术。

3. 初步了解称量分析法测定钡含量的原理。

4. 学习称量分析法的相关计算原理及方法。

（二）实验原理

将 $BaCl_2$ 试样用水溶解后，在其热溶液中缓慢滴加稀 H_2SO_4，使 Ba^{2+} 形成 $BaSO_4$ 晶形沉淀。

$$Ba^{2+}+SO_4^{2-} \rightleftharpoons BaSO_4(s)$$

沉淀经陈化、过滤、洗涤、烘干及灼烧后，以 $BaSO_4$ 形式称量，以 Ba^{2+} 形式计算含量。

（三）仪器与试剂

1. 仪器

分析天平、瓷坩埚、长颈漏斗、定量滤纸（慢速）、漏斗架、高温炉、烧杯、电炉、干燥器。

2. 试剂

$BaCl_2$（s，AR），H_2SO_4 溶液（1 mol·L^{-1}，0.1 mol·L^{-1}），HCl 溶液（2 mol·L^{-1}）、$AgNO_3$ 溶液（0.1 mol·L^{-1}）

（四）实验内容

1. $BaSO_4$ 沉淀的制备

准确称取 0.4~0.6 g $BaCl_2·2H_2O$ 试样，置于 250 mL 烧杯中，加入 100 mL 水和 3 mL HCl 溶液（2 mol·L^{-1}），盖上表面皿，加热至沸。

取 4 mL H_2SO_4（1 mol·L^{-1}）溶液于 100 mL 烧杯中，加水 30 mL，加热至微沸，在搅拌下趁热用滴管将 H_2SO_4 溶液加入到上述热的 $BaCl_2$ 溶液中，静置数分钟。将 $BaSO_4$ 沉淀沉降于烧杯底部时，于上层溶液中加入 1~2 滴 H_2SO_4 溶液（0.1 mol·L^{-1}），仔细观察 Ba^{2+} 是否沉淀完全。若仍有沉淀生成，则应继续滴加稀 H_2SO_4 至 Ba^{2+} 沉淀完全。

沉淀完全后，盖上表面皿（切勿将玻璃棒拿出烧杯外），也可将沉淀放在水浴中或电热板上使沉淀保温陈化 40 min。陈化过程中需要搅拌几次（也可以在室温下放置过夜陈化)。

2. 沉淀的过滤与洗涤

取慢速定量滤纸过滤,安装好过滤器。漏斗下面放置一个洁净的烧杯承接滤液(为防有沉淀漏过滤纸,可将滤液重新过滤)。用倾析法先将上层清液倾入漏斗,注意注入溶液的量不应超过滤纸的 2/3 容积。待漏斗中的溶液漏尽,用稀 H_2SO_4 洗涤剂初步洗涤沉淀 3~4 次,每次约 10 mL。然后将烧杯中的沉淀定量转移到滤纸上,用折叠滤纸时撕下的小滤纸片擦拭烧杯壁和玻璃棒,并将此小滤纸片放入漏斗中,再用稀 H_2SO_4 洗涤剂洗涤 4~6 次,直至检验无 Cl^- 为止。

3. 沉淀的灼烧与恒量

将沉淀与滤纸一并移入已灼烧至恒重的瓷坩埚中,灰化后在 800 ℃的高温炉内灼烧 30 min,取出稍冷后置于干燥器中冷却至室温,称量。反复灼烧,直至恒重。计算 Ba^{2+} 的含量。

计算 Ba^{2+} 的含量:

$$w\left(Ba^{2+}\right)=\frac{\left(m_2-m_1\right)\times F}{m}\times 100\%$$

式中,m_2——坩埚与沉淀灼烧恒重后的质量,g;

m_1——空坩埚恒重后的质量,g;

m——试样的质量,g;

F——换算因子。

注释

[1] 由于 Cl^- 与 Ag^+ 的反应非常灵敏,一般以滤液中无 Cl^- 来判断 $BaSO_4$ 沉淀是否已经洗净。操作方法是:在漏斗颈部末端,用洁净的小试管或表面皿收集滤液,加入 1 滴 HNO_3 溶液(2 mol·L^{-1})和 2 滴 $AgNO_3$ 溶液(0.1 mol·L^{-1}),若无白色沉淀,则表明沉淀已洗净。

[2] 在稀 HCl 介质(酸度控制在 0.05 mol·L^{-1})中进行沉淀。主要是防止产生 $BaCO_3$、$BaHPO_4$ 沉淀及防止生成 Ba(OH)$_2$ 共沉淀。同时,适当提高酸度可增加 $BaSO_4$ 在沉淀过程中的溶解度,从而降低其相对过饱和度,有利于获得大而纯的晶形沉淀。

[3] 用 $BaSO_4$ 重量法测定 Ba^{2+} 时,一般用稀 H_2SO_4 作沉淀剂。为了使 $BaSO_4$ 沉淀完全,必须使 H_2SO_4 过量。由于 H_2SO_4 在高温下可挥发,因此沉淀带下的 H_2SO_4 不至于引起误差,沉淀剂可以过量 50%~100%。

[4] 稀 H_2SO_4 作洗涤剂。因为 H_2SO_4 在高温下可挥发,因此可以用作洗涤剂,降低 $BaSO_4$ 沉淀的溶解损失。

思考题

1. 沉淀完毕后,为什么要静置一段时间后才进行过滤?

2. $BaSO_4$ 沉淀适合在什么条件下形成?本实验中哪些操作方法有利于 $BaSO_4$ 沉淀的形成?

3. 沉淀 $BaSO_4$ 时,为何在稀 HCl 介质中进行?

实验 20　水泥熟料中铁、铝、钙、镁、硅含量的测定

（一）实验目的

1. 初步学习复杂物质的定量化学分析方法。
2. 学习并理解铁、铝、钙、镁、硅的综合分析方法。
3. 掌握熔融法制备固体试液的原理及操作方法。
4. 熟练掌握滴定分析技术的综合应用，并能正确记录测量数据。
5. 能采用正确方法控制测试条件。
6. 会正确进行相关计算并评价分析结果。

（二）实验原理

由于硅酸盐水泥及其熟料中碱性氧化物占 60% 以上，易为酸分解，因此，对硅酸盐水泥及熟料试样的分解既可采用熔融法（干法），也可采用酸溶法（湿法）进行。本实验采用熔融法分解试样。

1. 烧失量的测定

烧失量的测定采用基准法进行。通常是将试料放在铂坩埚或瓷坩埚中，于（950 ± 25）℃的温度下灼烧至恒重测定。

在高温下灼烧时，试样中许多组分发生氧化、还原、分解、化合等一系列反应。如有机物、硫化物和某些滴加化合物被氧化；碳酸盐、硫酸盐被分解；碱金属化合物被挥发；同时水、化合水、二氧化碳被排除等。因此，所得"烧失量"实际上是试样中各种化学反应所引起的质量增加和减少的代数和。

通常矿渣硅酸盐水泥由硫化物的氧化引起的烧失量误差必须进行校正，由其他元素存在引起的误差一般可忽略不计。

2. 三氧化二铁的测定

三氧化二铁的测定采用 EDTA 直接滴定法（基准法），在酸度条件为 pH1.8~2.0，温度条件为 60~70 ℃的溶液中，以磺基水杨酸钠为指示剂，用 EDTA 标准滴定溶液滴定至亮黄色即为终点。

3. 三氧化二铝的测定

三氧化二铝的测定采用硫酸铜返滴定法（代用法），此法只适用于一氧化锰含量在 0.5% 以下的试样。

在滴定铁后的溶液中，加入对铝、钛过量的 EDTA 标准滴定溶液，于 pH3.8~4.0 以 PAN（吡啶偶氮萘酚）为指示剂，用硫酸铜标准滴定溶液返滴定过量的 EDTA，终点呈亮紫色。

4. 氧化钙的测定

氧化钙的测定采用氢氧化钠熔样－EDTA滴定法（代用法）进行。

在酸性溶液中加入适量氟化钾，以抑制硅酸的干扰，然后在pH13以上的强碱性溶液中，以三乙醇胺为掩蔽剂，选用CMP指示剂（钙黄绿素－甲基百里酚蓝－酚酞混合指示剂），用EDTA标准滴定溶液直接滴定。

5. 氧化镁的测定

氧化镁的测定采用EDTA滴定差减法（代用法）进行。

在pH10的溶液中，以三乙醇胺、酒石酸钾钠为掩蔽剂，选用酸性铬蓝K－萘酚绿B（K－B）混合指示剂，以EDTA标准滴定溶液滴定，终点由酒红色变为纯蓝色，其结果为钙镁合量。从合量中减去钙量即为镁量。

6. 二氧化硅的测定

二氧化硅的测定采用氟硅酸钾容量法（代用法）进行。

在有过量的氟、钾离子存在的强酸性溶液中，使硅酸形成氟硅酸钾（K_2SiF_6）沉淀，经过滤、洗涤及中和残余酸后，加沸水使氟硅酸钾沉淀水解生成等物质的量的氢氟酸，然后以酚酞为指示剂，用氢氧化钠标准滴定溶液滴定至微红色。

（三）仪器与试剂

1. 仪器

电子分析天平、称量瓶、瓷坩埚（带盖）、高温炉、坩埚钳、隔热手套、干燥器、银坩埚（带盖）、精密pH试纸、量筒、玻璃棒、烧杯、表面皿、容量瓶、移液管、洗耳球、电炉、石棉网、滴定管、塑料烧杯、镊子、塑料棒、药匙、中速滤纸、玻璃漏斗、温度计、洗瓶。

2. 试剂

（1）固体试剂 水泥国家标准试样或水泥熟料试样、NaOH（AR）、KCl（AR）、$CaCO_3$基准试剂（GR）、$KHC_8H_4O_4$基准试剂（GR）、$CuSO_4 \cdot 5H_2O$（AR）。

（2）浓酸 HNO_3（市售，AR），盐酸（市售，AR），HF（市售，AR）。

（3）普通溶液 HCl溶液（1∶1，1∶5），$NH_3 \cdot H_2O$（1∶1），三乙醇胺溶液（1∶2），KF溶液（20 g·L^{-1}），KCl溶液（50 g·L^{-1}），KOH溶液（200 g·L^{-1}），氯化钾－乙醇溶液（50 g·L^{-1}），酒石酸钾钠（100 g·L^{-1}）溶液，无水乙醇（AR）。

（4）缓冲溶液 HAc－NaAc缓冲溶液（pH=4.3），NH_3－NH_4Cl缓冲溶液（pH=10.0）。

（5）指示剂 磺基水杨酸钠指示剂（100 g·L^{-1}）、PAN指示剂、CMP指示剂、K－B指示剂、酚酞指示剂。

（6）标准滴定溶液 EDTA标准滴定溶液（0.015 mol·L^{-1}），$CuSO_4$标准滴定溶液（0.015 mol·L^{-1}），NaOH标准滴定溶液（0.15 mol·L^{-1}）。

（四）实验内容

1. 烧失量的测定

称取约 1 g 试样（m_1），精确至 0.000 1 g，置于已灼烧至恒重的瓷坩埚中，将盖斜置于坩埚上放在高温炉内，从低温开始逐渐升高温度，在（950 ± 25）℃下灼烧 15~20 min，取出坩埚置于干燥器中，冷却至室温，称量。反复灼烧，直至恒重（m_2）。

计算烧失量：

$$w_{Lo1} = \frac{m_1 - m_2}{m_1} \times 100\%$$

式中，w_{Lo1}——烧失量的质量分数，%；

　　　m_1——试料的质量，g；

　　　m_2——灼烧后试料的质量，g。

注释

［1］对瓷坩埚有侵蚀作用的试样，应在铂坩埚中进行测定。

［2］烧失量的大小与温度有密切的关系。正确的灼烧方法应在高温炉中由低温升起达到规定温度并保温半小时以上。

［3］红热坩埚放置在耐火板上稍冷，至红热褪去。再放入干燥器中。反复灼烧，冷却的时间必须固定，称量时要迅速。

2. 试样溶液的制备

称取约 0.5 g 试样（m_3），精确至 0.000 1 g，置于银坩埚中，加入 6~7 g 氢氧化钠，盖上坩埚盖（留有缝隙），放入高温炉中，从低温升起，在 650~700 ℃的高温下熔融 20 min，期间取出摇动 1 次。取出冷却，将坩埚放入以盛有约 100 mL 沸水的 300 mL 烧杯中，盖上表面皿。在电炉上适当加热，当熔块完全浸出后，取出坩埚。用水冲洗坩埚和盖。在搅拌下一次加入 25~30 mL 盐酸，再加入 1 mL 硝酸，用热盐酸（1∶5）洗净坩埚和盖。将溶液加热煮沸。冷却至室温后，移入 250 mL 容量瓶中，用水稀释至标线，摇匀，贴标签。

此试液供以下测定三氧化二铁、三氧化二铝、氧化钙、氧化镁、二氧化硅用。

3. 三氧化二铁的测定

吸取 25.00 mL 试液于 300 mL 烧杯中，加水稀释至约 100 mL，用 $NH_3 \cdot H_2O$（1∶1）和 HCl 溶液（1∶1）调节溶液 pH 为 1.8~2.0（用精密 pH 试纸检验）。将溶液加热至 70 ℃，加 10 滴磺基水杨酸钠指示剂溶液，用 EDTA 标准滴定溶液［c（EDTA）= 0.015 mol·L^{-1}］缓慢地滴定至亮黄色。终点时溶液温度应不低于 60 ℃。平行测定三次。

计算三氧化二铁的含量：

$$w(Fe_2O_3) = \frac{\frac{1}{2}c(EDTA) \times V_1 \times M(Fe_2O_3)}{m_s \times \frac{25.00}{250.0} \times 1\,000 \text{ mL} \cdot \text{L}^{-1}} \times 100\%$$

$$或 \quad w(\mathrm{Fe_2O_3}) = \frac{T(\mathrm{Fe_2O_3}) \times V_1}{m_s \times \dfrac{25.00}{250.0} \times 1\,000 \ \mathrm{mL \cdot L^{-1}}} \times 100\%$$

式中，$w(\mathrm{Fe_2O_3})$——三氧化二铁的质量分数，%；

$\qquad c(\mathrm{EDTA})$——EDTA 标准滴定溶液的浓度，$\mathrm{mol \cdot L^{-1}}$；

$\qquad V_1$——滴定时消耗 EDTA 标准滴定溶液的体积，mL；

$\quad M(\mathrm{Fe_2O_3})$——三氧化二铁的摩尔质量，$\mathrm{g \cdot mol^{-1}}$；

$\qquad m_s$——试料的质量，g；

$\quad T(\mathrm{Fe_2O_3})$——EDTA 标准滴定溶液对三氧化二铁的滴定度，$\mathrm{mg \cdot mL^{-1}}$。

注释

[1] 用精密 pH 试纸测得 pH=2.0，即相当于 pH 计上测得 pH=1.8，超过此值时，因受 $\mathrm{Al^{3+}}$ 干扰易使结果偏高。此处可采用下法调节 pH：加 $\mathrm{NH_3 \cdot H_2O}$（1:1）至出现白色沉淀后，再慢慢滴加 HCl 溶液（1:1），当沉淀恰好消失时，即 pH=1.8~2.0。

[2] 滴定时温度为 60~70 ℃。低于 60 ℃，EDTA 与 $\mathrm{Fe^{3+}}$ 反应缓慢，而使终点不明显，往往易过量，使结果偏高。

[3] EDTA 与 $\mathrm{Fe^{3+}}$ 反应较慢，近终点时要充分搅拌，缓慢滴定，否则易使结果偏高。

4. 三氧化二铝的测定

（1）硫酸铜（0.015 $\mathrm{mol \cdot L^{-1}}$）标准滴定溶液的配制与标定

① 粗配。称取 3.7 g $\mathrm{CuSO_4 \cdot 5H_2O}$ 于 250 mL 烧杯中，以少量水溶解，加 4~5 滴 $\mathrm{H_2SO_4}$ 溶液（1:1），继续用水稀释至 1 L。摇匀。

② 标定。从滴定管中缓慢放出 10~15 mL EDTA 标准滴定溶液于 400 mL 烧杯中，稀释至 200 mL。加入 15 mL HAc–NaAc 缓冲溶液（pH=4.3），加热至沸，取下稍冷，加 5~6 滴 PAN 指示剂，以 $\mathrm{CuSO_4}$ 标准滴定溶液滴定至亮紫色。记录体积 V。

计算 $\mathrm{CuSO_4}$ 标准滴定溶液浓度：

$$c(\mathrm{CuSO_4}) = \frac{c(\mathrm{EDTA})V(\mathrm{EDTA})}{V(\mathrm{CuSO_4})}$$

EDTA 标准滴定溶液与 $\mathrm{CuSO_4}$ 标准滴定溶液的体积比（K）按下式计算：

$$K = \frac{V(\mathrm{EDTA})}{V(\mathrm{CuSO_4})}$$

（2）$\mathrm{Al_2O_3}$ 含量的测定　往测完铁的溶液中准确加入 EDTA 标准滴定溶液 10~15 mL，用水稀释至 150~200 mL。将溶液加热至 70~80 ℃后，在搅拌下用氨水（1:1）调节溶液 pH 为 3.0~3.5（用精密 pH 试纸检验），加 15 mL HAc–NaAc 缓冲溶液（pH=4.3），加热煮沸，并保持微沸 1~2 min，取下稍冷，加入 4~5 滴 PAN 指示剂，以硫酸铜标准滴定溶液 $[c(\mathrm{CuSO_4})=0.015 \ \mathrm{mol \cdot L^{-1}}]$ 滴定至亮紫色。

计算 Al_2O_3 含量：

$$w(Al_2O_3) = \frac{\frac{1}{2}c(EDTA) \times (V_2 - K \times V_3) M(Al_2O_3)}{m_s \times \dfrac{25.00}{250.0} \times 1\,000\ mL \cdot L^{-1}} \times 100\%$$

或

$$w(Al_2O_3) = \frac{T(Al_2O_3) \times (V_2 - K \times V_3)}{m_s \times \dfrac{25.00}{250.0} \times 1\,000\ mL \cdot L^{-1}} \times 100\%$$

式中，$w(Al_2O_3)$——三氧化二铝的质量分数，%；

$c(EDTA)$——EDTA 标准滴定溶液的浓度，$mol \cdot L^{-1}$；

V_2——加入 EDTA 标准滴定溶液的体积，mL；

V_3——滴定时消耗硫酸铜标准滴定溶液的体积，mL；

$M(Al_2O_3)$——三氧化二铝的摩尔质量，$g \cdot mol^{-1}$；

m_s——试料的质量，g；

$T(Al_2O_3)$——EDTA 标准滴定溶液对三氧化二铝的滴定度，$mg \cdot mL^{-1}$。

注释

［1］EDTA 不宜过量太多，否则终点颜色太深（蓝紫色）。

［2］加热的目的是使 Al^{3+}、TiO^{2+} 与 EDTA 充分配合，并防止 PAN 僵化。通常在 90 ℃开始滴定，滴定完毕时不低于 75 ℃。此处可用温度计掌握。另外，若加热后出现沉淀，可用 HCl 溶液（1∶1）溶解沉淀物，重新调节 pH。

5. 氧化钙的测定

吸取 25.00 mL 试液于 300 mL 烧杯中，加入 7 mL KF 溶液搅拌并放置 2 min 以上，然后加水稀释至 200 mL。加 5 mL 三乙醇胺溶液（1∶2）及适量 CMP 指示剂，在搅拌下加入氢氧化钾溶液至出现绿色荧光后，再过量 5~8 mL，此时溶液在 pH 13 以上，用 EDTA 标准滴定溶液滴定至绿色荧光消失并呈现红色。

计算 CaO 含量按：

$$w(CaO) = \frac{c(EDTA) \times V_4 \times M(CaO)}{m_s \times \dfrac{25.00}{250.0} \times 1\,000\ mL \cdot L^{-1}} \times 100\%$$

或

$$w(CaO) = \frac{T(CaO) \times V_4}{m_s \times \dfrac{25.00}{250.0} \times 1\,000\ mL \cdot L^{-1}} \times 100\%$$

式中，$w(CaO)$——氧化钙的质量分数，%；

$c(EDTA)$——EDTA 标准滴定溶液的浓度，$mol \cdot L^{-1}$；

V_4 ——滴定时消耗 EDTA 标准滴定溶液的体积，mL；

$M(CaO)$ ——氧化钙的摩尔质量，$g \cdot mol^{-1}$；

m_s ——试料的质量，g；

$T(CaO)$ ——EDTA 标准滴定溶液对氧化钙的滴定度，$mg \cdot mL^{-1}$。

注释

[1] CMP 不宜多加，否则终点呈深红色，变色不敏锐。以 CMP 为指示剂时，一般以白色为衬底，黑色也可。

[2] 接近终点时，应充分搅拌，使被 $Mg(OH)_2$ 沉淀吸附的 Ca^{2+} 能与 EDTA 充分配合。

6. 氧化镁的测定

吸取 25.00 mL 试液于 300 mL 烧杯中，加水稀释至约 200 mL，加入 1 mL 酒石酸钾钠溶液，搅拌，然后加入 5 mL 三乙醇胺溶液（1∶2），搅拌，加入 25 mL NH_3–NH_4Cl 缓冲溶液（pH10）及适量酸性铬蓝 K– 萘酚绿 B 混合指示试剂，用 EDTA 标准滴定溶液 [$c(EDTA) = 0.015\ mol \cdot L^{-1}$] 滴定，近终点时应缓慢滴定至纯蓝色。

计算 MgO 含量：

$$w(MgO) = \frac{c(EDTA) \times (V_5 - V_4) \times M(MgO)}{m_s \times \dfrac{25.00}{250.0} \times 1\ 000\ mL \cdot L^{-1}} \times 100\%$$

或

$$w(MgO) = \frac{T(MgO) \times (V_5 - V_4)}{m_s \times \dfrac{25.00}{250.0} \times 1\ 000\ mL \cdot L^{-1}} \times 100\%$$

式中，$w(MgO)$ ——氧化镁的质量分数，%；

$c(EDTA)$ ——EDTA 标准滴定溶液的物质的量浓度，$mol \cdot L^{-1}$；

V_5 ——滴定时消耗 EDTA 标准滴定溶液的体积，mL；

V_4 ——按测定氧化钙时消耗 EDTA 标准滴定溶液的体积，mL；

$M(MgO)$ ——氧化镁的摩尔质量，$g \cdot mol^{-1}$；

m_s ——试料的质量，g；

$T(MgO)$ ——EDTA 标准滴定溶液对氧化镁的滴定度，$mg \cdot mL^{-1}$。

注释

[1] 用酒石酸钾钠与三乙醇胺联合掩蔽 Fe^{3+}、Al^{3+} 等干扰比单独使用三乙醇胺的掩蔽效果要好。使用时，在酸性溶液中要先加酒石酸钾钠后再加三乙醇胺效果好。

[2] K–B 指示剂的配比要适当，若萘酚绿 B 的比例过大则终点提前，反之，则终点延后且变色不明显。

[3] 接近终点时，一定要充分搅拌并缓慢滴定至蓝紫色变为纯蓝色，否则结果偏高。

7. 二氧化硅的测定

吸取 50.00 mL 试液于 300 mL 塑料杯中,加入 10~15 mL HNO₃ 溶液,搅拌冷却至室温。加入 KCl,仔细搅拌,压碎大颗粒 KCl 至溶液饱和,并有少量 KCl 析出,然后再加 2 g KCl 和 10 mL KF 溶液,仔细搅拌至溶液完全饱和,并有少量 KCl 析出(此时搅拌,溶液应比较浑浊,若 KCl 析出量不够,则应再补充加入 KCl,但 KCl 的析出量不宜过多),放置 15~20 min,期间搅拌 1~2 次。用中速滤纸过滤,溶液滤完后用 KCl 溶液($50 \ g \cdot L^{-1}$)洗涤塑料杯及沉淀 3 次,洗涤过程中使固体 KCl 溶解,洗涤液总量不超过 25 mL。

将滤纸连同沉淀取下,置于原塑料杯中,沿杯壁加 10 mL KCl-乙醇溶液($50 \ g \cdot L^{-1}$)及 1 mL 酚酞指示剂,将滤纸展开,用 NaOH 标准滴定溶液($0.15 \ mol \cdot L^{-1}$)中和未洗尽的酸,仔细搅动滤纸并随之擦洗杯壁,直至溶液呈微红色。向杯中加入 200 mL 沸水(此沸水预先用氢氧化钠溶液中和至酚酞呈微红色),用 NaOH 标准滴定溶液($0.15 \ mol \cdot L^{-1}$)滴定至微红色。

计算 SiO₂ 含量:

$$w(\mathrm{SiO_2}) = \frac{\frac{1}{4}c(\mathrm{NaOH}) \times V_6 \times M(\mathrm{SiO_2})}{m_s \times \dfrac{50.00}{250.0} \times 1\,000 \ \mathrm{mL \cdot L^{-1}}} \times 100\%$$

或

$$w(\mathrm{SiO_2}) = \frac{T(\mathrm{SiO_2}) \times V_6}{m_s \times \dfrac{50.00}{250.0} \times 1\,000 \ \mathrm{mL \cdot L^{-1}}} \times 100\%$$

式中,$w(\mathrm{SiO_2})$——二氧化硅的质量分数,%;

$\quad c(\mathrm{NaOH})$——NaOH 标准滴定溶液的物质的量浓度,$mol \cdot L^{-1}$;

$\quad V_6$——滴定时消耗氢氧化钠标准滴定溶液的体积,mL;

$\quad M(\mathrm{SiO_2})$——二氧化硅的摩尔质量,$g \cdot mol^{-1}$;

$\quad m_s$——试料的质量,g。

$\quad T(\mathrm{SiO_2})$——NaOH 标准滴定溶液对二氧化硅的滴定度,$mg \cdot mL^{-1}$。

注释

[1] 保证测定溶液有足够的酸度,酸度应保持在 $[\mathrm{H^+}]=3 \ mol \cdot L^{-1}$ 左右,若过低易形成其他盐类的氟化物沉淀而干扰测定;过高则给沉淀的洗涤和残余酸的中和带来困难。

[2] 应将试液冷却至室温后,再加入固体 KCl 至溶液饱和,且加入时一定要不断地搅拌。因 HNO₃ 溶样时会放热,使试液温度升高,若此时加入固体 KCl 至饱和,待放置后温度下降,致使 KCl 结晶析出太多,给过滤、洗涤造成困难。

[3] 沉淀要放置一定时间(15~20 min)。因 K₂SiF₆ 为细小晶形沉淀,放置一定时间可使沉淀晶体长大,便于过滤和洗涤。

[4] 严格控制沉淀、洗涤、中和残余酸时的温度,尽可能使温度降低,以免引起 K₂SiF₆ 沉淀的预先水解。若室温高于 30 ℃,则应将进行沉淀的塑料杯、洗涤液、中和液等放在冷水中冷却。

[5] 必须有足够的 F⁻、K⁺,以降低 K₂SiF₆ 沉淀的溶解度。溶液中有过量的 KF 和 KCl 存在时,由于

同离子效应而有利于 K_2SiF_6 沉淀反应进行完全。但要适当过量,否则会生成氟铝酸钾、氟钛酸钾沉淀,此沉淀也能在沸水中水解,游离出 HF,引起分析结果的偏高。

[6]用 KCl 溶液洗涤沉淀时操作应迅速,并严格控制洗涤液用量在 20~25 mL,以防止 K_2SiF_6 沉淀提前水解。

[7]残余酸的中和应迅速完成,否则 K_2SiF_6 水解,使分析结果偏低。中和时加入 KCl– 乙醇溶液作抑制剂可使结果准确;把包裹沉淀的滤纸展开,可使包在滤纸中的残余酸迅速被中和。

[8]K_2SiF_6 沉淀水解反应是吸热反应,所以水解时水的温度越高,体积越大,越有利于 K_2SiF_6 水解反应的进行。因此,加入 200 mL 沸水使其水解完全,同时所用沸水须先用 NaOH 溶液中和至酚酞呈微红色,以消除水质对测定结果的影响。

[9]滴定时的温度不应低于 70 ℃,滴定速度适当加快,以防止 H_2SiO_3 参与反应使结果偏高。滴定至终点呈微红色即可,并与 NaOH 标准滴定溶液标定时的终点颜色一致,以减少滴定误差。

思考题

1. 烧失量测定的注意事项有哪些?

2. 标定 EDTA 过程中,在使用 CMP 指示剂时,应注意哪些问题?

3. 制备 $CaCO_3$ 基准溶液的过程中,以 HCl 溶液溶解 $CaCO_3$ 基准物质的操作中,应注意哪些问题?

4. 测定 Fe_2O_3 的酸度条件为 pH1.8~2.0,要检测此酸度值,应采用广范 pH 试纸还是精密 pH 试纸?

5. 温度计在控制 Fe_2O_3 含量测定的温度条件时,温度计可以当搅拌棒使用吗? 为什么?

6. 氟硅酸钾容量法测定二氧化硅采用了哪种滴定方式? 其测定的原理是什么?

7. 硫酸铜返滴定法测定 Al_2O_3 的注意事项有哪些?

8. 测定 CaO 含量,加入哪种试剂调节溶液 pH13 以上? 如何进行操作?

9. 采用 EDTA 滴定差减法测定氧化镁临近终点时要如何操作? 为什么?

附　　录

附录1　常用玻璃仪器简介

名称与图示	主要用途	注意事项
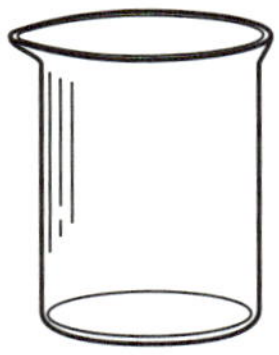 烧杯	分为硬质和软质烧杯，主要用于配制、煮沸、蒸发、浓缩溶液，进行化学反应及少量物质的制备等	硬质烧杯可以加热到高温，但软质烧杯要注意勿使温度变化过于剧烈，加热时放在石棉网或电炉上直接加热。所盛反应的液体不得超过烧杯容量的 2/3
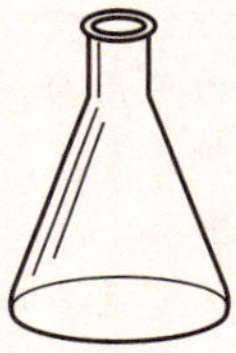 锥形瓶	锥形瓶的瓶口较烧杯小，在加热时，挥发损失的液体试样相对较少，常用于滴定分析	加热时可放在石棉网或电炉上直接加热，不可烧干；不能用于减压蒸馏；一般情况下不可用来存储液体
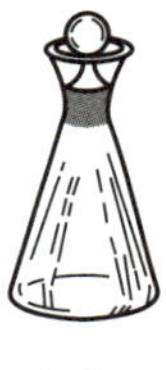 碘量瓶	用途与锥形瓶相同，因有磨口塞，密封较好，可用于碘量法或生成挥发性物质的分析	加热时要打开瓶塞，磨口塞要原配
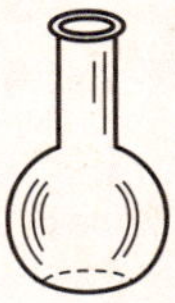 平底烧瓶 　圆底烧瓶	常见的有圆底和平底烧瓶，常用于反应物较多的固–液反应或液–液反应，以及一般需要较长时间加热的反应	不能直接用明火加热，应避免骤热骤冷，加热时要放在石棉网上进行

续表

名称与图示	主要用途	注意事项
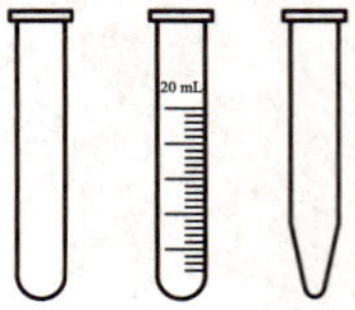 试管	用作少量试剂的反应容器。离心试管还可用于定性分析中的沉淀分离	可直接用火加热,但加热后不能骤冷。 离心试管只能用水浴加热
 试剂瓶	盛放液体、固体试剂,棕色试剂瓶用于存放见光易分解的试剂	不能加热。 磨口塞要原配,盛放碱液时要用橡胶塞
 滴瓶	用于盛放少量使用的液体试剂,胶头滴管用于滴加溶液用	不能加热,不能长期存放浓碱液和与橡胶起作用的溶液。滴管专用,不准乱放、弄脏。 胶头滴管用毕应洗净
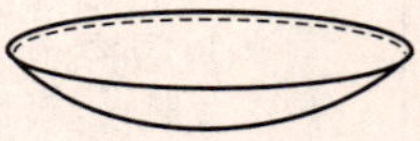 表面皿	用于覆盖容器口以防止液体损失或固体溅出;或存放待干燥的固体物质	作盖用时,其直径要略大于所盖容器,且凹面向上,以免滑落。 不可直接加热
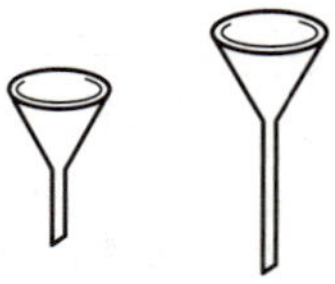 短颈漏斗 长颈漏斗	长颈漏斗用于定量分析,过滤沉淀;短颈漏斗用于一般过滤	不能直接用火加热
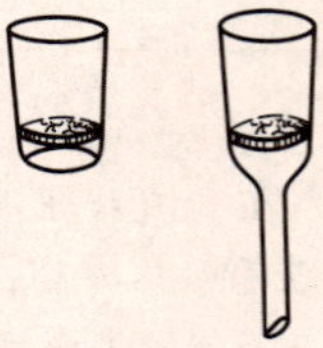 玻璃砂芯漏斗	玻璃砂芯漏斗常与吸滤瓶配套进行减压过滤	使用时应注意避免碱液和氢氟酸的腐蚀,吸滤瓶能耐负压,但不能加热

名称与图示	主要用途	注意事项
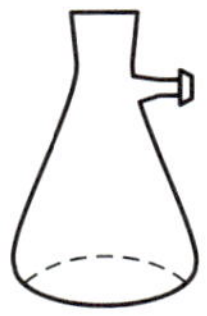 吸滤瓶	吸滤法接收滤液	属于厚壁容器,能耐负压;不可加热
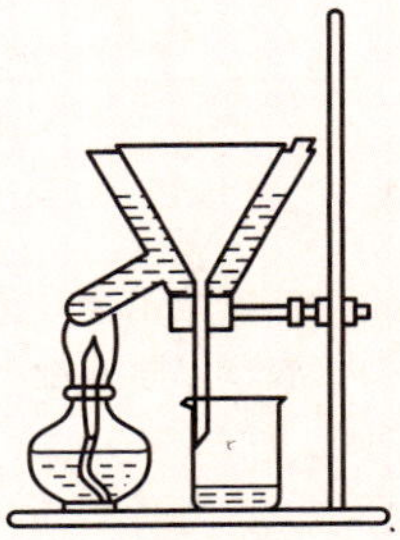 恒温漏斗	用于保温过滤	可用小火加热支管处
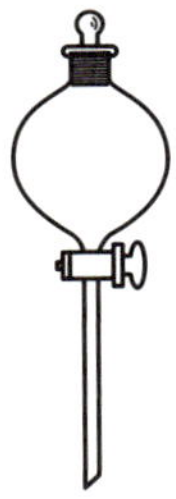 圆形分液漏斗 　　梨形分液漏斗	萃取分离和富集两相液体	磨口塞必须原配,不可加热;分液时上口塞要接通大气
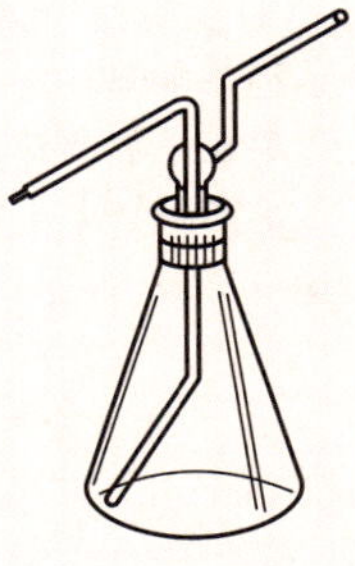 洗瓶	装蒸馏水洗涤仪器或装洗涤液洗涤沉淀物	玻璃洗瓶可置于石棉网上加热;塑料洗瓶不可加热

续表

名称与图示	主要用途	注意事项
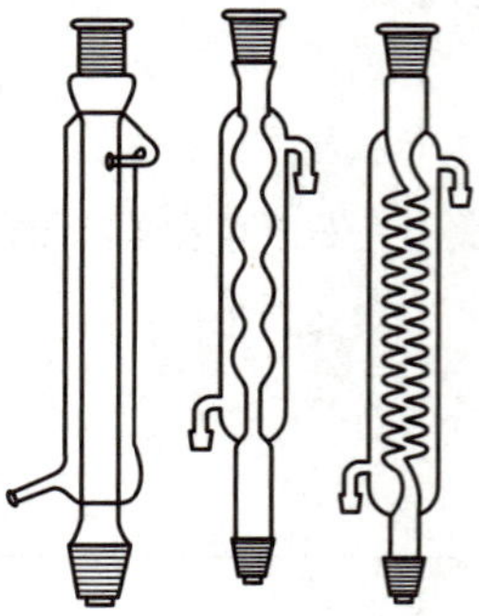 冷凝管	用于冷凝蒸气。空气冷凝管用于蒸馏沸点高于 140 ℃ 的物质；球形冷凝管用于回流，直形冷凝管用于蒸馏	连接口用标准磨口连接，不可骤冷、骤热；使用时用下口进冷水，上口出水
 称量瓶	用于贮存试剂和试样；扁型用于测定水分、烘干基准物质；高型用于称量基准物质或试样	不可盖紧磨口塞烘烤；磨口塞要原配
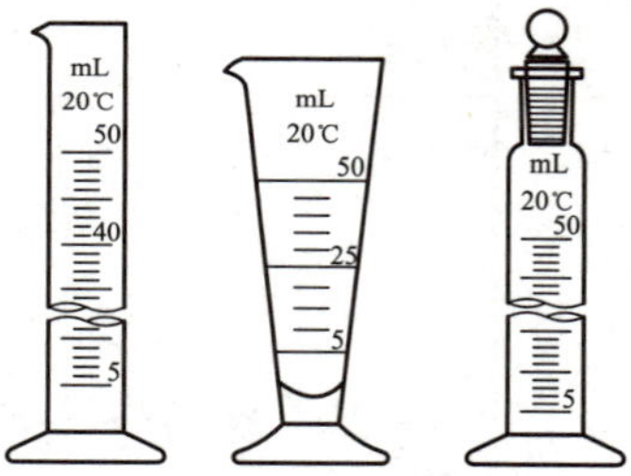 量筒	粗略量取一定体积的液体	不能加热；不能在其中配制溶液；不能在烘箱中烘烤
 移液管 　吸量管	准确移取不同量的溶液	不能加热；不能吸取热溶液；用后洗净，专管专用和容量瓶配套

名称与图示	主要用途	注意事项
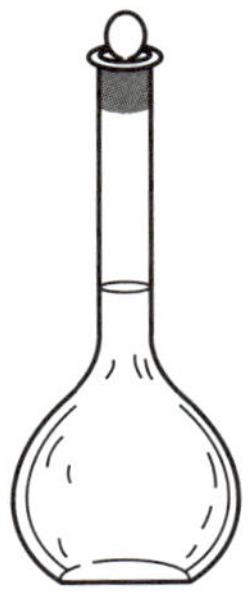 容量瓶	配制准确浓度的溶液；定容、制备试样溶液（试液）	不能烘烤，磨口塞要原配，不许互换；不能装热溶液
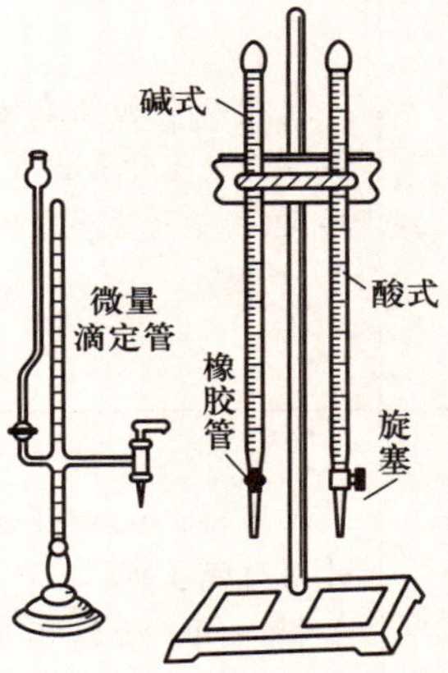 碱式 微量滴定管 酸式 橡胶管 旋塞 滴定管	滴定分析中用于准确计量滴定剂体积。酸式、碱式滴定管用于常量分析；微量滴定管用于微量分析	旋塞要原配，不能加热；碱式滴定管不能长期存放碱液，不能存放与乳胶起作用的溶液；不能盛放过热/冷溶液，保证温度一致；微量滴定管只有旋塞式
 干燥器	用来保持物品的干燥，也可用来存放已经烘干的称量瓶、坩埚等。真空干燥器通过抽真空，可使物质更快更好地干燥	底部放干燥剂，不可放红热的物质，放热物质后要敞开盖，直至热物质完全冷却，使用前磨口盖应涂抹油脂；移动干燥器时要轻拿轻放
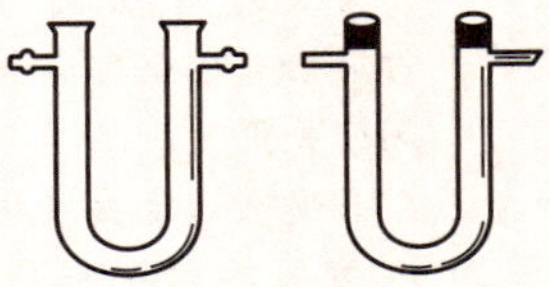 干燥管	内装干燥剂，用于干燥气体；元素分析时吸收 CO_2、水等	具塞干燥管装碱、石棉等吸收剂时磨口应涂油脂，应常活动，以免腐蚀固结，不用时应将吸收剂倒出，洗净

续表

名称与图示	主要用途	注意事项
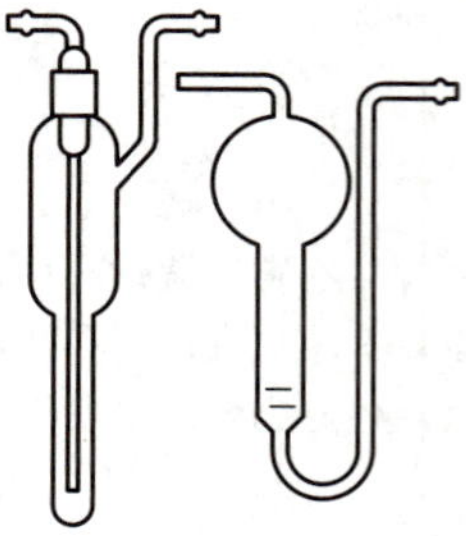 吸收管	吸收气体中的待测组分	不可直接加热;磨口塞要原配;气体流量要控制适当。 波氏吸收管右串联使用,注意不要接错,以防溶液吹出;多孔滤板式吸收管吸收效率高,可单独使用
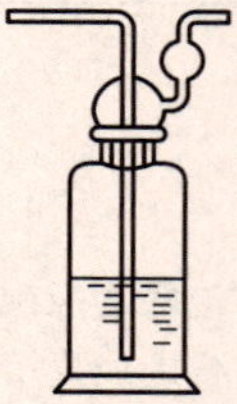 洗气瓶	用于洗涤、干燥气体	洗气瓶中加装浓硫酸时,要注意进气管和出气管不要接反,用量勿过多
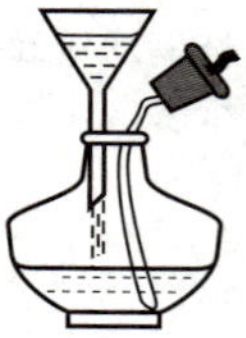 酒精灯	用于 500 ℃以下加热	应采用火柴杆引燃,熄灯时用灯帽盖两次,以避免灯帽揭不开;酒精不宜装得太满;借助漏斗把酒精加入灯内,忌两灯对燃

附录2　常用非玻璃仪器简介

名称与图示	类型、性能及用途	注意事项
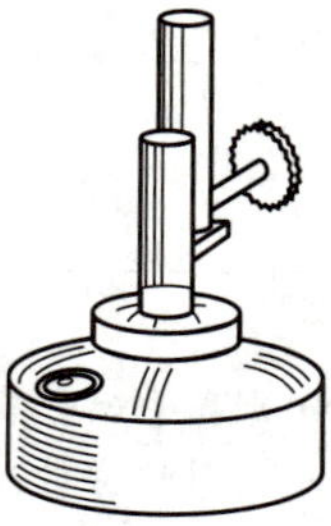 喷灯	加热温度高于酒精灯,可达 800~900 ℃ 分坐式喷灯和挂式喷灯	点火时,先在引火碗内加少量乙醇,点燃,以使灯内乙醇汽化。 汽化时,灯体上的阀门要关紧。 灭火时,打开阀门即可,灯灭后并已部冷却,再将阀门关紧。 若喷嘴堵塞要查明原因,以防引起灯身崩裂,引发事故

续表

名称与图示	类型、性能及用途	注意事项
 坩埚	用于灼烧固体（熔样）；有多种材质	耐高温，可直接加热，但不可骤冷； 熔样时，炉温不得超过坩埚熔点
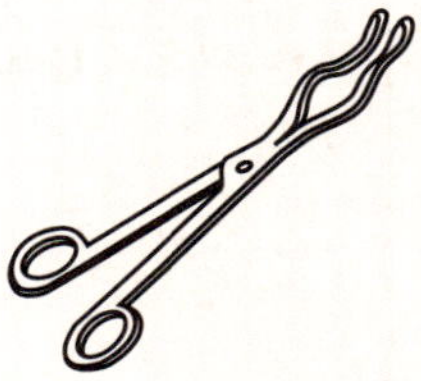 坩埚钳	铁质或铜合金，表面常镀镍、铬；用于夹持坩埚或坩埚盖，也用于夹持热蒸发皿	夹取热坩埚时，必须将钳夹先预热，以免坩埚因局部骤冷而破裂； 使用时必须洁净，用后洗净、擦干
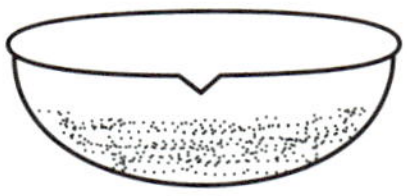 蒸发皿	分无柄蒸发皿和有柄蒸发皿两种，可以用于直接加热； 主要用于溶液的蒸发、浓缩和结晶	耐高温但不能骤冷；液体量多时可直接在火焰上加热蒸发，液体量少时，要隔着石棉网加热； 平时应洗净、烘干
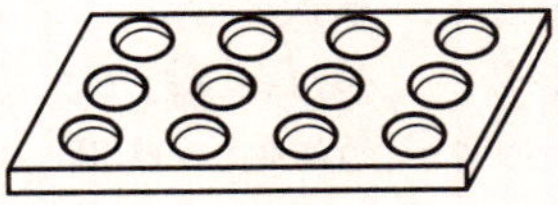 点滴板	定性分析点滴实验；容量分析外用指示剂法确定终点	白色点滴板用于有色沉淀； 黑色点滴板用于白色、浅色沉淀
 研钵	常用的为瓷制品，也有玻璃、玛瑙、金属等制品；用于研磨固体物质或进行粉末状固体的混合	只能研磨，不能敲打、撞击，不能烘烤；大块物质只能压碎；易爆物只能压碎，不能研碎
 布氏漏斗	铺上滤纸用吸滤法过滤	滤纸必须和漏斗底部吻合； 过滤之前应先用滤液将滤纸润湿

名称与图示	类型、性能及用途	注意事项
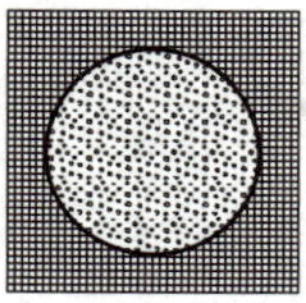 石棉网 　　　　泥三角  三脚架	泥三角用于盛放加热的坩埚或小蒸发皿；石棉网和三脚架常配合使用，用于盛放受热溶液并使其受热均匀	泥三角避免猛烈敲打使泥质脱落；石棉网不能与水接触，以免石棉脱落和铁丝锈蚀
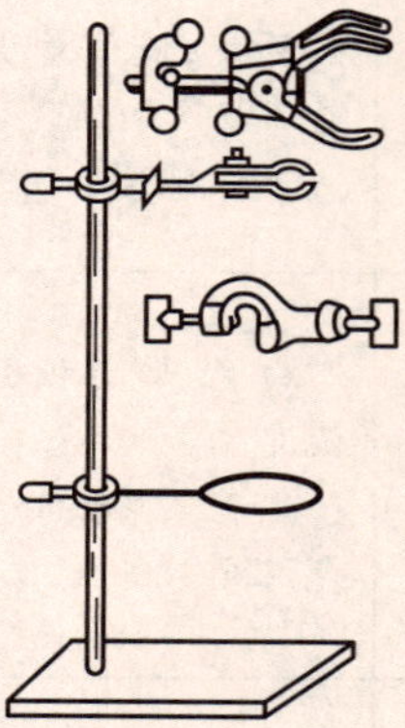 铁架台、铁夹与铁圈	放置被加热仪器，用于固定仪器，铁圈还可以用于承放容器和漏斗	要垫石棉网； 如组合仪器中有较重、较大的组件，可改用三足台
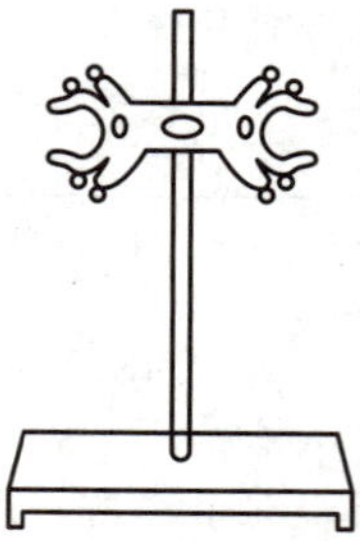 滴定管架	用于固定滴定管	使用时台上最好铺白瓷板，以便观察颜色

续表

名称与图示	类型、性能及用途	注意事项
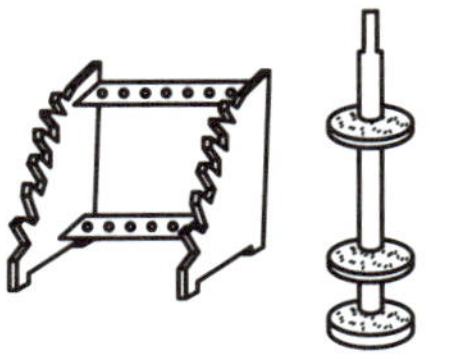 移液管架	用于放置移液管。 有阶梯、竖式之分；材质有木质、塑料两种	
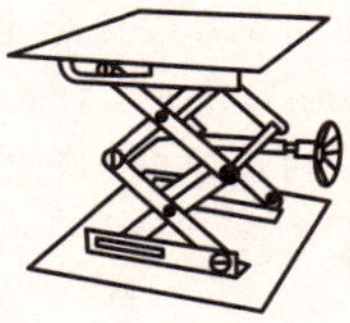 升降台	组装仪器时，架高某些操作中需要高度的部件或设备	
 试管刷	洗刷一般玻璃仪器	顶部的毛脱落后便不能使用，刷子不应与酸，特别是洗液接触
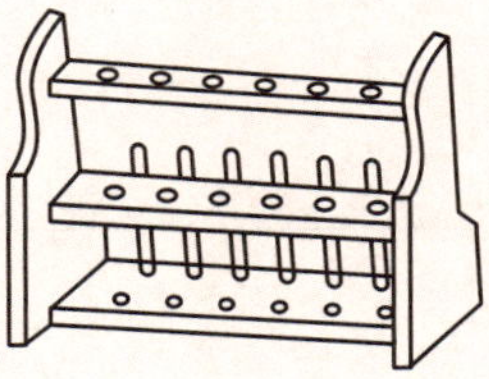 试管架	用于承放试管	
 洗耳球	使用移液管/吸量管时，用于吸液	应保持清洁，禁止与酸、碱、油类、有机溶剂等物质接触，距热源 1.5 m 以外
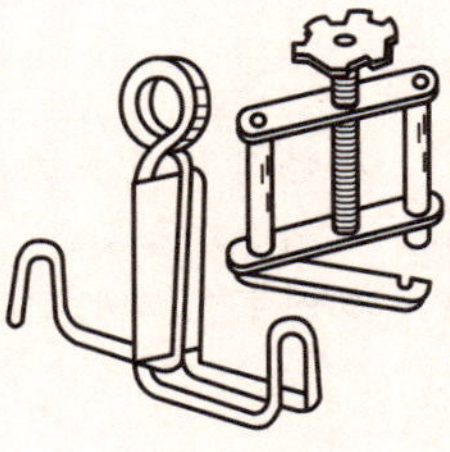 弹簧（螺旋）夹	用于加紧乳胶管，螺旋夹可调节流量	

附录3 常用电器设备简介

名称与图示	类型、性能及用途	注意事项
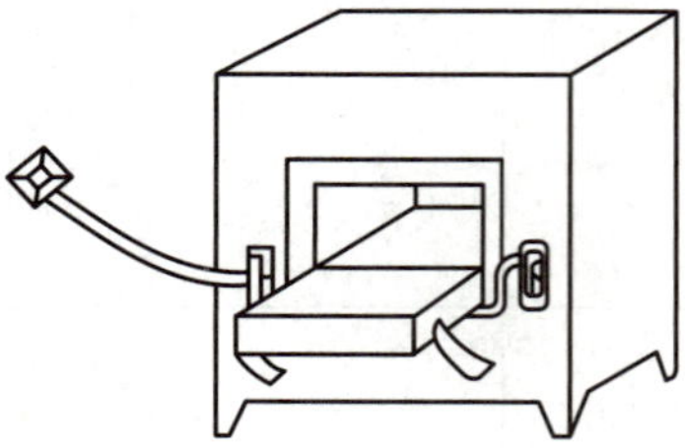 高温炉	温度可达900~1 100 ℃（有详细使用说明书，使用前务必仔细阅读后再安装）	要放置在牢固的水泥台面上，周围不可存放化学试剂，更不可放置易燃易爆物质。要有专用的电闸控制电源。新炉第一次使用时，温度要多次逐段调节，缓慢升高。用完后要先断电，炉温低于300 ℃时方可打开炉门。灼烧滤纸、有机物时，必须先灰化
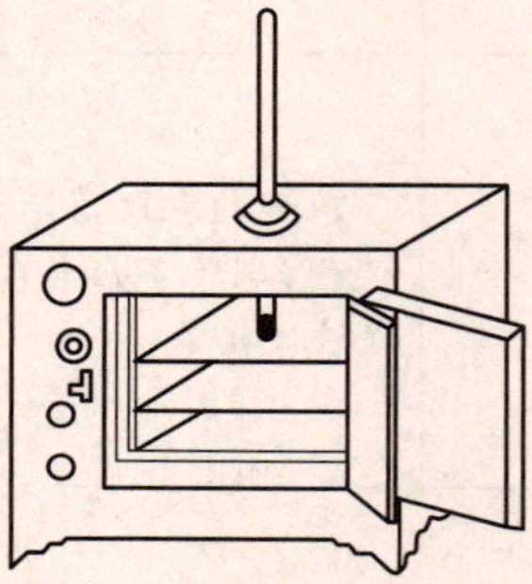 烘箱	用于比室温高5~300 ℃范围的烘焙、干燥、热处理等，灵敏度通常为±1 ℃（有详细使用说明书，使用前务必仔细阅读后再安装）	应安放在室内干燥和水平处，防止振动和腐蚀。选用足够的电源导线，并应有良好的接地线。放入试样时应注意排列不能太密。注意安全，防止烫伤，取放试样时要用专门工具，如棉手套等
冰箱（图略）	常规家用电器，用于存放需要低温保存的试样、化学试剂、试验溶液，制造试验用冰块（有详细使用说明书，仔细认真阅读后再安装使用）	存放有易挥发溶剂的试样提取物或有关溶液时，瓶口一定要严格密封，以防溶剂挥发，导致事故
空气调节器（空调）（图略）	调节小范围室内温度，以保证某些仪器、设备正常工作；一般化验室可采用常规家用空调（有详细使用说明书，仔细认真阅读后再安装使用）	空调工作时要关闭门、窗，否则调温效果差；机内空气滤网应定期清洗

名称与图示	类型、性能及用途	注意事项
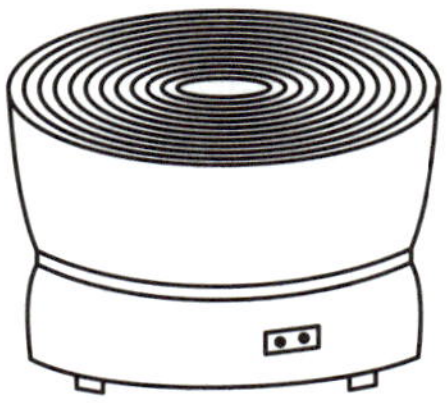 电炉	结构简单,使用方便。分可调温电炉、封闭电炉	加热玻璃容器时,一定要放置石棉网; 炉盘凹槽内要保持清洁,以保持炉丝散热良好; 要放置在防火台面上; 封闭电炉使用安全、寿命长,但热效率低,加热慢
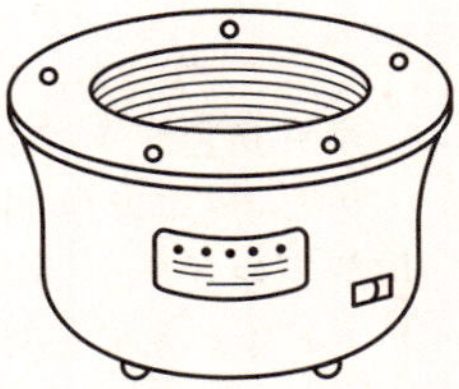 电热套	用于加热烧瓶,安全、方便、效率高(规格以烧瓶体积计)	电热套本身配调控装置,使用更方便
 水浴锅	用于间接加热,也可用于控温实验	使用时加入清水,最好用蒸馏水,以免生成水垢。 防止锅内水分蒸干,加热时水量不宜过多,以防沸腾溢出
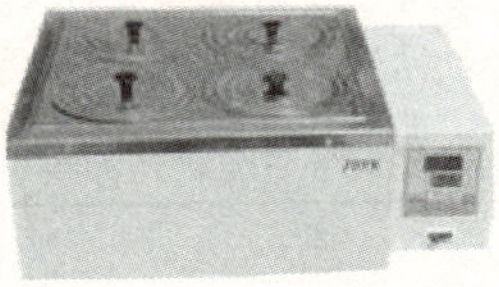 恒温水浴锅	用于水浴恒温加热	水浴锅内最好放蒸馏水,以免内壁、电热棒上结水垢。水箱内必须有足够量的水。使用过程中也要注意检查补充水。 切记:最低水位必须淹没电热管!
 气流干燥器	用于干燥烧瓶、试管、量筒、锥形瓶、试剂瓶等长形玻璃仪器	保持烘干头的洁净; 仪器干燥前要先控去水分

名称与图示	类型、性能及用途	注意事项
 磁力／电动搅拌器	用于化学反应时搅拌；电动搅拌器可用于具一定黏度的混合物或固体两相混合物；磁力搅拌器只能用于溶液的搅拌	搅拌时，应将容器放于合适的位置。 防止搅拌子接触容器壁，影响搅拌速度，甚至打破容器。 搅拌速度调节不能过快，防止溶液飞溅
 离心机	用于固－液分离。 不宜过滤黏性较大的溶液、乳油等，一般转速可达 $4\,000\ \mathrm{r\cdot min^{-1}}$	离心管要对称放置。启动离心机时，转速要由低到高逐渐增加。如有异声，要立即停机，检查排除后可重新启动。 关机时，断电后要待其自动停转，不得强行使其停转，工作时要盖好机盖。 机内的套管要保持清洁，管底可垫泡沫塑料或棉花，以防振碎试管
真空泵 （图略）	采用循环水作为工作流体的一类喷射泵，水在离心水泵中形成高速射流产生负压而使操作系统形成真空。其特点是抽气量大、耐腐蚀、使用维护方便、可在各种环境中使用	在较长一段时间不用时，应及时放出水箱中的储水。 使用时一定要注意储水箱中的水必须要浸没离心水泵，切不可在无水或储水箱中的水没有浸没离心水泵的状况下开动循环水泵，以免烧毁主机或造成操作系统无真空的状况

附录4　国际单位制的基本单位

基本量		SI 基本单位		
名称	符号	名称	符号	定义
长度	l, L	米	m	米（m）是光在真空中（1/299 792 458）s 时间间隔内所经路径的长度
质量	m	千克	kg	千克（kg）是质量单位，等于国际千克原器的质量
时间	t	秒	s	秒（s）是与铯-133 原子基态的两个超精细能级间跃迁所对应的辐射的 9 192 631 770 个周期的持续时间

基本量		SI 基本单位		
名称	符号	名称	符号	定义
电流	I	安［培］	A	安培（A）是电流的单位。在真空中，截面积可忽略的两根相距 1 m 的无限长平行圆直导线内通以等量恒定电流时，若导线间相互作用力在每米长度上为 2×10^{-7} N，则每根导线中的电流为 1 A
热力学温度	T	开［尔文］	K	热力学温度单位开尔文（K），是水三相点热力学温度的 1/273.16
物质的量	n	摩［尔］	mol	摩尔（mol）是一系统的物质的量，该系统中所包含的基本单元数与 0.012 kg 碳–12 的原子数目相等。在使用摩尔时，基本单元应予指明，可以是原子、分子、离子、电子及其他粒子，或是这些粒子的特定组合
发光强度	$I, (I_v)$	坎［德拉］	cd	坎德拉（cd）是一光源在给定方向上的发光强度，该光源发出频率为 540×10^{12} Hz 的单色辐射，且在此方向上的辐射强度为（1/683）$W \cdot sr^{-1}$

附录 5　定量分析中常用物理量的单位与符号

量的名称	量的符号	单位名称	单位符号	倍数与分数单位
物质的量	n_B	摩［尔］	mol	mmol 等
质量	m	千克	kg	g, mg, μg 等
体积	V	立方米	m^3	L（dm^3），mL 等
摩尔质量	M_B	千克每摩［尔］	$kg \cdot mol^{-1}$	$g \cdot mol^{-1}$ 等
摩尔体积	V_m	立方米每摩［尔］	$m^3 \cdot mol^{-1}$	$L \cdot mol^{-1}$ 等
物质的量浓度	c_B	摩每立方米	$mol \cdot m^{-3}$	$mol \cdot L^{-1}$ 等
质量分数	w_B	—	—	—
质量浓度	ρ_B	千克每立方米	$kg \cdot m^{-3}$	$g \cdot L^{-1}, g \cdot mL^{-1}$ 等
体积分数	φ_B			
滴定度	$T_{s/x}, T_s$	克每毫升	$g \cdot mL^{-1}$	
密度	ρ_B	千克每立方米	$kg \cdot m^{-3}$	$g \cdot mL^{-1}, g \cdot m^{-3}$
相对原子质量	A_r			
相对分子质量	M_r			

附录6 常用酸碱试剂的密度和浓度

试剂名称	化学式	M_r	密度 $\rho/(g \cdot mL^{-1})$	质量分数 $w/\%$	物质的量浓度 $c_B/(mol \cdot L^{-1})$
浓硫酸	H_2SO_4	98.08	1.84	96	18
浓盐酸	HCl	36.46	1.19	37	12
浓硝酸	HNO_3	63.01	1.42	70	16
浓磷酸	H_3PO_4	98.00	1.69	85	15
冰醋酸	CH_3COOH	60.05	1.05	99	17
高氯酸	$HClO_4$	100.46	1.67	70	12
浓氢氧化钠	NaOH	40.00	1.43	40	14
浓氨水	$NH_3 \cdot H_2O$	17.03	0.90	28	15

附录7 相对原子质量表

符号	名称	相对原子质量	符号	名称	相对原子质量	符号	名称	相对原子质量	符号	名称	相对原子质量
Ac	锕	[227]	Cf	锎	[251]	H	氢	1.007 94	N	氮	14.006 74
Ag	银	107.868 2	Cl	氯	35.452 7	He	氦	4.002 60	Na	钠	22.989 77
Al	铝	26.981 54	Cm	锔	[247]	Hf	铪	178.49	Nb	铌	92.906 38
Am	镅	[243]	Co	钴	58.933 20	Hg	汞	200.59	Nd	钕	144.24
Ar	氩	39.948	Cr	铬	51.996 1	Ho	钬	164.930 32	Ne	氖	20.179 7
As	砷	74.921 60	Cs	铯	132.905 45	I	碘	126.904 47	Ni	镍	58.693 4
At	砹	[210]	Cu	铜	63.546	In	铟	114.818	No	锘	[254]
Au	金	196.966 55	Dy	镝	162.50	Ir	铱	192.217	Np	镎	237.048 2
B	硼	10.811	Er	铒	167.26	K	钾	39.098 3	O	氧	15.999 4
Ba	钡	137.327	Es	锿	[254]	Kr	氪	83.80	Os	锇	190.23
Be	铍	9.012 18	Eu	铕	151.964	La	镧	138.905 5	P	磷	30.973 76
Bi	铋	208.980 38	F	氟	18.998 40	Li	锂	6.941	Pa	镤	231.035 88
Bk	锫	[247]	Fe	铁	55.845	Lr	铹	[257]	Pb	铅	207.2
Br	溴	79.904	Fm	镄	[257]	Lu	镥	174.967	Pd	钯	106.42
C	碳	12.010 7	Fr	钫	[223]	Md	钔	[256]	Pm	钷	[145]
Ca	钙	40.078	Ga	镓	69.723	Mg	镁	24.305 0	Po	钋	[~210]
Cd	镉	112.411	Gd	钆	157.25	Mn	锰	54.938 05	Pr	镨	140.907 65
Ce	铈	140.116	Ge	锗	72.61	Mo	钼	95.94	Pt	铂	195.078

元素		相对原子质量	元素		相对原子质量	元素		相对原子质量	元素		相对原子质量
符号	名称		符号	名称		符号	名称		符号	名称	
Pu	钚	[244]	Sb	锑	121.760	Tb	铽	158.925 34	V	钒	50.941 5
Ra	镭	226.025 4	Sc	钪	44.955 91	Tc	锝	98.906 2	W	钨	183.84
Rb	铷	85.467 8	Se	硒	78.96	Te	碲	127.60	Xe	氙	131.29
Re	铼	186.207	Si	硅	28.085 5	Th	钍	232.038 1	Y	钇	88.905 85
Rh	铑	102.905 50	Sm	钐	150.36	Ti	钛	47.867	Yb	镱	173.04
Rn	氡	[222]	Sn	锡	118.710	Tl	铊	204.383 3	Zn	锌	65.39
Ru	钌	101.07	Sr	锶	87.62	Tm	铥	168.934 21	Zr	锆	91.224
S	硫	32.066	Ta	钽	180.947 9	U	铀	238.028 9			

附录 8   常见化合物的摩尔质量

化合物	摩尔质量 / $(g \cdot mol^{-1})$	化合物	摩尔质量 / $(g \cdot mol^{-1})$
$AgBr$	187.78	CaC_2O_4	128.1
$AgCl$	143.32	$CaCl_2$	110.99
$AgCN$	133.84	$CaCl_2 \cdot H_2O$	129
Ag_2CrO_4	331.73	CaF_2	78.08
AgI	234.77	$Ca(NO_3)_2$	164.09
$AgNO_3$	169.87	CaO	56.08
$AgSCN$	169.95	$Ca(OH)_2$	74.09
Al_2O_3	101.96	$CaSO_4$	136.14
$Al_2(SO_4)_3$	342.15	$Ca_3(PO_4)_2$	310.18
As_2O_3	197.84	CCl_4	153.81
As_2O_5	229.84	$Ce(SO_4)_2$	332.24
$BaCO_3$	197.35	$Ce(SO_4)_2 \cdot 2(NH_4)_2SO_4 \cdot 2H_2O$	632.54
BaC_2O_4	225.36	CH_3COOH	60.05
$BaCl_2$	208.25	CH_3OH	32.04
$BaCl_2 \cdot 2H_2O$	244.28	CH_3COCH_3	58.08
$BaCrO_4$	253.33	C_6H_5COOH	122.12
BaO	153.34	$C_6H_4 \cdot COOH \cdot COOK$	204.23
$Ba(OH)_2$	171.36	CH_3COONa	82.03
$BaSO_4$	233.4	C_6H_5OH	94.11
$CaCO_3$	100.09	$(C_9H_7N)_3H_3(PO_4 \cdot 12MoO_3)$	2 212.74

续表

化合物	摩尔质量 / (g·mol⁻¹)	化合物	摩尔质量 / (g·mol⁻¹)
CO_2	44.01	HNO_3	63.01
Cr_2O_3	151.99	H_2O	18.02
$Cu(C_2H_3O_2)_2 \cdot 3Cu(AsO_2)_2$	1 013.8	H_2O_2	34.02
CuO	79.54	H_3PO_4	98
Cu_2O	143.09	H_2S	34.08
$CuSCN$	121.62	H_2SO_3	82.08
$CuSO_4$	159.6	H_2SO_4	98.08
$CuSO_4 \cdot 5H_2O$	249.68	$HgCl_2$	271.5
$FeCl_3$	162.21	Hg_2Cl_2	472.09
$FeCl_3 \cdot 6H_2O$	270.3	$KAl(SO_4)_2 \cdot 12H_2O$	474.38
FeO	71.85	$KB(C_6H_5)_4$	358.38
Fe_2O_3	159.69	KBr	119.01
Fe_3O_4	231.54	$KBrO_3$	167.01
$FeSO_4 \cdot H_2O$	169.96	KCN	65.12
$FeSO_4 \cdot 7H_2O$	278.01	K_2CO_3	138.21
$Fe_2(SO_4)_3$	399.87	KCl	74.56
$FeSO_4 \cdot (NH_4)_2SO_4 \cdot 6H_2O$	392.13	$KClO_3$	122.55
H_3BO_3	61.83	$KClO_4$	138.55
HBr	80.91	K_2CrO_4	194.2
$H_2C_4H_4O_6$	150.09	$K_2Cr_2O_7$	294.19
HCN	27.03	$KHC_2O_4 \cdot H_2C_2O_4 \cdot 2H_2O$	254.19
H_2CO_3	62.03	$KHC_2O_4 \cdot H_2O$	146.14
$H_2C_2O_4$	90.04	KI	166.01
$H_2C_2O_4 \cdot 2H_2O$	126.07	KIO_3	214
$HCOOH$	46.03	$KIO_3 \cdot HIO_3$	389.92
HCl	36.46	$KMnO_4$	158.04
$HClO_4$	100.46	KNO_2	85.1
HF	20.01	K_2O	92.2
HI	127.91	KOH	56.11
HNO_2	47.01	$KSCN$	97.18

续表

化合物	摩尔质量 / $(g \cdot mol^{-1})$	化合物	摩尔质量 / $(g \cdot mol^{-1})$
K_2SO_4	174.26	$Na_2S_2O_3 \cdot 5H_2O$	248.18
$MgCO_3$	84.32	Na_2SiF_6	188.06
$MgCl_2$	95.21	NH_3	17.03
$MgNH_4PO_4$	137.33	NH_4Cl	53.49
MgO	40.31	$(NH_4)_2C_2O_4 \cdot H_2O$	142.11
$Mg_2P_2O_7$	222.6	$NH_3 \cdot H_2O$	35.05
MnO	70.94	$NH_4Fe(SO_4)_2 \cdot 12H_2O$	482.19
MnO_2	86.94	$(NH_4)_2HPO_4$	132.05
$Na_2B_4O_7$	201.22	$(NH_4)_3PO_4 \cdot 12MoO_3$	1 876.53
$Na_2B_4O_7 \cdot 10H_2O$	381.37	$(NH_4)_2SO_4$	132.14
$NaBiO_3$	279.97	$NiC_8H_{14}O_4N_4$	288.93
$NaBr$	102.9	P_2O_5	141.95
$NaCN$	49.01	$PbCrO_4$	323.18
Na_2CO_3	105.99	PbO	223.19
$Na_2C_2O_4$	134	PbO_2	239.19
$NaCl$	58.44	Pb_3O_4	685.57
$NaHCO_3$	84.01	$PbSO_4$	303.25
NaH_2PO_4	119.98	SO_2	64.06
Na_2HPO_4	141.96	SO_3	80.06
$Na_2H_2Y \cdot 2H_2O$	372.26	Sb_2O_3	291.5
Na_2O	61.98	SiF_4	104.08
$NaNO_2$	69	SiO_2	60.08
NaI	149.89	$SnCO_3$	147.63
$NaOH$	40.01	$SnCl_2$	189.6
Na_3PO_4	163.94	SnO_2	150.69
Na_2S	78.04	TiO_2	79.9
$Na_2S \cdot 9H_2O$	240.18	WO_3	231.85
Na_2SO_3	126.04	$ZnCl_2$	136.29
Na_2SO_4	142.04	ZnO	81.37
$Na_2SO_4 \cdot 10H_2O$	322.2	$Zn_2P_2O_7$	304.7
$Na_2S_2O_3$	158.1	$ZnSO_4$	161.43

附录 9　不同温度下标准滴定溶液的体积补正值

温度/℃	水及0.05 mol·L⁻¹的 0.1 mol·L⁻¹及 0.2 mol·L⁻¹ 以下浓度的 各种水溶液	盐酸 $c(HCl)=$ 0.5 mol·L⁻¹	盐酸 $c(HCl)=$ 1 mol·L⁻¹	硫酸 $c(1/2\ H_2SO_4)=$ 0.5 mol·L⁻¹ 氢氧化钠溶液 $c(NaOH)=$ 0.5 mol·L⁻¹	硫酸 $c(1/2\ H_2SO_4)=$ 1 mol·L⁻¹ 氢氧化钠溶液 $c(NaOH)=$ 1 mol·L⁻¹	碳酸钠溶液 $c(1/2\ Na_2CO_3)=$ 1 mol·L⁻¹	氢氧化钾-乙醇溶液 $c(KOH)=$ 0.1 mol·L⁻¹
5	+1.38	+1.7	+2.3	+2.4	+3.6	+3.3	
6	+1.38	+1.7	+2.2	+2.3	+3.4	+3.2	
7	+1.36	+1.6	+2.2	+2.2	−3.2	+3.0	
8	+1.33	+1.6	+2.1	+2.2	+3.0	+2.8	
9	+1.29	+1.5	+2.0	+2.1	+2.7	+2.6	
10	+1.23	+1.5	+1.9	+2.0	+2.5	+2.4	+10.8
11	+1.17	+1.4	−1.8	+1.8	+2.3	+2.2	+9.6
12	+1.10	+1.3	+1.6	+1.7	+2.0	+2.0	+8.5
13	+0.99	+1.1	+1.4	+1.5	+1.8	+1.8	+7.4
14	+0.88	+1.0	+1.2	+1.3	+1.6	+1.5	+6.5
15	+0.77	+0.9	+1.0	+1.1	+1.3	+1.3	+5.2
16	+0.64	+0.7	+0.8	+0.9	+1.1	+1.1	+4.2
17	+0.50	+0.6	+0.6	+0.7	+0.8	+0.8	+3.1
18	+0.34	+0.4	+0.4	+0.5	+0.6	+0.6	+2.1
19	+0.18	+0.2	+0.2	+0.2	+0.3	+0.3	+1.0
20	0.00	0.00	0.00	0.00	0.00	0.0	0.0
21	−0.18	−0.2	−0.2	−0.2	−0.3	−0.3	−1.1
22	−0.38	−0.4	−0.5	−0.5	−0.6	−0.6	−2.2
23	−0.58	−0.6	−0.7	−0.8	−0.9	−0.9	−3.3
24	−0.80	−0.9	−1.0	−1.0	−1.2	−1.2	−4.2

续表

温度/℃	水及 0.05 mol·L⁻¹ 及以下浓度的各种水溶液	0.1 mol·L⁻¹ 0.2 mol·L⁻¹ 各种水溶液	盐酸 c(HCl)= 0.5 mol·L⁻¹	盐酸 c(HCl)= 1 mol·L⁻¹	硫酸 c(1/2 H₂SO₄)= 0.5 mol·L⁻¹ 氢氧化钠溶液 c(NaOH)= 0.5 mol·L⁻¹	硫酸 c(1/2 H₂SO₄)= 1 mol·L⁻¹ 氢氧化钠溶液 c(NaOH)= 1 mol·L⁻¹	碳酸钠溶液 c(1/2 Na₂CO₃)= 1 mol·L⁻¹	氢氧化钾-乙醇溶液 c(KOH)= 0.1 mol·L⁻¹
25	-1.03	-1.1	-1.1	-1.2	-1.3	-1.5	-1.5	-5.3
26	-1.26	-1.4	-1.4	-1.4	-1.5	-1.8	-1.8	-6.4
27	-1.51	-1.7	-1.7	-1.7	-1.8	-2.1	-2.1	-7.5
28	-1.76	-2.0	-2.0	-2.0	-2.1	-2.4	-2.4	-8.5
29	-2.01	-2.3	-2.3	-2.3	-2.4	-2.8	-2.8	-9.6
30	-2.30	-2.5	-2.5	-2.6	-2.8	-3.2	-3.1	-10.6
31	-2.58	-2.7	-2.7	-2.9	-3.1	-3.5		-11.6
32	-2.86	-3.0	-3.0	-3.2	-3.4	-3.9		-12.6
33	-3.04	-3.2	-3.3	-3.5	-3.7	-4.2		-13.7
34	-3.47	-3.7	-3.6	-3.8	-4.1	-4.6		-14.8
35	-3.78	-4.0	-4.0	-4.1	-4.4	-5.0		-16.0
36	-4.10	-4.3	-4.3	-4.4	-4.7	-5.3		-17.0

注：1. 本表数值是以 20 ℃为标准温度，以实测法测出。

2. 表中带有 "+" "−" 号的数值是以 20 ℃为分界。室温低于 20 ℃的体积补正值为 "+"，室温高于 20 ℃的体积补正值均为 "−"。

3. 本表的用法：如 1 L 硫酸 [$c(1/2\ H_2SO_4)=1\ mol·L^{-1}$] 由 25 ℃换算 20 ℃时，其体积补正值为 −1.5 mL，故 40.00 mL 换算为 20 ℃的体积为

$$V_{20}=40.00\ \text{mL}-\frac{1.5}{1\,000}\times 40.00\ \text{mL}=39.94\ \text{mL}$$

附录 10 常用弱酸、弱碱在水中的解离常数（$I=0$, 298.15 K）

弱酸	分子式	K_a	pK_a
砷酸	H_3AsO_4	6.3×10^{-3}（K_{a_1}） 1.0×10^{-7}（K_{a_2}） 3.2×10^{-12}（K_{a_3}）	2.20 7.00 11.50
亚砷酸	$HAsO_2$	6.0×10^{-10}	9.22
硼酸	H_3BO_3	5.8×10^{-10}	9.24
焦硼酸	$H_2B_4O_7$	1.0×10^{-4}（K_{a_1}） 1.0×10^{-9}（K_{a_2}）	4.00 9.00
碳酸	H_2CO_3（CO_2+H_2O）	4.2×10^{-7}（K_{a_1}） 5.6×10^{-11}（K_{a_2}）	6.38 10.25
氢氰酸	HCN	6.2×10^{-10}	9.21
铬酸	H_2CrO_4	1.8×10^{-1}（K_{a_1}） 3.2×10^{-7}（K_{a_2}）	0.74 6.50
氢氟酸	HF	6.6×10^{-4}	3.18
亚硝酸	HNO_2	5.1×10^{-4}	3.29
过氧化氢	H_2O_2	1.8×10^{-12}	11.75
磷酸	H_3PO_4	7.6×10^{-3}（K_{a_1}） 6.3×10^{-8}（K_{a_2}） 4.4×10^{-13}（K_{a_3}）	2.12 7.20 12.36
焦磷酸	$H_4P_2O_7$	3.0×10^{-2}（K_{a_1}） 4.4×10^{-3}（K_{a_2}） 2.5×10^{-7}（K_{a_3}） 5.6×10^{-10}（K_{a_4}）	1.52 2.36 6.60 9.25
亚磷酸	H_3PO_3	5.0×10^{-2}（K_{a_1}） 2.5×10^{-7}（K_{a_2}）	1.30 6.60
氢硫酸	H_2S	1.3×10^{-7}（K_{a_1}） 7.1×10^{-15}（K_{a_2}）	6.88 14.15
硫酸	H_2SO_4	1.0×10^{-2}（K_{a_2}）	1.99
亚硫酸	H_2SO_3（SO_2+H_2O）	1.3×10^{-2}（K_{a_1}） 6.3×10^{-8}（K_{a_2}）	1.90 7.20
硅酸	H_2SiO_3	1.7×10^{-10}（K_{a_1}） 1.6×10^{-12}（K_{a_2}）	9.77 11.8
甲酸	$HCOOH$	1.8×10^{-4}	3.74

弱酸	分子式	K_a	pK_a
乙酸	CH_3COOH	1.8×10^{-5}	4.74
一氯乙酸	$HC_2ClCOOH$	1.4×10^{-3}	2.86
二氯乙酸	$CHCl_2COOH$	5.0×10^{-2}	1.30
三氯乙酸	CCl_3COOH	0.23	0.64
氨基乙酸盐	$^+NH_3CH_2COOH$ $^+NH_3CH_2COO^-$	$4.5 \times 10^{-3}\,(K_{a_1})$ $2.5 \times 10^{-10}\,(K_{a_2})$	2.35 9.60
乳酸	$CH_3CHOHCOOH$	1.4×10^{-4}	3.86
苯甲酸	C_6H_5COOH	6.2×10^{-5}	4.21
乙二酸	$H_2C_2O_4$	$5.9 \times 10^{-2}\,(K_{a_1})$ $6.4 \times 10^{-5}\,(K_{a_2})$	1.23 4.19
$d-$酒石酸	$CH(OH)COOH$ $\vert$ $CH(OH)COOH$	$9.1 \times 10^{-4}\,(K_{a_1})$ $4.3 \times 10^{-5}\,(K_{a_2})$	3.04 4.37
邻苯二甲酸	$C_6H_4(COOH)_2$	$1.1 \times 10^{-3}\,(K_{a_1})$ $3.9 \times 10^{-6}\,(K_{a_2})$	2.95 5.41
柠檬酸	CH_2COOH $\vert$ $C(OH)COOH$ $\vert$ CH_2COOH	$7.4 \times 10^{-4}\,(K_{a_1})$ $1.7 \times 10^{-5}\,(K_{a_2})$ $4.0 \times 10^{-7}\,(K_{a_3})$	3.13 4.76 6.40
苯酚	C_6H_5OH	1.1×10^{-10}	9.95
乙二胺四乙酸	H_6Y^{2+} H_5Y^+ H_4Y H_3Y^- H_2Y^{2-} HY^{3-}	$0.13\,(K_{a_1})$ $2.51 \times 10^{-2}\,(K_{a_2})$ $1 \times 10^{-2}\,(K_{a_3})$ $2.1 \times 10^{-3}\,(K_{a_4})$ $6.9 \times 10^{-7}\,(K_{a_5})$ $5.5 \times 10^{-11}\,(K_{a_6})$	0.9 1.6 2.0 2.67 6.16 10.26

弱碱	分子式	K_b	pK_b
氨水	$NH_3 \cdot H_2O$	1.8×10^{-5}	4.74
联氨	H_2NNH_2	$3.0 \times 10^{-6}\,(K_{b_1})$ $7.6 \times 10^{-15}\,(K_{b_2})$	5.52 14.12
羟胺	NH_2OH	9.1×10^{-9}	8.04
甲胺	CH_3NH_2	4.2×10^{-4}	3.38
乙胺	$C_2H_5NH_2$	5.6×10^{-4}	3.25
二甲胺	$(CH_3)_2NH$	1.2×10^{-4}	3.93

续表

弱碱	分子式	K_b	pK_b
二乙胺	$(C_2H_5)_2NH$	1.3×10^{-3}	2.89
乙醇胺	$HOCH_2CH_2NH_2$	3.2×10^{-5}	4.50
三乙醇胺	$(HOCH_2CH_2)_3N$	5.8×10^{-7}	6.24
六亚甲基四胺	$(CH_2)_6N_4$	1.4×10^{-9}	8.85
乙二胺	$H_2NHC_2CH_2NH_2$	$8.5 \times 10^{-5}(K_{b_1})$ $7.1 \times 10^{-8}(K_{b_2})$	4.07 7.15
苯胺	$C_6H_5NH_2$	4.6×10^{-10}	9.34
吡啶	C_5H_5N	1.7×10^{-9}	8.77

附录 11　不同温度下常见无机化合物的溶解度 [g · (100 g 水)$^{-1}$]

化合物	温度				
	273 K	303 K	333 K	363 K	373 K
AgBr	—	—	—	—	3.7×10^{-4}
$AgC_2H_3O_2$	0.73	1.23	1.93	—	—
AgCl	—	—	—	—	2.1×10^{-3}
AgCN	—	—	—	—	—
Ag_2CO_3	—	—	—	—	5×10^{-3}
Ag_2CrO_4	1.4×10^{-3}	3.6×10^{-3}	—	—	1.1×10^{-2}
AgI	—	3×10^{-7}	3×10^{-6}	—	—
$AgIO_3$	—	—	1.8×10^{-2}	—	—
$AgNO_2$	0.16	0.51	1.39	—	—
$AgNO_3$	122	265	440	652	733
Ag_2SO_4	0.57	0.89	1.15	1.36	1.41
$AlCl_3$	43.9	46.6	48.1	—	49.0
AlF_3	0.56	0.78	1.1	—	1.72
$Al(NO_3)_3$	60.0	81.8	106	153	160
$Al_2(SO_4)_3$	31.2	40.4	59.2	80.8	89.0
As_2O_3	59.5	69.8	73.0	—	76.7
As_2S_3	—	—	—	—	—
B_2O_3	1.1	—	6.2	—	15.7
$BaCl_2 \cdot 2H_2O$	31.2	38.1	46.2	55.8	59.4
$BaCO_3$	—	2.4×10^{-3} (297.2 K)	—	—	6.5×10^{-3}

化合物	温度				
	273 K	303 K	333 K	363 K	373 K
BaC_2O_4	—	—	—	—	2.28×10^{-2}
$BaCrO_4$	2.0×10^{-4}	4.6×10^{-4}	—	—	—
$Ba(NO_3)_2$	4.95	11.48	20.4	—	34.4
$Ba(OH)_2$	1.67	5.59	20.94	—	—
$BaSO_4$	1.15×10^{-4}	2.85×10^{-4}	—	—	4.13×10^{-4}
$BeSO_4$	37.0	41.4	53.1	—	82.8
Br_2	4.22	3.13	—	—	—
Bi_2S_3	—	—	—	—	—
$CaBr_2 \cdot 6H_2O$	125	185 (307 K)	278	—	312 (378 K)
$Ca(H_2C_3O_2)_2 \cdot 2H_2O$	37.4	33.8	32.7	—	—
$CaCl_2 \cdot 6H_2O$	59.5	100	137	154	159
CaC_2O_4	—	—	—	14×10^{-4} (368 K)	—
CaF_2	1.3×10^{-3}	1.7×10^{-3} (299 K)	—	—	—
$Ca(HCO_3)_2$	16.15	—	17.50	—	18.40
CaI_2	64.6	69.0	74	—	81
$Ca(IO_3)_2 \cdot 6H_2O$	0.090	0.38	0.65	0.67	—
$Ca(NO_2)_2 \cdot 4H_2O$	63.9	104	134	166	178
$Ca(NO_3)_2 \cdot 4H_2O$	102.0	152	—	—	363
$Ca(OH)_2$	0.189	0.160	0.121	0.086	0.076
$CaSO_4 \cdot \frac{1}{2} H_2O$	—	0.29 (298 K)	0.145 (338 K)	—	0.071
$CdCl_2 \cdot \frac{5}{2} H_2O$	90	132	—	—	—
$CdCl_2 \cdot H_2O$	—	135	136	—	147
Cl_2^*	1.46	0.562	0.324	0.125	0
CO^*	0.004 4	0.002 4	0.001 5	0.000 6	0
CO_2^*	0.334 6	0.125 7	0.057 6		0
$CoCl_2$	43.5	59.7	93.8	101	106
$Co(NO_3)_2$	84.0	111	174	300	—
$CoSO_4$	25.50	42.0	55.0	45.3	38.9

化合物	温度				
	273 K	303 K	333 K	363 K	373 K
$CoSO_4 \cdot 7H_2O$	44.8	73.0	101	—	—
CrO_3	164.9	—	—	217.5	206.8
$CsCl$	161.0	197	230	260.0	271
$CsOH$	—	—	—	—	—
$CuCl_2$	68.6	77.3	96.5	108	120
CuI_2	—	—	—	—	—
$Cu(NO_3)_2$	83.5	156	182	222	247
$CuSO_4 \cdot 5H_2O$	23.1	37.8	61.8		114
$FeCl_2$	49.7	66.7	78.3	92.3	94.9
$FeCl_3 \cdot 6H_2O$	74.4	106.8	—	—	535.7
$Fe(NO_3)_3 \cdot 6H_2O$	113	—	266	—	—
$FeSO_4 \cdot 7H_2O$	28.8	60.0	100.7	68.3	57.8
H_3BO_3	2.67	6.72	14.81	30.38	40.25
HBr^*	221.2	—	—		130
HCl^*	82.3	67.3	56.1		
$H_2C_2O_4$	3.54	14.23	44.32	125	—
$HgBr$	—				
$HgBr_2$	0.30	0.66	1.68		4.9
Hg_2Cl_2	0.000 14	—	—	—	—
$HgCl_2$	3.63	8.34	16.3		61.3
I_2	0.014	0.039	0.100	0.315	0.445
KBr	53.5	70.7	85.5	99.2	104.0
$KBrO_3$	3.09	9.64	22.7	—	49.9
$KC_2H_3O_2$	216	283	350	98	—
$K_2C_2O_4$	25.5	39.9	53.2	69.2	75.3
KCl	28.0	37.2	45.8	54.0	56.3
$KClO_3$	3.3	10.1	23.8	46	56.3
$KClO_4$	0.76	2.56	7.3	17.7	22.3
$KSCN$	177.0	255	372	571	675
K_2CO_3	105	114	127	148	156
K_2CrO_4	56.3	66.7	70.1	74.5	75.6
$K_2Cr_2O_7$	4.7	18.1	45.6	—	80

化合物	温度				
	273 K	303 K	333 K	363 K	373 K
$K_3Fe(CN)_6$	30.2	53	70	—	91
$K_4Fe(CN)_6$	14.3	35.1	54.8	71.5	74.2
$KHC_4H_4O_6$	0.231	0.762	—	—	—
$KHCO_3$	22.5	39.9	65.6	—	—
$KHSO_4$	36.2	54.3	76.4	—	122
KI	128	153	176	198	208
KIO_3	4.60	10.03	18.3	—	32.3
$KMnO_4$	2.83	9.03	22.1	—	—
KNO_2	279	320	348	390	410
KNO_3	13.9	45.3	106	203	245
KOH	95.7	126	154	—	178
K_2PtCl_3	0.48	1.00	2.45	4.45	5.03
K_2SO_4	7.4	13.0	18.2	22.9	24.1
$K_2S_2O_3$	1.65	7.75	—	—	—
$K_2SO_4 \cdot Al_2(SO_4)_3$	3.00	8.39	24.80	109.0	—
$LiCl$	69.2	86.2	98.4	121	128
Li_2CO_3	1.54	1.26	1.01	—	0.72
LiF	—	—	—	—	—
$LiOH$	11.91	12.70	14.63	—	19.12
Li_3PO_4	—	—	—	—	—
$MgBr_2$	98	104	112	—	125.0
$MgCl_2$	52.9	55.8	61.0	69.5	73.3
MgI_2	120	—	—	—	—
$Mg(NO_3)_2$	62.1	73.5	78.9	106	
$Mg(OH)_2$	—	—	—	—	0.004
$MgSO_4$	22.0	38.9	54.6	52.9	50.4
$MnCl_2$	63.4	80.8	109	114	115
$Mn(NO_3)_2$	102	206	—	—	—
MnC_2O_4	0.020	0.033	—	—	—
$MnSO_4$	52.9	62.9	53.6	40.9	35.3

续表

化合物	温度				
	273 K	303 K	333 K	363 K	373 K
NH_4Br	60.5	83.2	108	135	145
NH_4SCN	120	208	346	—	—
$(NH_4)_2C_2O_4$	2.2	6.09	14.0	27.9	34.7
NH_4Cl	29.4	41.4	55.3	71.2	77.3
NH_4ClO_4	12.0	27.7	49.9	—	—
$(NH_4)_2Co(SO_4)_2$	6.0	17.0	33.5	58.0	75.1
$(NH_4)_2CrO_4$	25.0	39.3	59.0	—	—
$(NH_4)_2Cr_2O_7$	18.2	46.5	86	—	156
$(NH_4)_2Cr_2(SO_4)_4$	3.95	18.8	—	—	—
$(NH_4)_2Fe(SO_4)_2$	12.5	—	—	—	—
$(NH_4)_2Fe_2(SO_4)_4$	—	44.15 (298 K)	—	—	—
NH_4HCO_3	11.9	28.4	59.2	170	354
$NH_4H_2PO_4$	22.7	46.4	82.5	—	173
$(NH_4)_2HPO_4$	42.9	75.1	97.2	—	—
NH_4I	155	182	209	—	250
NH_4MgPO_4	0.023 1	—	—	—	0.019 5
$NH_4MnPO_4 \cdot H_2O$	—	—	—	—	—
NH_4NO_3	118.3	241.8	421.0	740.0	871.0
$(NH_4)_2PtCl_6$	0.289	0.637	1.44	2.61	3.36
$(NH_4)_2SO_4$	70.6	78.0	88.0	—	103
$(NH_4)_2SO_4 \cdot Al_2(SO_4)_3$	2.1	10.9	26.70	—	109.7 (368 K)
$(NH_4)_2S_2O_8$	58.2	—	—	—	—
$(NH_4)_2SbS_4$	71.2	120	—	—	—
$(NH_4)_2SeO_4$	—	—	—	—	197
NH_4VO_3	—	0.84	2.42	—	—
$NaBr$	80.2	98.4	118	121	121
$Na_2B_4O_7$	1.11	3.86	19.0	41.0	52.5
$NaBrO_3$	24.2	42.6	62.6	—	90.6
$NaC_2H_3O_2$	36.2	54.6	139	161	170
$Na_2C_2O_4$	2.69	3.81	4.93	—	6.50

续表

化合物	温度				
	273 K	303 K	333 K	363 K	373 K
NaCl	35.7	36.1	37.1	38.5	39.2
$NaClO_3$	79.6	105	137	184	204
Na_2CO_3	7.0	39.7	46.0	43.9	—
Na_2CrO_4	31.7	88.0	115	—	126
$Na_2Cr_2O_7$	163.0	198	289	405	415
$Na_2Fe(CN)_6$	11.2	23.8	43.7		
$NaHCO_3$	7.0	11.1	16.0		
NaH_2PO_4	56.5	107	172	234	—
Na_2HPO_4	1.88	22.0	82.8	102	104
NaI	159	191	257	—	302
$NaIO_3$	2.48	10.7	19.8	29.5	33.0
$NaNO_2$	73.0	94.9	122	—	180
$NaNO_3$	71.2	87.6	111	—	160
NaOH	—	119	174	—	—
Na_3PO_4	4.5	16.3	29.9	68.1	77.0
$Na_4P_2O_7$	3.16	9.95	21.83	—	40.26
Na_2S	9.6	20.5	39.1	65.3	—
$NaSb(OH)_6$	—	—	—	—	0.3
Na_2SO_3	14.4	35.5	32.6	27.9	—
Na_2SO_4	4.9	40.8	45.3	42.7	42.5
$Na_2SO_4 \cdot 7H_2O$	19.5	—	—	—	—
$Na_2S_2O_3 \cdot 5H_2O$	50.2	83.2	—	—	—
$NaVO_3$	—	22.5	33.0	—	—
Na_2WO_4	71.5	—	—	—	—
$NiCO_3$	—	—	—	—	—
$NiCl_2$	53.4	70.6	81.2	—	87.6
$Ni(NO_3)_2$	79.2	105	158	188	—
$NiSO_4 \cdot 7H_2O$	26.2	43.4	—	—	—
$Pb(C_2H_3O_2)_2$	19.8	69.8	—	—	—
$PbCl_2$	0.67	1.20	1.94	2.88	3.20

续表

化合物	温度				
	273 K	303 K	333 K	363 K	373 K
PbI_2	0.044	0.090	0.193	—	0.42
$Pb(NO_3)_2$	37.5	63.4	91.6	—	133
$PbSO_4$	0.002 8	0.004 9	—	—	—
$SbCl_3$	602	1 087	—	—	—
Sb_2S_3	—	—	—	—	—
$SnCl_2$	83.9	—	—	—	—
$SnSO_4$					18
$Sr(C_2H_3O_2)_2$	37.0	39.5	36.8	39.2	36.4
SrC_2O_4	0.003 3	0.005 7	—	—	—
$SrCl_2$	43.5	58.7	81.8	—	101
$Sr(NO_2)_2$	52.7	72	97	134	139
$Sr(NO_3)_2$	39.5	88.7	93.4	98.4	
$SrSO_4$	0.011 3	0.013 8	0.013 1	0.011 5	
$SrCrO_4$	—	—	—	—	
$Zn(NO_3)_2$	98	138	—	—	—
$ZnSO_4$	41.6	61.3	75.4	—	60.5

注：表中括号内数据指温度（K）；*：表示在压力 1.013×10^3 Pa 下。

附录12 常用普通缓冲溶液的制备方法

缓冲溶液	pH	制备方法
HAc–NaAc	3.0	0.8 g NaAc·$3H_2O$ 溶于水，加 5.4 mL 冰醋酸，稀释至 1 L
	4.0	54.4 g NaAc·$3H_2O$ 溶于水，加 92 mL 冰醋酸，稀释至 1 L
	4.5	164 g NaAc·$3H_2O$ 溶于水，加 84 mL 冰醋酸，稀释至 1 L
	5.0	100 g NaAc·$3H_2O$ 溶于水，加 23.5 mL 冰醋酸，稀释至 1 L
	5.5	100 g NaAc·$3H_2O$ 溶于水，加 9.0 mL 冰醋酸，稀释至 1 L
	6.0	100 g NaAc·$3H_2O$ 溶于水，加 5.7 mL 冰醋酸，稀释至 1 L
HAc–NH_4Ac	4~5	38.5 g NH_4Ac·$3H_2O$ 溶于水，加 28.6 mL 冰醋酸，稀释至 1 L
	6.5	59.8 g NH_4Ac·$3H_2O$ 溶于水，加 1.4 mL 冰醋酸，稀释至 1 L
NH_4Ac	7.0	154 g NH_4Ac·$3H_2O$ 溶于水，稀释至 1 L

缓冲溶液	pH	制备方法
NH$_3$–NH$_4$Cl	7.5	120 g NH$_4$Cl 溶于水,加 2.8 mL NH$_3\cdot$H$_2$O,稀释至 1 L
	8.0	100 g NH$_4$Cl 溶于水,加 7.0 mL NH$_3\cdot$H$_2$O,稀释至 1 L
	8.5	80 g NH$_4$Cl 溶于水,加 17.6 mL NH$_3\cdot$H$_2$O,稀释至 1 L
	9.0	70 g NH$_4$Cl 溶于水,加 48 mL NH$_3\cdot$H$_2$O,稀释至 1 L
	9.5	60 g NH$_4$Cl 溶于水,加 130 mL NH$_3\cdot$H$_2$O,稀释至 1 L
	10	54 g NH$_4$Cl 溶于水,加 350 mL NH$_3\cdot$H$_2$O,稀释至 1 L
	11	6 g NH$_4$Cl 溶于水,加 414 mL NH$_3\cdot$H$_2$O,稀释至 1 L
六亚甲基四胺	5.4	400 g 六亚甲基四胺(CH$_2$)$_6$N$_4$ 溶于 1000 mL 水,加 HCl 溶液 100 mL,混匀

附录13　常用标准缓冲溶液的制备方法

标准缓冲溶液	pH（20 ℃）	（1）pH 标准缓冲溶液（pH 工作基准试剂,超纯水）	（2）pH 测定用缓冲溶液（GR,AR 级试剂,三级水）
草酸盐	1.680	12.61 g 于(57±2)℃烘至质量恒定的四草酸钾,溶于水,在(20±5)℃时稀释至 1 000 mL。c_B=0.050 0 mol·L^{-1}	12.71 g 试剂,溶于无二氧化碳的水中,稀释至 1 000 mL。c_B=0.050 0 mol·L^{-1}
酒石酸盐	3.559（25 ℃）	6~10 g 研细的酒石酸氢钾,于 2 000 mL 锥形瓶中,加 1 000 mL 水,在(25±1)℃恒温并摇动 2 h 以上。倾出饱和溶液清液	在 25 ℃时用无二氧化碳的水溶解试剂,并剧烈振摇,吸取清液使用饱和溶液
苯二甲酸盐	4.003	10.12 g 于(110±5)℃烘至质量恒定的邻苯二甲酸氢钾,溶于水,在(20±5)℃稀释至 1 000 mL。c_B=0.050 0 mol·L^{-1}	10.21 g 于 110 ℃干燥 1 h 的试剂,溶于无二氧化碳的水中,稀释至 1 000 mL。c_B=0.050 0 mol·L^{-1}
磷酸盐	6.854	3.388 g 于(115±5)℃烘至质量恒定的 KH$_2$PO$_4$;或 3.533 g 于(115±5)℃烘至质量恒定的 Na$_2$HPO$_4$,溶于水,在(20±5)℃时,稀释至 1 000 mL。b(KH$_2$PO$_4$)=0.025 0 mol·kg^{-1} b(Na$_2$HPO$_4$)=0.025 0 mol·kg^{-1}	3.40 g KH$_2$PO$_4$ 或 3.55 g Na$_2$HPO$_4$,溶于无二氧化碳的水中,稀释至 1 000 mL。两种试剂均需在(120±10)℃干燥 2 h。c(KH$_2$PO$_4$)=0.025 0 mol·L^{-1} c(Na$_2$HPO$_4$)=0.025 0 mol·L^{-1}

标准缓冲溶液	pH（20℃）	（1）pH 标准缓冲溶液（pH 工作基准试剂，超纯水）	（2）pH 测定用缓冲溶液（GR，AR 级试剂，三级水）
硼酸盐	9.182	3.80 g 用饱和氯化钠与蔗糖在干燥器中干燥至质量恒定的四硼酸钠，溶于无 CO_2 的超纯水，在（20±5）℃时，稀释至 1 000 mL，盖紧瓶塞，可保存 2~3 d。$b_B=0.010\ 0\ mol \cdot kg^{-1}$	3.81 g 试剂溶于无二氧化碳的水中，稀释至 1 000 mL。贮存时应防止空气进入。$c_B=0.010\ 0\ mol \cdot L^{-1}$
氢氧化钙	12.460	2~3 g 研细的氢氧化钙，置于 1 000 mL 聚乙烯瓶中，加入无二氧化碳的超纯水，盖紧瓶塞，在（25±1）℃恒温槽中摇动 3 h，迅速减压过滤。清液贮于聚乙烯瓶中（装满）。盖紧瓶塞。若发现有混浊，需重新配制饱和溶液	于 25 ℃时用无二氧化碳的水制备氢氧化钙的饱和溶液。存放时要防止空气进入，若发现有混浊，应重配。$c\left[Ca(OH)_2\right] \approx 0.02\ mol \cdot L^{-1}$

参考文献

［1］陈艾霞,杨丽香. 分析化学实验与实训［M］. 2 版. 北京:化学工业出版社,2016.

［2］冷士良. 精细化工实验技术［M］. 2 版. 北京:化学工业出版社,2011.

［3］马惠莉. 化验员岗位实务［M］. 北京:化学工业出版社,2015.

［4］郑燕龙,潘子昂. 实验室玻璃仪器手册［M］. 北京:化学工业出版社,2007.

［5］湖南大学. 分析技术基础［M］. 北京:中国纺织出版社,2008.

［6］魏琴,盛永丽. 无机及分析化学实验［M］. 2 版. 北京:科学出版社,2018.

［7］Kellner R,等. 分析化学［M］. 李克安,金钦汉,等译. 北京:北京大学出版社,2005.

［8］林树昌,胡乃非,曾永淮. 分析化学(化学分析部分)［M］. 4 版. 北京:高等教育出版社,2024.

［9］北京大学化学与分子工程学院分析化学教学组. 基础分析化学实验［M］. 3 版. 北京:北京大学出版社,2010.

［10］张铁垣. 化验工作实用手册［M］. 北京:化学工业出版社,2003.

［11］孟凡昌,潘祖亭. 分析化学核心教程［M］. 北京:科学出版社,2005.

［12］魏琴. 无机与分析化学教程［M］. 北京:科学出版社,2016.

［13］刘珍. 化验员读本［M］. 5 版. 北京:化学工业出版社,2008.

［14］北京师范大学,华中师范大学,东北师范大学. 2 版. 化学实验基础［M］. 北京:高等教育出版社,2013.

［15］马腾文. 分析技术与操作(Ⅰ)(Ⅱ)［M］. 北京:化学工业出版社,2005.

［16］中国建筑材料检验认证中心,国家水泥质量监督检验中心. 水泥实验室工作手册［M］. 北京:中国建材工业出版社,2009.

［17］张小康. 化学分析基础操作［M］. 2 版. 北京:化学工业出版社,2009.

［18］蔡贵珍. 化验室基本知识及操作(上册)［M］. 武汉:武汉理工大学出版社,2005.

郑重声明

高等教育出版社依法对本书享有专有出版权。任何未经许可的复制、销售行为均违反《中华人民共和国著作权法》，其行为人将承担相应的民事责任和行政责任；构成犯罪的，将被依法追究刑事责任。为了维护市场秩序，保护读者的合法权益，避免读者误用盗版书造成不良后果，我社将配合行政执法部门和司法机关对违法犯罪的单位和个人进行严厉打击。社会各界人士如发现上述侵权行为，希望及时举报，我社将奖励举报有功人员。

反盗版举报电话　（010）58581999　58582371

反盗版举报邮箱　dd@hep.com.cn

通信地址　北京市西城区德外大街 4 号
　　　　　高等教育出版社知识产权与法律事务部

邮政编码　100120

读者意见反馈

为收集对教材的意见建议，进一步完善教材编写并做好服务工作，读者可将对本教材的意见建议通过如下渠道反馈至我社。

咨询电话　400-810-0598

反馈邮箱　gjdzfwb@pub.hep.cn

通信地址　北京市朝阳区惠新东街 4 号富盛大厦 1 座
　　　　　高等教育出版社总编辑办公室

邮政编码　100029

资源服务提示

授课教师如需获取本书配套教辅资源，请登录"高等教育出版社产品信息检索系统"（http://xuanshu.hep.com.cn/）搜索下载，首次使用本系统的用户，请先进行注册并完成教师资格认证。

高教社高职化学化工教师 QQ 群：149057920